普通高等教育"十三五"规划教材
"十三五"江苏省高等学校重点教材
（编号：2017-2-083）

功能涂料

◎刘 仁 主编 ◎罗 静 副主编

化学工业出版社
·北京·

功能涂料指的是基于现代新型功能材料发展起来的涂层材料，区别于传统的建筑、木器及金属用涂料，而把应用面进一步拓宽到生物医用、食品加工、分离筛选、微电子技术等新兴行业。《功能涂料》共分8章内容，第1章为功能涂料概述，主要介绍功能涂料的分类和发展重点；第2章功能涂料的制备，主要介绍功能涂料用树脂的新型合成方法等；第3～8章分别系统叙述了自清洁涂料、抗菌涂料、自修复涂料、海洋防污涂料、导电涂料、传感涂料六类功能涂料的分类、作用机制、制备及应用前沿。内容涵盖新型功能涂料的合成、性能、应用及发展。

《功能涂料》可供有一定涂料基础知识的大专院校相关专业的教师、本科生和研究生使用，也可供相关专业科研、生产技术人员参考。

图书在版编目（CIP）数据

功能涂料/刘仁主编. —北京：化学工业出版社，2018.9

普通高等教育“十三五”规划教材　“十三五”江苏省高等学校重点教材

ISBN 978-7-122-33163-2

Ⅰ.①功…　Ⅱ.①刘…　Ⅲ.①功能材料-涂料-高等学校-教材　Ⅳ.①TQ63

中国版本图书馆 CIP 数据核字（2018）第 231757 号

责任编辑：丁建华　徐雅妮　　　　装帧设计：韩　飞

责任校对：边　涛

出版发行：化学工业出版社（北京市东城区青年湖南街 13 号　邮政编码 100011）

印　　刷：北京市振南印刷有限责任公司

装　　订：北京国马印刷厂

787mm×1092mm　1/16　印张 11½　字数 277 千字　2019 年 8 月北京第 1 版第 1 次印刷

购书咨询：010-64518888

售后服务：010-64518899

网　　址：http://www.cip.com.cn

凡购买本书，如有缺损质量问题，本社销售中心负责调换。

定　　价：38.00 元

前言

FOREWORD

随着涂料科学与技术的不断进步，在传统涂料的装饰和保护两大作用以外，逐步发展出了具有界面功能、热功能、机械功能、光功能等的一类特殊功能涂料。尤其是以纳米科学为代表的多个学科发展，推动了这类涂料的功能创新和应用创新层出不穷，在新材料发展的众多层面提供越来越完善、越来越强大的功能，功能涂料已成为现代涂料的一个重要发展方向。

江南大学高分子材料与工程专业于1999年正式办学时便将涂料科学与技术作为专业重点建设方向，建有系统的涂料专业课程体系。办学初期即开设了“功能涂料”课程，但是由于功能涂料种类繁多，与多个学科存在知识交叉，一直未有合适的教材可供选用。授课资料主要通过国际国内会议资料、科研论文、专利信息和功能涂料专著内容的整理和更新来形成。

随着我国功能涂料技术的快速发展，对专业人才的需求日趋旺盛。我们基于多年的教学经验和科研体会开展了本书的编写工作。本书系统阐述了功能涂料的分类和发展重点以及制备方法，重点介绍了自清洁涂料、抗菌涂料、自修复涂料、海洋防污涂料、导电涂料、传感涂料六类功能涂料。希望本书有助于大专院校相关学科专业人才的培养，帮助众多生产厂家和研发人员了解功能涂料这一领域。

本书第1、4章由刘仁编写，第2章由李治全编写，第3章由孙冠卿编写，第5章由刘敬成编写，第6章由马春风编写，第7章由袁妍编写，第8章由罗静编写。全书由刘仁、罗静统稿。

由于功能涂料技术发展速度快，涉及面广，技术创新层出不穷，加之我们的学术水平所限，书中疏漏之处在所难免，恳请读者不吝赐教，提出宝贵意见。

编者

2019年3月

目 录

CONTENTS

功能涂料

第1章 功能涂料概述

1.1 功能涂料的发展

涂料应用开始于史前时代，我国使用生漆和桐油作为涂料至少有4000年的历史，秦始皇墓兵马俑、马王堆出土的汉代漆器均有使用彩色涂料。埃及也早已采用阿拉伯胶、蛋白等制备用于装饰的色漆。历经几千年的发展，涂料的装饰和保护作用已经深入人心。

不经意间，涂料不断以超出防护和装饰作用的形式呈现在人们的生活中：战机上具有吸波作用的隐身涂层，水杯上具有示温作用的涂层，带有抗菌涂料的儿童玩具，起保温节能作用的建筑涂料，赋予玻璃防雾效果的防雾涂料，提升钢材防火性能的阻燃涂料……而这一切还在快速发展中。

涂料成为对各种材料进行改性以赋予新性能或功能的最简便方法之一。传统涂料的装饰和简单的保护作用早已满足不了现代工业的发展以及人民美好生活的需求，现代涂料往往还兼具其他一种或多种功能，比如隔热保温、耐高温、自修复、自清洁、高绝缘、高耐磨、防火等。这时，功能涂料就应运而生了，这是一类除了具有装饰和保护两种功能以外，还能够通过光、电、热、机械、化学或生物化学以及其他方式进行能量的相互作用、相互转换而产生某种需要的特殊涂料[1]。

当材料表面有某种特殊要求时，通常会把发展新涂料作为方案之一，使得功能涂料品种繁多。可以说，正是众多产品的应用特性需要，促进了功能涂料的研制和开发。随着现代涂料科学与技术的进步，在很多应用场景中涂料的防护性能已不是其最主要的用途，已经开发出的各种具有特殊功能的涂料，其独特的功能使许多被涂覆产品和设备的性能得以充分发挥，成为涂料工业中不可缺少的新品种。功能涂料种类还在继续发展扩大中，用途广泛，有着十分广阔的市场前景和极为重要的战略意义。

进入20世纪后，涂料快速步入了科学发展时代，这为功能涂料的发展奠定了坚实的基础。无机化学、有机化学、高分子化学、高分子物理等理论体系的发展与丰富大幅提高了涂料原材料的开发水平，界面化学的发展进一步加深了涂料开发者们对基材-涂料-空气界面的理解。尤其是近几十年来，各种功能新材料的持续挖掘，聚合物合成和改性技术的持续创新，以及以纳米科学为代表的新兴学科的不断发展，孕育了众多功能涂料领域的科学和应用创新。

功能涂料如果按其功能进行分类，则主要有如下几类[2]：

① 界面功能涂料，如自清洁涂料、防污涂料、防雾涂料、自修复涂料等。

② 热功能涂料，如耐高温涂料、阻燃涂料、隔热涂料等。

③ 电磁功能涂料，如导电涂料、隐身涂料等。

④ 化学功能涂料，包括防腐涂料、抗菌涂料、传感涂料等。

⑤ 机械功能涂料，主要为耐磨涂料、自修复涂料等。

⑥ 光学功能涂料，包括光反射涂料、红外辐射散热涂料、耐高温远红外辐射涂料等。

因为所涉种类繁多，本书暂时仅介绍了自清洁涂料、抗菌涂料、自修复涂料、海洋防污涂料、导电涂料、传感涂料六类功能涂料。

1.2 功能涂料的挑战

涂料已经和国民经济的发展、人民生活水平的提高、国家高科技和军事技术的发展建立了密切的关系。功能涂料作为一类高科技、多学科交叉诞生的涂料种类，更是引领着涂料工业以及其他行业的发展与进步。

未来功能涂料市场将继续向中高端市场集中，功能涂料的开发水平已成为检验一个涂料企业研发实力的标杆之一，而目前中国大部分功能涂料的研发仍缺少原始创新。一类新兴功能涂料的出现一定离不开功能材料的开发和涂料应用技术的创新，其制备技术不仅要基于传统的涂料科学与技术知识，还需具备新兴的高分子合成技术、纳米技术等专业知识。因此培养一批具有复合型知识结构的涂料专业人才将有效推动功能涂料的不断创新与应用。

同时，在人们不断追求美好生活的今天，发展环保型涂料是大势所趋，功能涂料也需要基于高固体分涂料、粉末涂料、水性涂料和辐射固化涂料等绿色环保涂料体系开展技术创新。所以当代功能涂料会向着“高功能化、多功能化、低能耗、绿色化”发展。高功能化是指功能涂料会向着高新技术产业领域发展，比如航空、航天、微电子等领域的创新应用；多功能化是指功能涂料不再仅仅拥有单一的功能性，而是多种功能集合，如自清洁抗菌涂料、智能涂料等；低能耗、绿色化则是指顺应当今的“绿色化学”大环境，制备可再生、低VOC排放、可降解的绿色功能涂料。

此外，功能涂料大多是表界面功能，而在大多数使用环境下，涂料极易受到磨损、粉尘沉积、有机物污染等的影响而发生表面物理化学性质的变化，从而导致涂料功能性的降低甚至失效。因此，如何保持涂料表界面物理化学性质的稳定，从而实现其功能的长效性是功能涂料进一步发展的一大挑战。

参考文献

[1] 郑志云，魏铭，黄畴等．功能涂料及其进展［J］．上海涂料，2012，50（7）：41-45.
[2] 刘登良．特殊功能涂料及发展趋势［J］．中国涂料，2009，24（9）：9-11.

第2章 功能涂料的制备

2.1 概述

功能涂料除了具有常规的装饰和保护的基本功能外，还具有抗菌、导电、自修复等特殊功能。根据特殊功能实现方式的不同，可将功能涂料分为本征型功能涂料和复合型功能涂料。本征型功能涂料主要通过赋予本体树脂特殊功能来实现功能，而复合型功能涂料则通过添加或原位生成功能性组分来实现特殊功能。

2.2 本征型功能涂料的制备

功能聚合物的设计与制备是获取本征型功能涂料的关键。聚合物通常由单体或低聚物通过聚合反应形成，根据反应机理的不同，可将聚合反应分为链式聚合和逐步聚合两大类。链式聚合一般通过活性中心（自由基、阳离子、阴离子）进行连锁反应，聚合物分子主链中无官能团，而逐步聚合则主要通过分子间官能团的逐步缩合反应生成，聚合物主链中保持有如酯基、酰胺基等官能团。

2.2.1 基于链式聚合制备

链式聚合是指单体在光、热、辐照或外加引发剂等作用下生成活性种（自由基、阳离子、阴离子），随后与其余单体发生连锁反应形成聚合物的过程。自由基链式聚合反应条件较温和，工艺相对简单，是目前功能性树脂的主要合成方法。自由基链式聚合通常包括链引发、链增长、链转移和链终止等基元反应。

（1）链引发　自由基链引发是生成单体自由基活性种的反应，一般利用光、热等诱发引发剂分子结构中的弱键断裂，进而生成活性自由基引发烯类单体聚合，是控制聚合速度和分子量的关键反应。自由基引发剂主要分为偶氮类引发剂、过氧类引发剂及氧化还原引发体系。广泛应用于涂料工业的引发剂主要有偶氮二异丁腈（AIBN）、过氧化二苯甲酰（BPO）、异丙苯过氧化氢、过硫酸盐等。氧化还原引发体系的活化能低，在较低温度下也可获取较高的反应速率，因此适用于温度<50℃的聚合，此外，还可以根据涂料配方需要选择水溶性或油溶性的氧化还原引发体系。对于温度在60～100℃下的聚合，常用BPO、

AIBN或过硫酸盐作为引发剂，而低活性的异丙苯过氧化氢、叔丁基过氧化氢、过氧化二异丙苯等则用于温度>100℃的聚合。

链引发由以下两步反应组成，首先是引发剂I分解形成初级自由基，然后初级自由基与单体加成产生单体自由基：

$$\mathrm{I} \xrightarrow{k_d} 2\mathrm{R}\cdot \tag{2-1}$$

$$\mathrm{R}\cdot + \mathrm{M} \xrightarrow{k_i} \mathrm{M}_1\cdot \tag{2-2}$$

以上两步反应中，第一步引发剂分解是吸热反应，活化能高（105～150kJ/mol），反应速率小（k_d 为 10^{-4}～10^{-6}/s），是聚合反应的决速步骤。第二步初级自由基与单体加成是放热反应，活化能低，反应速率大，生成的单体自由基是真正进行链引发的活性种。体系中的杂质及副反应可能猝灭初级自由基，从而导致无法形成单体自由基引发聚合。

（2）链增长　单体自由基与烯类单体的π键进行加成反应形成新的自由基，后者继续与其他单体发生连锁加成反应，形成含更多结构单元的链自由基，实现链增长。

$$\mathrm{M}_n\cdot + \mathrm{M} \xrightarrow{k_p} \mathrm{M}_{n+1} \tag{2-3}$$

链增长反应为强放热反应，一般烯类聚合热为55～95kJ/mol，反应活化能低（20～34kJ/mol），增长速率快，往往难以控制。

（3）链转移　链转移反应是指链自由基活性中心进攻聚合体系中含有弱键的分子，并夺取其中一个原子后活性链端自由基被终止，而在弱键处形成一个新自由基的过程。体系中的单体、溶剂、引发剂或聚合物链均可能参与链转移反应，新生成的自由基可能继续引发单体聚合，也可能无法继续引发。

$$\mathrm{M}_n\cdot + \mathrm{XA} \xrightarrow{k_e} \mathrm{M}_n\mathrm{X} + \mathrm{A}\cdot \tag{2-4}$$

链转移反应对自由基聚合动力学和分子量都有重要的影响。链转移会降低聚合物的平均相对分子质量，对聚合速率的影响取决于新生成自由基的活性。如果新生的自由基活性不变，则聚合速率不变；若新生自由基活性减弱，则会出现缓聚甚至阻聚现象。通过加入链转移常数较大的小分子，如脂肪族硫醇等作为分子量调节剂，转移后的链自由基可有效引发单体的聚合并形成新的分子链，可在总聚合速率保持不变的情况下有效降低聚合物的分子量。

（4）链终止　自由基活性高，容易相互作用而终止。链终止通常为双基终止，包括偶合终止和歧化终止。偶合终止是两个自由基的独电子相互结合成共价键的终止方式，歧化终止是某自由基夺取另一自由基的氢原子或其他原子，通过歧化反应使自由基失去活性。

$$\mathrm{M}_n\cdot + \mathrm{M}_m\cdot \xrightarrow{k_{ic}} \mathrm{M}_{n+m} \tag{2-5}$$

$$\mathrm{M}_n\cdot + \mathrm{M}_m\cdot \xrightarrow{k_{id}} \mathrm{M}_n + \mathrm{M}_m \tag{2-6}$$

单体种类和聚合温度等对链终止方式均有影响。偶合反应的活化能低，因此低温聚合有利于偶合终止，随着聚合温度升高，歧化终止增多。

转化率对聚合速率影响较大，烯类单体的本体聚合的转化率-时间曲线通常呈S形，可分为诱导期、聚合初期、中期和后期等阶段（图2-1）。

（1）诱导期　为了防止单体在储存期间发生自聚，体系中往往含有微量的阻聚剂，引发剂分解产生的初级自由基会被阻聚剂或其他杂质猝灭而无法引发单体聚合，聚合速率为零。

（2）等速阶段　聚合初期阶段阻聚剂或杂质已消耗完全，初级自由基与单体加成形成单体自由基并引发聚合。引发剂浓度、单体浓度和温度等对该阶段的聚合速率均有显著影响。

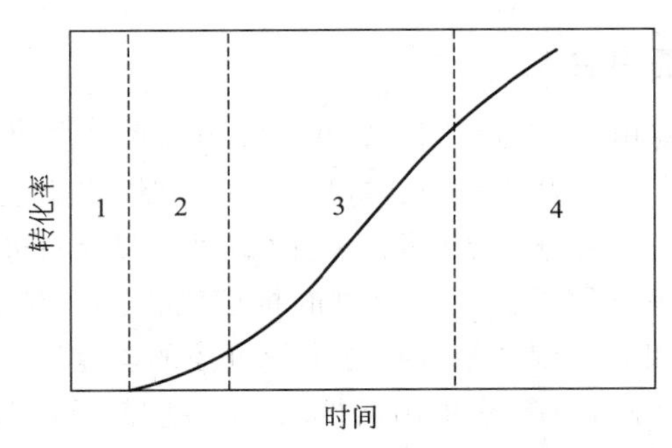

图 2-1　转化率-时间曲线

1—诱导期；2—初期；3—中期；4—后期

聚合初期单体的转化率较低，通常为 5%～10%，此时黏度较低，体系中自由基数目大致不变，处于稳态阶段。

(3) 加速阶段　进入聚合中期，反应体系黏度加大，导致链自由基不易扩散而使链终止难以发生，聚合速率上升，平均聚合度增大，转化率在 10%～20%以后会发生自动加速现象，有时会延续到 50%～70%转化率。需要特别注意，此时反应放热严重，容易引起爆聚。

(4) 减速阶段　进入聚合后期，单体的浓度逐渐减小，聚合速率逐渐减慢。当转化率达到 90%～95%时，通常采用升温的方法来加速聚合反应，促使未反应的单体完全转化。

由单一单体进行的聚合反应称作均聚，所形成的聚合物称为均聚物。由两种或两种以上单体共同参与的聚合反应称作共聚，所形成的聚合物含有两种或两种以上单体单元，这类聚合物称作共聚物。根据单体的种类数目可将共聚物分为二元、三元或多元共聚物，根据聚合物分子结构的不同可分为无规共聚、嵌段共聚、交替共聚和接枝共聚。

将带有功能性的单体通过均聚或共聚，即可获得相应的功能聚合物。如将带有季铵盐、有机锡、吡啶、胍盐、吡咯、季𬭸盐、卤代胺等抗菌活性基团的单体通过均聚或共聚可制备价格低廉的高活性聚合物抗菌剂。研究者合成了乙烯基-4,6-二氨基-1,3,5-三嗪单体的均聚物 PVDAT (图 2-2)[1]，抗菌测试表明该类聚合物抗菌剂可有效杀灭革兰阳性和阴性菌，有效抑菌期超过 3 个月，重复使用次数达 50 余次。

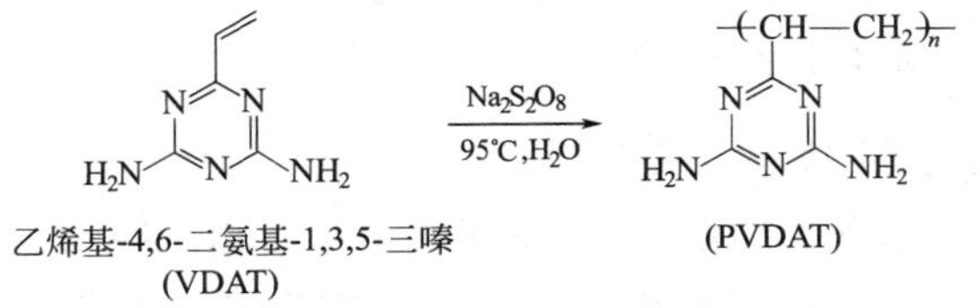

$Na_2S_2O_8$, 95℃, H_2O

乙烯基-4,6-二氨基-1,3,5-三嗪 (VDAT) → (PVDAT)

图 2-2　三嗪单体通过均聚制备聚合物抗菌剂

通过将 VDAT 与苯乙烯单体共聚，可得到含亲水/疏水结构的聚合物抗菌剂，其抗菌性能强于 VDAT 均聚物 (图 2-3)，原因是这种两亲性结构可有效贴附在细菌表层，使细胞膜组成受到扰乱，胞内物质发生泄漏从而导致细菌死亡。因此，苯乙烯的引入虽然使共聚物中抗菌活性基团的数量减少，但共聚物的抗菌活性反而有所提高。

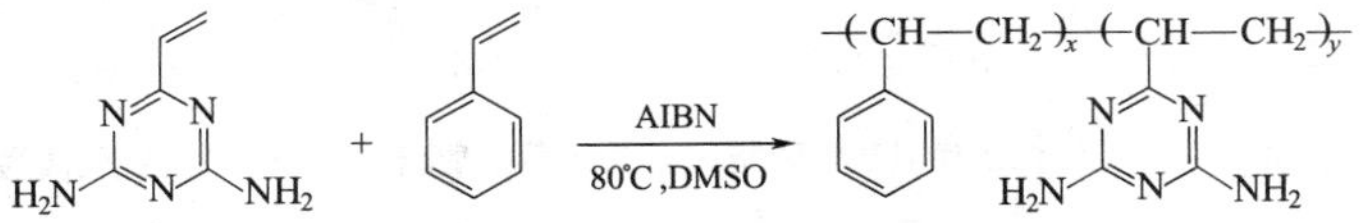

AIBN, 80℃, DMSO

图 2-3　三嗪单体与苯乙烯的共聚反应

2.2.2　可控活性自由基聚合

传统的自由基聚合具有单体适用范围广、聚合条件温和、能适用于各种聚合方法以及工业化成本低等优点，但也存在引发速率慢、链增长速率和链终止速率快等问题，导致聚合物的分子量分布宽，难以对高聚物分子结构和官能团的数量及分布进行精确控制，影响其功能性。早在1986年，Ikeda等就发现抗菌聚合物的抗菌活性强烈依赖于其分子量，并且存在一个最佳分子量范围[2]。因此，制备结构和分子量可控的功能性聚合物具有重要意义。

1956年，美国科学家Szwarc首次提出活性聚合的概念，该课题组发现在无水无氧及无杂质的条件下，以四氢呋喃为溶剂，萘钠为引发剂，可在低温下实现苯乙烯的阴离子聚合[3]。该体系中不存在链终止和链转移反应，聚合物的末端活性中心在低温真空条件下可稳定存放数月，如果再加入苯乙烯或丁二烯，聚合反应仍能进行，可相应得到高分子量的聚苯乙烯均聚物或丁二烯-苯乙烯-丁二烯三嵌段共聚物。可控活性聚合的链引发快，而链增长相对缓慢且可逆，这种平衡可有效确保聚合产物结构和分子量的均一性。

由于可控活性聚合产物的相对分子质量和单体转化率之间有严格的线性关系，因此，通过配方和工艺设计可有效控制聚合物的相对分子质量及其分布，以满足高性能和多功能的要求。半个世纪以来，一系列活性聚合方法已被开发，包括活性阴/阳离子聚合、活性开环聚合、络合阴离子聚合等，但这些活性聚合反应条件苛刻，工艺复杂，工业化成本高，且适用的单体数量少，限制了其在功能聚合物材料领域的应用。

相比而言，自由基聚合方法具有反应条件温和、适用单体种类多、可用水作介质等优点，因此，可控活性自由基聚合（control/living free radical polymerization，CRP）成为高分子材料领域的研究热点。发展较成熟的CRP方法主要有引发转移终止（initiator-transfer agent-terminator，iniferter）聚合，氮氧稳定自由基聚合（stable free radical polymerization，SFRP），原子转移自由基聚合（atom transfer radical polymerization，ATRP），可逆加成-断裂链转移聚合（reversible addition fragmentation chain transfer polymerization，RAFT），单电子转移“活性”/可控自由基聚合（single-electron transfer living radical polymerization，SET-LRP）。由于RAFT和ATRP已广泛用于功能聚合物的制备，因此，下文将着重对这两种聚合进行论述。

2.2.2.1　可逆加成断裂链转移（RAFT）

1998年，Rizzardo等在第37届国际高分子大会上提出了一种可逆加成-断裂链转移自由基聚合方法[4]，即在传统自由基聚合中加入一种具有高链转移常数的双硫酯化合物作为链转移试剂（即RAFT试剂），使增长自由基与链转移试剂之间形成一个可逆的动态平衡，从而实现可控活性自由基聚合。RAFT试剂主要包含二硫代酯类、黄原酸酯类、三硫代碳酸酯类和二硫代氨基甲酸酯类（图2-4）。

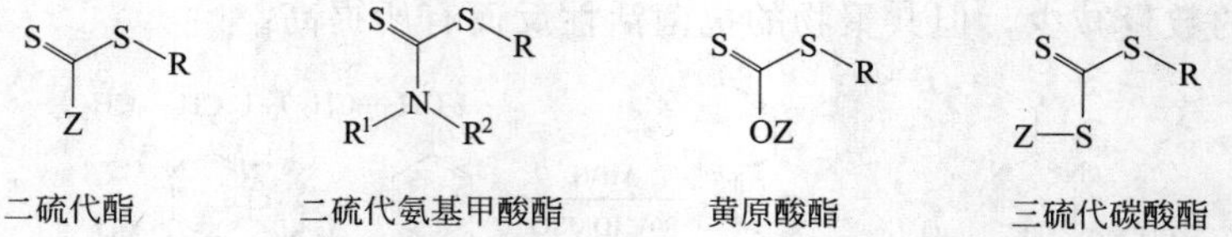

二硫代酯　二硫代氨基甲酸酯　黄原酸酯　三硫代碳酸酯

图2-4　RAFT试剂结构

RAFT机理如图2-5所示，BPO、AIBN等传统引发剂受热分解生成初级自由基I·，初级自由基与单体反应生成增长自由基 Pn·，增长自由基与 RAFT 试剂的硫羰基（C═S）发生可逆加成反应形成的自由基 R·可引发单体聚合，形成的增长链自由基与大分子二硫代酯再发生加成反应，形成的自由基中间体进一步分解形成新的增长自由基与大分子二硫代酯。最终，通过建立自由基中间体的生成和分解平衡，得到链长基本相同的聚合物，实现可控活性聚合。由 RAFT 聚合机理可知，制备的聚合物链末端含二硫代羰基，加入第二单体可再次引发聚合，因此通过分子设计可制备嵌段、星形、接枝和其他特殊结构的聚合物。聚合物的机械强度、弹性、塑性、玻璃化温度、表面性能等可通过聚合物中第二单体的加入而改变，也可以通过引入功能性单体进行共聚得到结构可控的功能性聚合物。

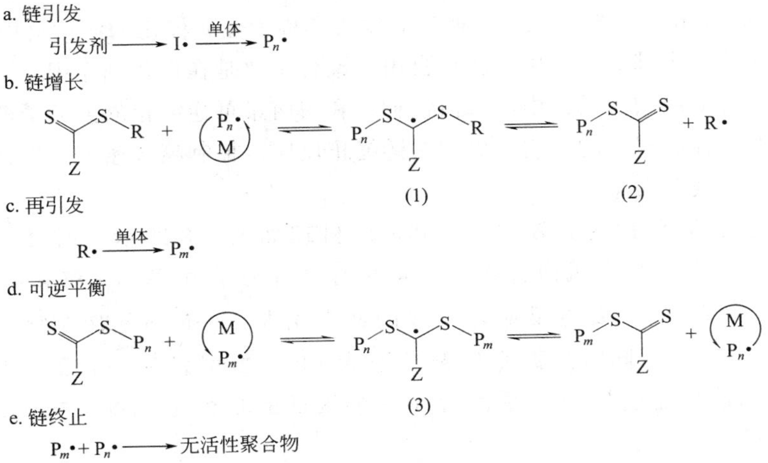

a. 链引发

引发剂 ⟶ I· $\xrightarrow{\text{单体}}$ P_n·

b. 链增长

S=C(Z)–S–R + P_n·(M) ⇌ P_n–S–C·(Z)–S–R (1) ⇌ P_n–S–C(=S)–Z (2) + R·

c. 再引发

R· $\xrightarrow{\text{单体}}$ P_m·

d. 可逆平衡

S=C(Z)–S–P_n + P_m·(M) ⇌ P_n–S–C·(Z)–S–P_m (3) ⇌ P_m–S–C(=S)–Z + P_n·(M)

e. 链终止

P_m·+ P_n· ⟶ 无活性聚合物

图 2-5　RAFT 机理示意图

原则上适用于一般自由基聚合的单体，如苯乙烯类、（甲基）丙烯酸酯等都可用于 RAFT 聚合。此外，RAFT 聚合对乙烯基苯磺酸钠、丙烯酸、丙烯酰胺等水溶性单体也能够实现有效的控制。

增长自由基与 RAFT 试剂的链转移反应是实现可控活性自由基聚合的关键。链转移反应效率可用 RAFT 试剂的链转移常数表征，其大小受分子结构中的 Z 基团和 R 基团影响。Z 基团（如芳基、烷基等）可活化 C═S 键，使其易于与自由基反应，并影响聚合中产生的中间体自由基稳定性。Z 基团结构对自由基加成反应速率的影响如图 2-6 所示[5]。

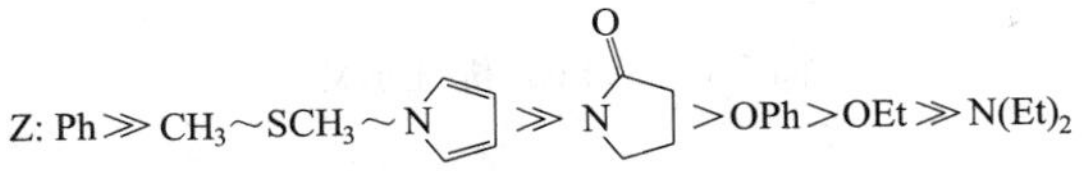

Z: Ph ≫ CH_3 ~ SCH_3 ~ N(吡咯基) ≫ N(吡咯烷酮基) > OPh > OEt ≫ $N(Et)_2$

图 2-6　Z 基团结构对自由基加成反应速率的影响

R 是容易形成活泼自由基且易离去基团，如异丙苯基、异丁腈基等，R 基的离去能力大小如图 2-7 所示[5]。

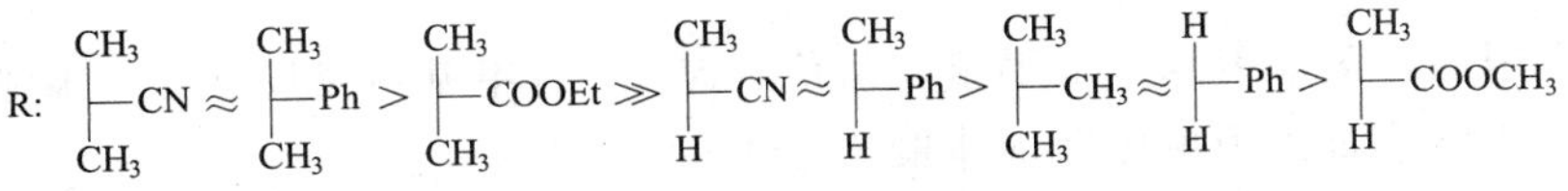

R: $C(CH_3)_2$–CN ≈ $C(CH_3)_2$–Ph > $C(CH_3)_2$–COOEt ≫ $CH(CH_3)$–CN ≈ $CH(CH_3)$–Ph > $CH(CH_3)$–CH_3 ≈ CH_2–Ph > $CH(CH_3)$–$COOCH_3$

图 2-7　R 基团结构对离去能力的影响

RAFT 聚合具有以下优点：①聚合温度较低；②可以调控聚合均相体系和非均相体系的多种单体；③操作方法简单；④能够制备梳形、嵌段、星形及超支化等结构复杂的聚合物。但也存在以下缺点：

① 商品化 RAFT 试剂种类少，有刺激性气味及一定毒性；

② 聚合物末端残留的二硫代酯基团使聚合物带有颜色，影响聚合物性能；

③ RAFT 聚合可控性和分子量大小难以统一，获取高分子量聚合物需要减少 RAFT 试剂的用量，但同时会导致反应可控性减弱。

2.2.2.2 原子转移自由基聚合（ATRP）

原子转移自由基聚合 ATRP 体系是我国学者王锦山于 1995 年在美国卡内基-梅隆大学 Krzysztof Matyjaszewski 教授实验室从事博士后研究期间提出的[6]，日本京都大学泽本光南（Mitsuo Sawamoto）教授等也在同期独立发表了称为金属催化的活性自由基聚合[7]，其本质就是原子转移自由基聚合。原子转移自由基聚合主要是在催化剂作用下，大分子活性中心与卤素原子反应形成增长活性中心（活性种）和与卤素可逆终止的大分子链自由基（休眠种）之间的平衡来控制聚合的。它可以抑制链终止反应，控制聚合速度以保证同时增长，最终达到控制分子量及分布。

ATRP 是建立碳-碳键的有效方法，其反应机理如图 2-8 所示，通过氧化还原反应，过渡金属化合物 M_t^n 可从有机卤化物上获取卤原子生成自由基 R·和氧化物种 $M_t^{n+1}X$。自由基 R·和烯烃单体 M 发生反应，生成的链自由基 R—M·夺取 $M_t^{n+1}X$ 上的原子生成目标产物 R—M—X，同时过渡金属被还原为 M_t^n，再引发新一轮的反应。M_t^n/M_t^{n+1} 催化的氧化还原过程能使反应体系保持在一个很低的自由基浓度，极大地减少了自由基之间的终止反应。

而当卤化物是聚合物时（R—M_n—X），也可与过渡金属化合物 M_t^n 发生原子转移反应，生成新的增长链自由基 R—M_n·。增长链自由基 R—M_n·可继续进行链增长，直至达到预期分子量，而卤化物则不能和单体发生增长反应。

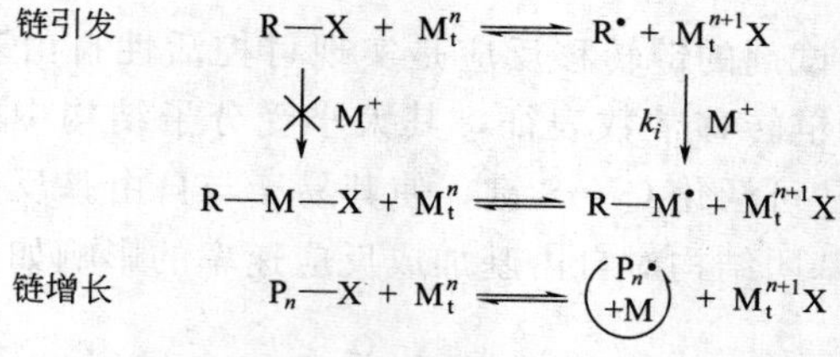

链引发 $$\text{R—X} + M_t^n \rightleftharpoons \text{R}^{\bullet} + M_t^{n+1}\text{X}$$

$$\not\downarrow \text{M}^{+} \qquad\qquad k_i \downarrow \text{M}^{+}$$

$$\text{R—M—X} + M_t^n \rightleftharpoons \text{R—M}^{\bullet} + M_t^{n+1}\text{X}$$

链增长 $$P_n\text{—X} + M_t^n \rightleftharpoons \left(\begin{matrix}P_n^{\bullet}\\ +\text{M}\end{matrix}\right) + M_t^{n+1}\text{X}$$

图 2-8 ATRP 机理示意图

原子转移自由基聚合体系通常由单体、溶剂、催化剂和引发剂组成。

单体：ATRP 适用的单体主要有苯乙烯及其衍生物、（甲基）丙烯酸酯类。另外，丙烯腈、4-乙烯基吡啶、乙酰氧基苯乙烯、（甲基）丙烯酸羟乙酯、丙烯酰胺类单体也能进行 ATRP[8]。

溶剂：常用的溶剂如甲苯、二甲苯、氯仿、*N*,*N*-二甲基甲酰胺、二甲基亚砜、水等都可以使用。有些体系直接用单体做本体聚合。

催化剂：催化剂是 ATRP 中的重要组分，既决定了反应速率，又在一定程度上影响产品分子量的分布。用于 ATPR 的催化剂是金属的还原态卤化物，配体多为联吡啶及三齿胺类等，其中最常见的配体为 Bpy、PMDETA 等，这些配体及其活化速率常数如图 2-9 所示。

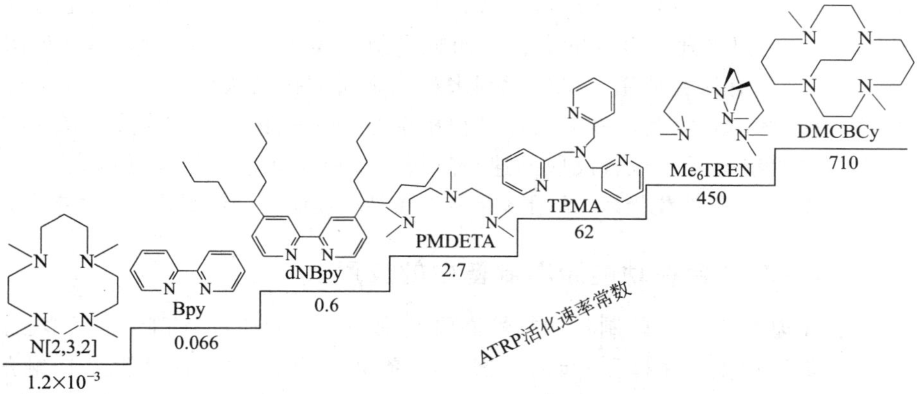

图 2-9 不同配体结构对活化速率常数的影响[9]

引发剂：聚合要做到活性可控，就要求引发有较快的引发速率，使所有大分子链几乎在同一时间开始增长来保证分子量窄分布。一般使用有机卤代物做引发剂，最常用的是卤代烷。引发剂结构对活化反应速率常数的影响如图 2-10 所示。

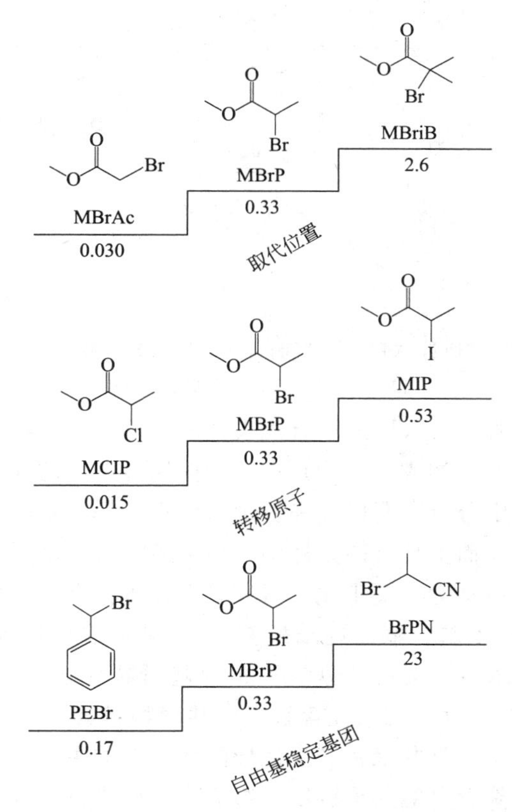

图 2-10 引发剂结构对活化反应速率常数的影响[5]

ATRP 的优点是适用单体种类较多，可以合成梯度聚合物；相对于 RAFT 来说，产物分子量一般会更窄，分子设计性强。ATRP 对功能性官能团的容忍性较强，且可以通过对引发剂的设计方便地合成结构明确、分子量分布窄的各种拓扑结构的聚合物和功能材料。迄今为止合成了很多种类的聚合物，如嵌段聚合物、接枝共聚物、星形、梳形、刷形、超支化和树枝状等结构的聚合物。但 ATRP 也有以下不足，制约了其在大规模工业化的应用：

① 重金属残留不仅加速聚合物的老化，而且限制了其在特定领域的应用（如医用材料、电子元件等）。目前已有研究使用有机催化剂来替代金属催化剂从源头上解决这一问题[10]。

② 为了避免链终止的发生，整个聚合过程中活性自由基的浓度必须始终保持在一个较低的范围，但这样可能会导致聚合反应的速率过慢，反应时间也会相应延长。

③ 传统 ATPR 反应条件较苛刻，需在无氧密封条件下反应，催化剂处于还原态，易被氧化。

2.2.3 可控自由基聚合在功能涂料制备中的应用

通过可控自由基聚合可有效制备功能性嵌段共聚物。例如通过 ATRP，以聚己内酯为原料，可制备一类聚己内酯-聚阳离子酯两亲嵌段共聚物（图 2-11），该共聚物接触角在 70℃左右，具有疏水性，有利于成膜，对大肠埃希菌和金黄色葡萄球菌具有较好的抗菌效果[11]。

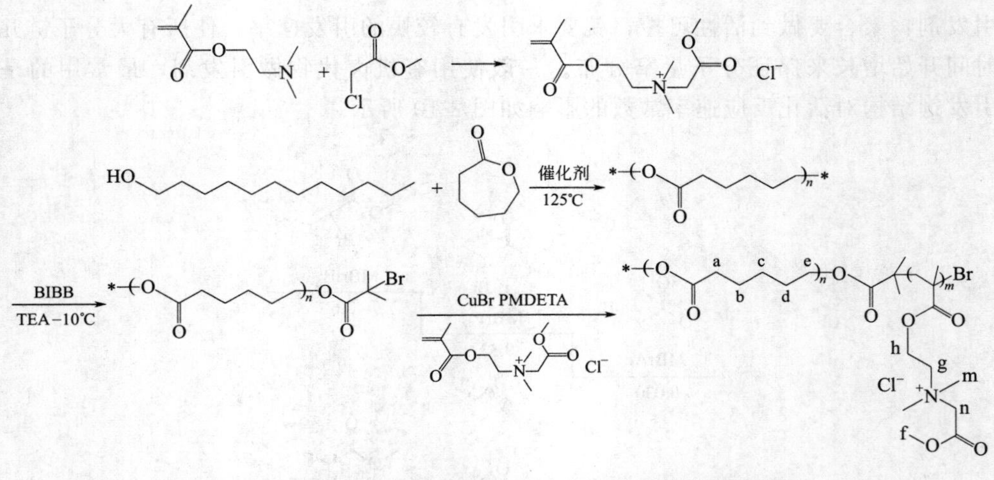

图 2-11 通过 ATRP 共聚制备两亲嵌段共聚物路线示意图

TEA—三乙胺；BIBB—溴代异丁酰溴

在海洋防污涂料中，常将疏水组分（有代表性的是含氟化合物）的非极性、低表面能性质和亲水组分（乙二醇的低聚物或聚合物）良好的抑制蛋白质的性质结合在一起。具有非极性和低表面能性质的疏水组分可减弱极性和氢键与污损生物分泌的生物黏附剂之间的相互作用。化学组成不均匀的，表面上具有两亲性的纳米区域，可降低对于海洋蛋白质和糖蛋白生物黏附剂吸附的熵和焓的驱动力。基于此，研究者选择将具有疏水性低表面能的含氟化合物 C_6SMA［甲基丙烯酸（*N*-甲基全氟己烷磺酰胺基）乙酯］和已被证实具有良好抑制蛋白质吸附性能的亲水单体 PEGMA（聚乙二醇单甲醚-甲基丙烯酸酯），利用 RAFT 共聚制备了两亲性嵌段共聚物（图 2-12）。这种两亲性含氟嵌段共聚物膜具有很好的抑制蛋白质吸附的性能，微相分离结构和表面重组是共聚物产生优异防污性能的主要原因[12]。

通过可控活性自由基聚合可对共聚链段的组成和结构进行有效控制，增强功能涂料的性能。有研究者对比了无规共聚物和嵌段共聚物对去污涂料性能的影响。以 MMA 为第一单体制备了聚甲基丙烯酸甲酯大分子 RAFT 试剂（PMMA-RAFT），加入第二单体 MAA 制备了聚甲基丙烯酸甲酯-*b*-聚甲基丙烯酸（PMMA-*b*-PMAA）二嵌段聚合物（图 2-13）。以 PMMA-*b*-PMAA 二嵌段聚合物和 MMA/MAA 无规共聚物为基料树脂，以及以无水乙醇为溶剂制备了嵌段共聚物和无规共聚物两种去污涂料。研究结果表明，两种聚合物中单体排列

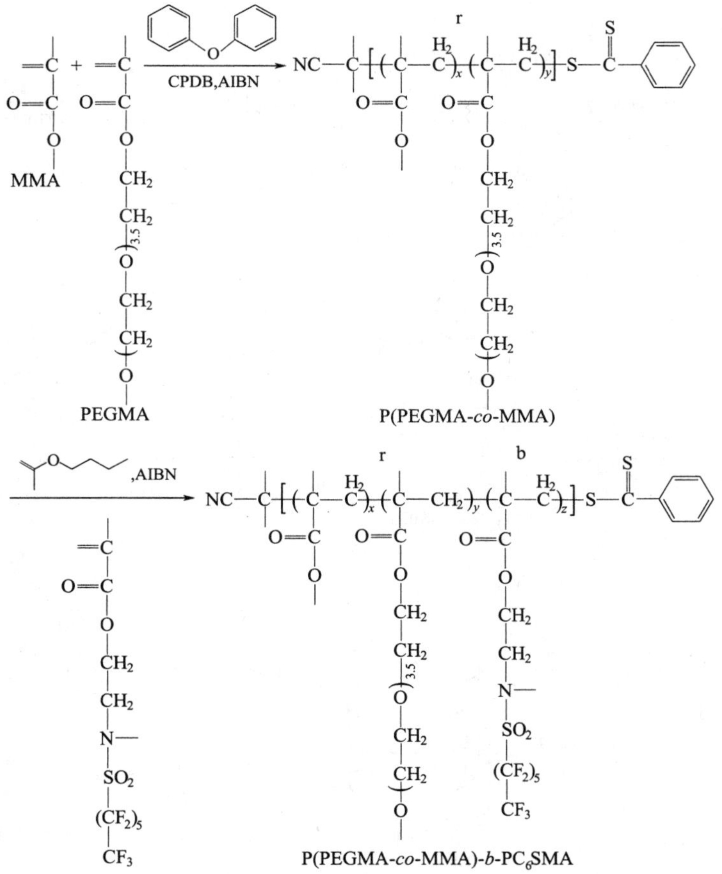

图 2-12　通过 RAFT 共聚制备两亲性嵌段共聚物路线示意图

顺序不同导致成膜时产生的内应力集中不同，二嵌段共聚物膜产生的内应力比较集中，形成的涂层表面出现很多孔洞，涂层脆化效果好，去污能力增强[13]。

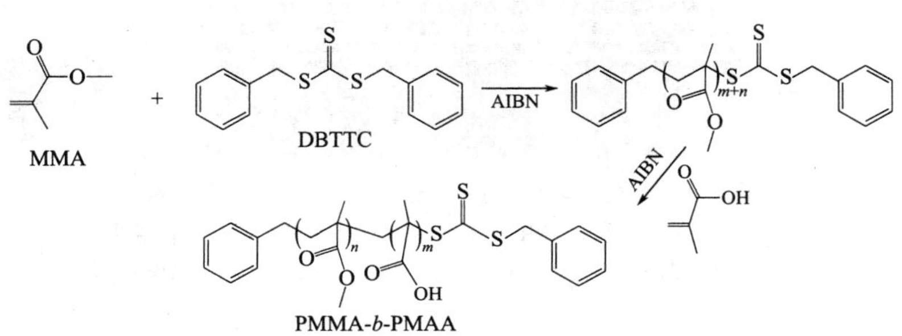

图 2-13　通过 RAFT 制备嵌段共聚物

通过可控活性自由基聚合，不仅可以有效增加功能涂料中活性中心的数量和分布，还能赋予涂料优异的力学性能。例如，研究者受贻贝黏附原理的启发，通过 RAFT 聚合将改性多巴胺与具有抗菌性能的丙烯酸异冰片酯进行共聚（图 2-14），制备的生物基聚合物涂料在二氧化硅、氧化铝、硅和不锈钢等基材上均表现出极佳的粘附性和良好的广谱抗菌能力，对大肠杆菌和金黄色葡萄球菌的抑制率分别为 92.7%和 81.3%。该涂层可涂在棉织物和纱布上，开发具有耐洗牢度和优异生物相容性的增强型抗菌纺织品。

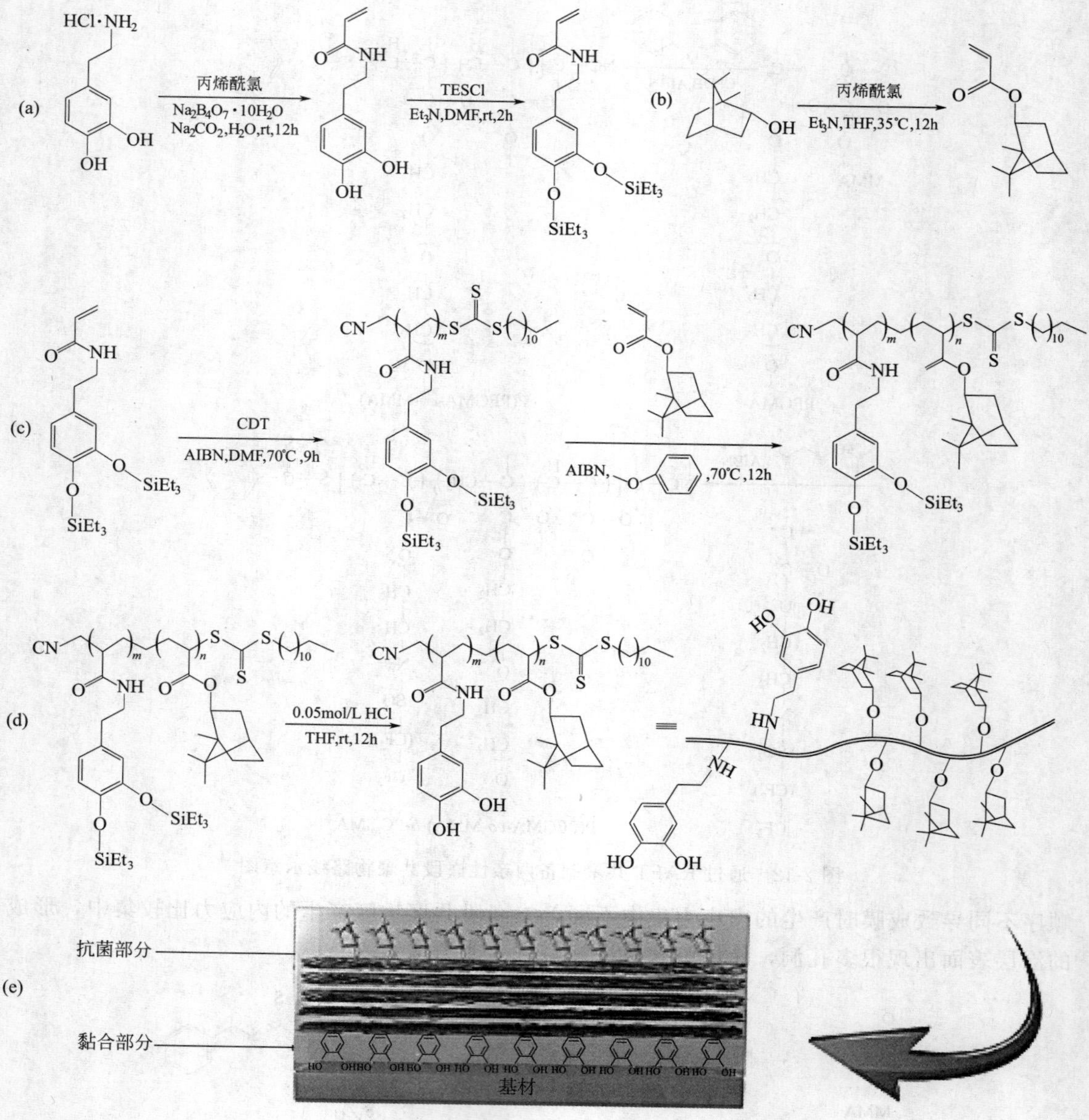

(a) 丙烯酰氯 $Na_2B_4O_7 \cdot 10H_2O$ $Na_2CO_3,H_2O,rt,12h$ TESCl $Et_3N,DMF,rt,2h$

(b) 丙烯酰氯 $Et_3N,THF,35℃,12h$

(c) CDT AIBN,DMF,70℃,9h AIBN, ,70℃,12h

(d) 0.05mol/L HCl THF,rt,12h

(e) 抗菌部分 黏合部分 基材

图 2-14 改性多巴胺与丙烯酸异冰片酯 RAFT 共聚

TESCl—三乙基氯硅烷；DMF—*N*,*N*-二甲基甲酰胺；THF—四氢呋喃；

AIBN—偶氮二异丁腈；CDT—*N*,*N'*-羰基二(1,2,4-三氮唑)

2.2.4 基于逐步聚合制备

逐步聚合是由具有两个或两个以上反应性官能团的低分子化合物（即单体）相互作用生成大分子的过程。单体仅有两个反应性官能团时得到线型聚合物，而含有两个以上反应性官能团时得到的是非线型或网状聚合物。逐步聚合是一个逐步增长的过程，一般是先生成二聚体，然后由二聚体生成四聚体，或由二聚体和单体生成三聚体，再进一步生成五聚体、六聚体和七聚体，并依次不断地形成更高聚合度的聚合体。逐步聚合与链式聚合的比较如表 2-1 所示。

表 2-1 逐步聚合与链式聚合的比较

链式聚合	逐步聚合
需活性中心：自由基、阳离子或阴离子，有链引发、增长、转移、终止等基元反应	官能团间反应，无特定的活性中心，无链引发、增长、终止等基元反应
单体一经引发，便迅速连锁增长，各步反应速率和活化能差别很大	反应逐步进行，每一步反应速率和活化能大致相同
体系中只有单体和聚合物，无分子量递增的中间产物	体系含单体和一系列分子量递增的中间产物
转化率随着反应时间而增加，分子量变化不大	分子量随着反应的进行缓慢增加，而转化率在短期内很高

许多重要的涂料树脂（如环氧树脂、酚醛树脂、氨基树脂、聚氨酯、有机硅树脂）及许多新型的耐高温树脂（如聚酰亚胺、聚苯并咪唑等）都是通过逐步聚合反应合成的。逐步聚合常用单体如表 2-2 所示，单体常带有—COOH、—OH、—COOR、—COCl、$-NH_2$ 等官能团。

表 2-2 逐步聚合常用单体

单体种类	基团	二元	多元
醇	—OH	乙二醇 $HO(CH_2)_2OH$ 丁二醇 $HO(CH_2)_4OH$	丙三醇 $C_3H_5(OH)_3$ 季戊四醇 $C(CH_2OH)_4$
酚	—OH	双酚 A 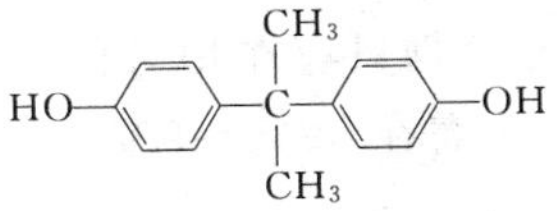 HO—C₆H₄—C(CH_3)₂—C₆H₄—OH	
酸	—COOH	己二酸 $HOOC(CH_2)_4COOH$ 癸二酸 $HOOC(CH_2)_7COOH$ 对苯二甲酸  HOOC—C₆H₄—COOH	均苯四甲酸 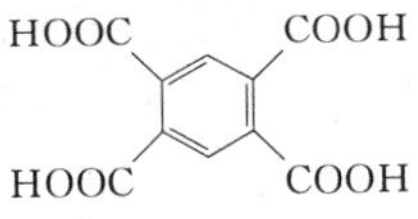 HOOC, COOH, HOOC, COOH
酐	$(CO)_2O$	邻苯二甲酸酐　马来酸酐 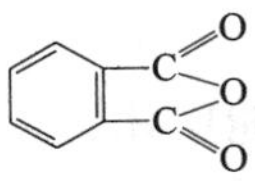 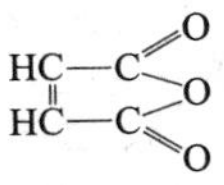 HC—C=O, O, HC—C=O	均苯四甲酸酐 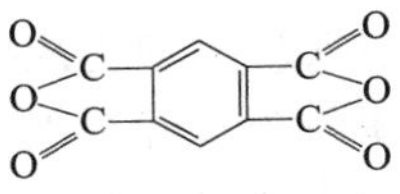
酯	$-COOCH_3$	对苯二甲酸二甲酯 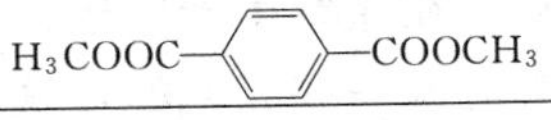 H_3COOC—C₆H₄—$COOCH_3$	
酰氯	—COCl	光气 $COCl_2$ 己二酰氯 $ClOC(CH_2)_4COCl$	
胺	$-NH_2$	己二胺 $NH_2(CH_2)_6NH_2$ 癸二胺 $NH_2(CH_2)_9NH_2$ 间苯二胺 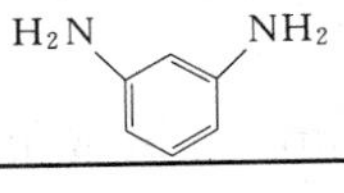 H_2N, NH_2	均苯四胺 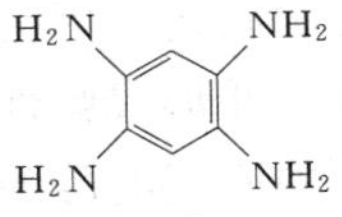 H_2N, NH_2, H_2N, NH_2 尿素 $CO(NH_2)_2$

续表

单体种类	基团	二元	多元
异氰酸	$-N=C=O$	苯二异氰酸酯 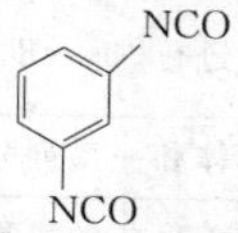 甲苯二异氰酸酯 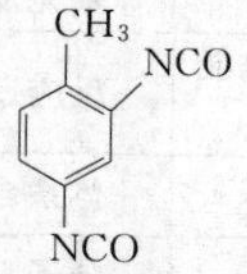	

聚合物的平均聚合度$\overline{X}_n$和反应程度p有密切关系，平均聚合度是指聚合物大分子链上所含结构单元数目的平均值，而反应程度则是指已经反应的官能团的数目。当两种反应性官能团为等当量时，平均聚合度$\overline{X}_n$和反应程度p分别用以下公式表示：

$$\overline{X}_n=\frac{结构单元数目}{大分子数}=\frac{N_0}{N} \tag{2-7}$$

$$p=\frac{N_0-N}{N_0}=1-\frac{N}{N_0} \tag{2-8}$$

式中，N_0和N分别为反应前后的单体分子数。1-n官能度体系只能得到低分子化合物，属缩合反应；2-2官能度体系通过逐步聚合可得到线性聚合物，该体系中两种单体都有两个相同的官能团，例如二元酸和二元醇、二元酸和二元胺等，或一种单体是同时具有两种可相互反应的基团，如氨基酸、羟基酸等。线型缩聚物只有在相对分子质量较高时才能保证较好的物理性质，例如，要达到$\overline{X}_n$为100～200，p需在99%～99.5%。以下因素会影响逐步聚合的$\overline{X}_n$：

① 两种不同单体的配比。当两种单体的配比严格控制在1∶1时，$\overline{X}_n$可为无穷大，但实际生产中单体在高温下的升华及蒸发等都会改变预定配比。

② 副反应和杂质。缩聚反应进行的同时常伴有环化、脱羧、氧化等副反应，改变了预定的单体配比，并生成无活性的低分子质量物质。此外，单体中的杂质或反应中引入的杂质亦可改变配比，有些杂质为单官能团的化合物，如一元酸或一元醇的存在，可终止链增长反应。

③ 大部分缩聚反应是平衡反应，要使反应向产物方向移动，使聚合物分子质量增大，需要排除缩聚反应中生成的低分子化合物。

当单体中含有两个以上官能团时，如2-3、2-4官能度体系，大分子可向三个方向生长，得到的是网状的或体形聚合物。这种类型的聚合物耐热性高、尺寸稳定性好、力学性能强，但也存在不能溶解和熔融、难以加工等问题。在涂料生产中经常采用的方法是在二官能团单体中加入一些多官能团的单体，如二元醇中混入一些三元醇，这样生成的聚合物中可以含有反应性官能团的侧链，这些活性侧链如果进一步反应，就可将线性的聚合物连接在一起形成高相对分子质量的聚合物或网状聚合物。因此，当单体中含有多官能团单体时，我们只需制备低相对分子质量的聚合物，称为低聚物或齐聚物，待使用时再使它们进一步反应成具有优良性质的高相对分子质量或交联的网状聚合物。如何制备含有三个官能团以上单体的缩聚物是一个重要的问题，因为这种缩聚反应如果控制不当，进行到一定程度时，反应系统的黏度会突然增加，并形成弹性凝胶，这种现象称为凝胶化，出现凝胶时的反应程度（P_c）称凝胶点。涂料中所用的醇酸树脂、聚酯和聚氨酯的制备中都涉及三官能团的单体，因此控制凝胶点，防止出现凝胶具有重要意义。

凝胶点的预测方法较多，较为简便的 Carothers 法常用于涂料生产过程中凝胶点的预测。当反应体系开始出现凝胶时，认为聚合度趋于无穷大，然后根据 p-$\overline{X}_n$ 关系式，求出当 $\overline{X}_n \to \infty$ 时的反应程度，即凝胶点。

$$P_c = \frac{2}{\overline{f}} \tag{2-9}$$

式中，$\overline{f}$ 是有效的平均官能度数，对于两官能团等当量的情况可通过以下公式计算：

$$\overline{f} = \frac{\sum f_i N_i}{\sum N_i} = \frac{f_a N_a + f_b N_b + \cdots}{N_a + N_b + \cdots} \tag{2-10}$$

式中，f_i、N_i 分别为第 i 种单体的官能度和分子数。对于两单体官能团不等当量，平均官能度为用非过量组分的官能团数的二倍除以体系中的分子总数。通过计算来预测凝胶点，只可能是一个参考数，实际情况更为复杂，需要通过实验验证。

将功能性单体通过逐步反应可获得功能性聚合物。例如以六亚甲基二异氰酸酯 HDI 三聚体为起始物，通过与聚碳酸酯二元醇（PCDL）反应可制备低聚物多元醇（Tri-pcdl），通过二异氰酸酯基团与功能性羟基化合物的逐步聚合将酰脲嘧啶酮（Upy）和光敏双键引入树脂结构中，可制备一系列具有不同 Upy、光敏双键含量的自修复光固化树脂（图 2-15），在加热到 100℃时可实现多次修复[14]。

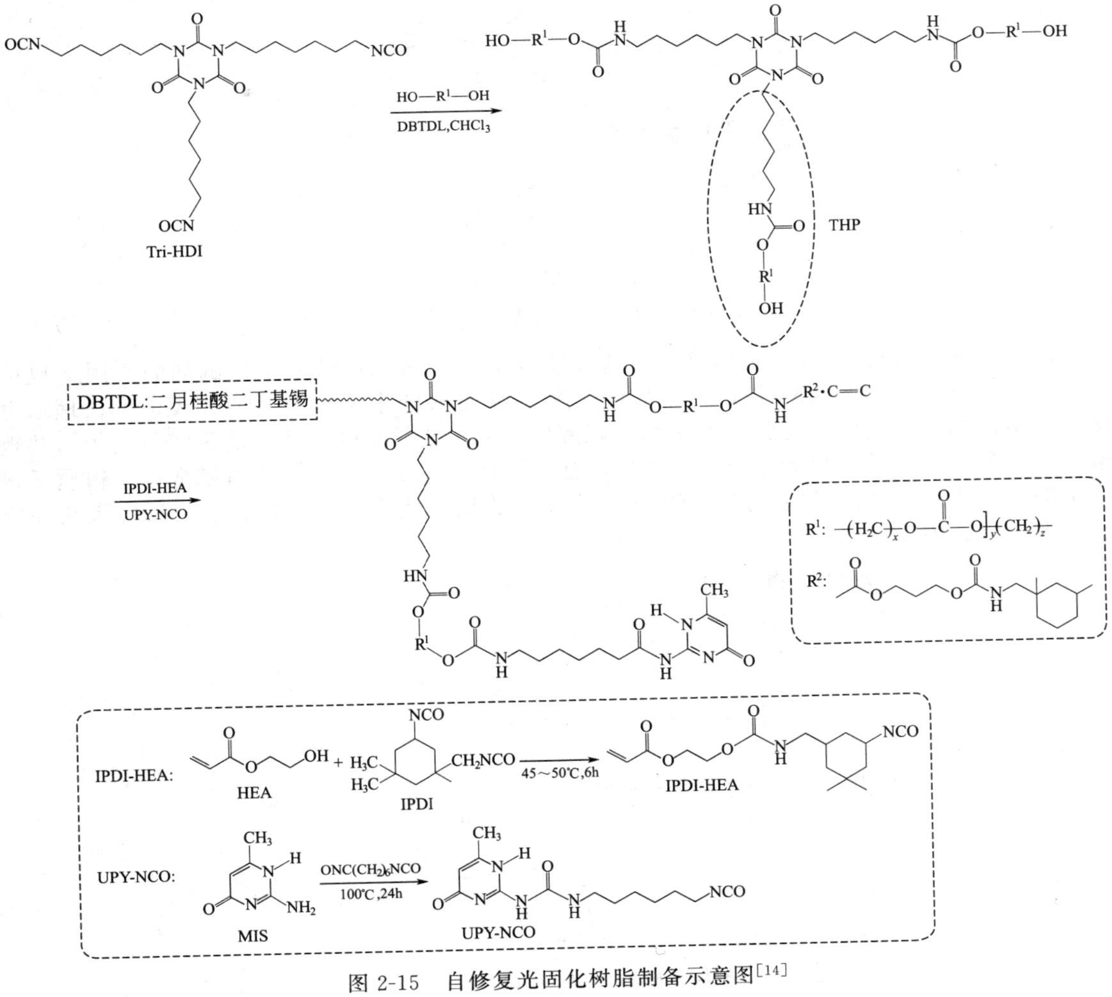

图 2-15　自修复光固化树脂制备示意图[14]

2.2.5 巯基-点击聚合

点击化学（click chemistry）是美国科学家 Sharpless 在 2001 年首次提出的一种新的有机合成概念。点击化学具有原料易得，反应速率快、反应条件简单温和、产率高、产物分离和纯化方法简单等一系列优点，已成为制备功能性聚合物的有力手段[15]。

硫醇［包含巯基官能团（—SH）的一类非芳香化合物］-烯点击化学（thiol-ene click chemistry），又称巯基-烯点击化学（thiol-ene coupling），是目前使用范围最广，研究最为深入的点击化学反应之一[16]。传统的巯基-烯点击化学主要是指硫醇-烯的自由基加成，其机理如图 2-16 所示，第一步为引发反应，引发剂在光或热刺激下发生分解生成的自由基夺取巯基上的氢，产生巯基自由基。第二步和第三步分别为链增长反应和链转移反应。链增长反应是巯基自由基随后以反马尔科夫尼科夫规则进攻不饱和碳碳双键，活性中心转移，产生烷基自由基，链转移反应是第二步产生的烷基自由基夺取巯基化合物中的巯基上的氢原子，产生巯基自由基，活性中心被转移，如此这样循环产生自由基，保证链增长的不断进行。硫醇-烯点击聚合遵循自由基逐步聚合机理，体系凝胶点延迟，应力可得到充分释放，聚合材料收缩率低，交联网络均一，形成的聚合物材料具有优异的微观结构和力学性能[17,18]。

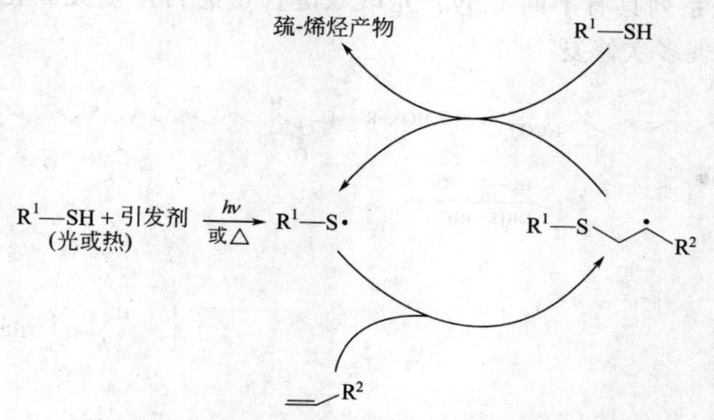

图 2-16 硫醇-烯点击聚合机理示意图

除了传统的硫醇-烯自由基加成，巯基和缺电子的乙烯基在碱或亲核试剂的作用下也可以发生加成反应，称为硫醇-烯迈克尔加成。图 2-17 是碱催化硫醇-烯迈克尔反应的机理示意图，以碱性相对较弱的三乙胺为催化剂与硫醇反应，生成具有强亲核性的硫醇负离子与共轭酸，硫醇负离子随后进攻碳碳双键，产生的强碱性碳负离子从共轭酸或者硫醇中获得质子得到硫醇-烯产物。亲核试剂参与的硫醇-烯迈克尔加成反应速率要比碱催化快，反应大约在数秒或者数分钟内完成。

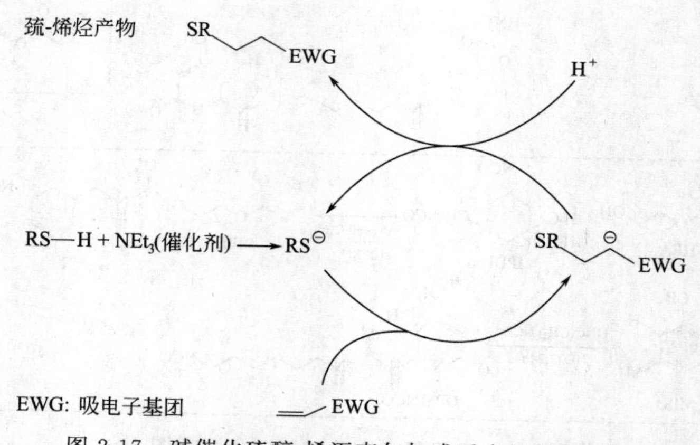

图 2-17 碱催化硫醇-烯迈克尔加成反应机理示意图

硫醇-炔点击化学的自由基加成机理和硫醇-烯点击化学的自由基加成类似（图 2-18），在炔存在的条件下，通过热或者光引发含巯基分子脱氢从而获得含硫的自由基，含硫自由基和碳碳三键通过加成形成硫烷乙烯基自由基，硫烷乙烯基自由基与另一含巯基的分子发生链转移反应得到烯类单加成物和另一含硫自由基，含硫自由基可以继续和碳碳三键加成，一定条件下的烯类单加成物可以和含硫自由基继续加成得到双硫烷基-双取代烷基自由基，随后从巯基中得到氢，但这是个可逆的过程，可以通过调节反应条件来控制反应的方向。在已经存在化学平衡的条件下，硫烷乙烯基自由基中间体与新加入硫醇反应的速率是炔基与新加入硫醇反应速率的 3 倍。由于炔基是双官能团，易于形成交联网状结构聚合物，因此和硫醇-烯点击化学合成的交联网状结构聚合物相比，硫醇-炔点击产物的交联密度、玻璃化温度以及弹性模量等都得到提高。

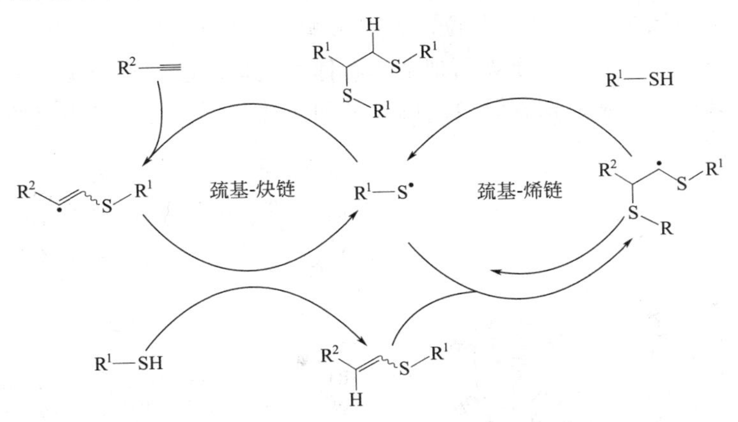

图 2-18　硫醇-炔点击聚合机理示意图

2.2.6　巯基-点击聚合在功能涂料制备中的应用

巯基-烯/炔点击反应为科技工作者提供了一条从商品化或易制备单体出发，进而得到线型、交联聚合物、星形聚合物、超支化等功能性聚合物的有效途径。例如，通过巯基-烯点击反应可制备含季铵盐的大分子抗菌剂（图 2-19），其独特的树枝状大分子结构有效增加了抗菌基团的数量，抗菌性能得到提升[19]。

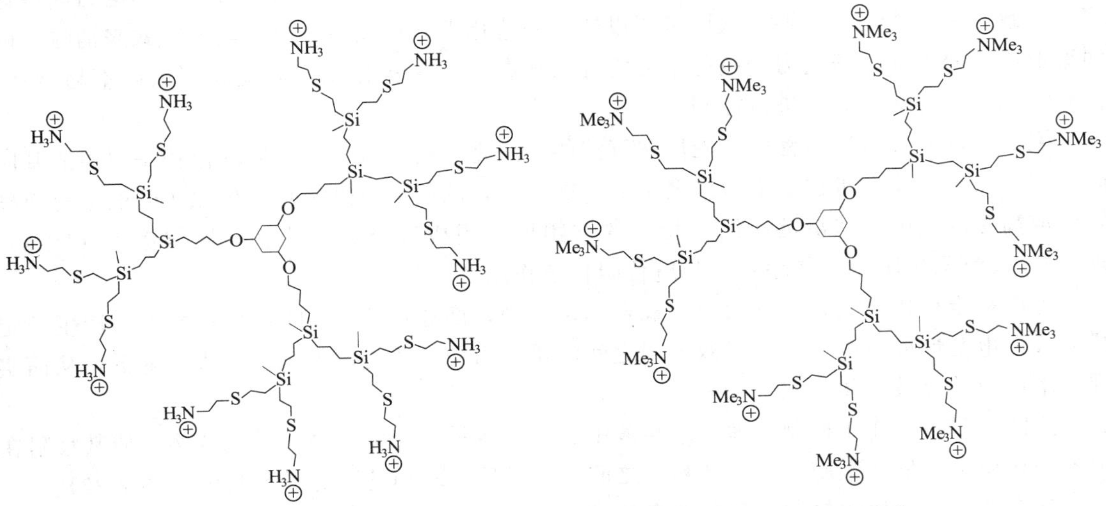

图 2-19　通过巯基-烯点击反应制备的树枝状大分子抗菌剂结构[19]

2.3 复合型功能涂料的制备

2.3.1 物理共混法制备复合型功能涂料

将功能性组分通过物理共混掺入基料是一种简便且经济实用的制备复合型功能涂料的方法。利用纳米材料与聚合物基体的相互作用产生新的效应，实现两者之间优势的互补，开发性能优异的新型材料，已经成为当前研究的重要方向之一。但纳米颗粒粒径小、比表面积大、表面能高、极易团聚形成二次颗粒，大大影响纳米颗粒优势的发挥（图 2-20）。因此，制备性能优异的纳米产品关键在于如何把纳米粉体稳定地分散到纳米级。为了更加充分地利用纳米材料的优良特性，就需要找到合适的分散和改性方法，使已经团聚的粒子重新分散。

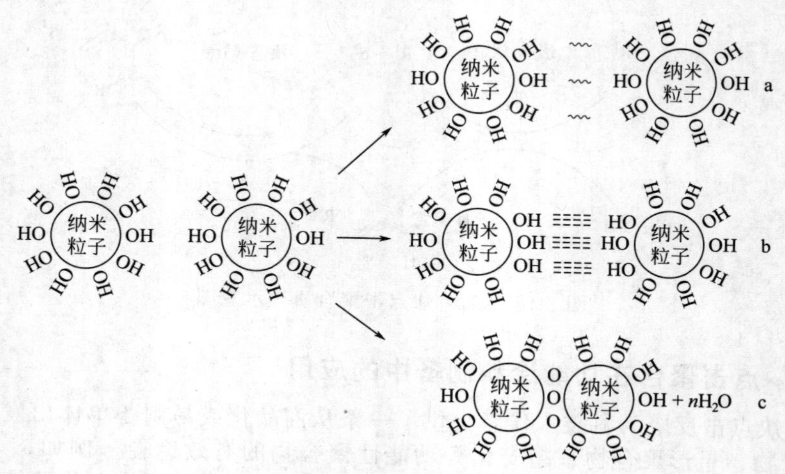

图 2-20　纳米粒子的团聚机理示意图

纳米颗粒的团聚可分为两种：软团聚和硬团聚。软团聚主要是由颗粒间的静电力和范德华力所致，由于作用力较弱，软团聚可以通过一些化学方法或施加机械能的方式来消除；硬团聚形成的原因除了静电力和范德华力之外，还存在化学键作用，因此硬团聚体不易破坏，需要采取一些特殊的方法进行控制。

阻止纳米粒子形成高密度、硬块状沉淀的方法之一就是减小粒子间的范德华引力或基团间的相互作用，使初级粒子不易团聚生成二次粒子，从而避免进一步发生原子间的键合而导致生成高密度、硬块状沉淀。纳米粒子的抗团聚作用机理分为：①静电稳定作用（DLVO 理论）；②空间位阻稳定作用；③静电位阻稳定作用。

静电稳定作用机制，又称双电层稳定作用机制，即通过调节 pH 值使颗粒表面产生一定量的表面电荷形成双电层，通过双电层之间的排斥力使粒子之间的吸引力大大降低，从而实现纳米微粒的分散（图 2-21）。

空间位阻稳定作用机制，即在悬浮液中加入一定量不带电的高分子化合物，使其吸附在纳米颗粒周围，形成微胞状态，使颗粒之间产生排斥，从而达到分散的目的（图 2-22）。

静电位阻稳定作用机制，是前两者的结合，即在悬浮液中加入一定量的聚电解质，使粒子表面吸附聚电解质，同时调节 pH 值，使聚电解质的离解度最大，使粒子表面的聚电解质

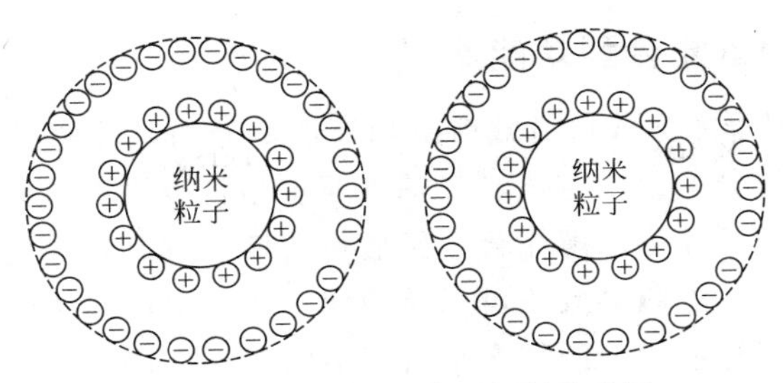

图 2-21 静电稳定作用机制示意图

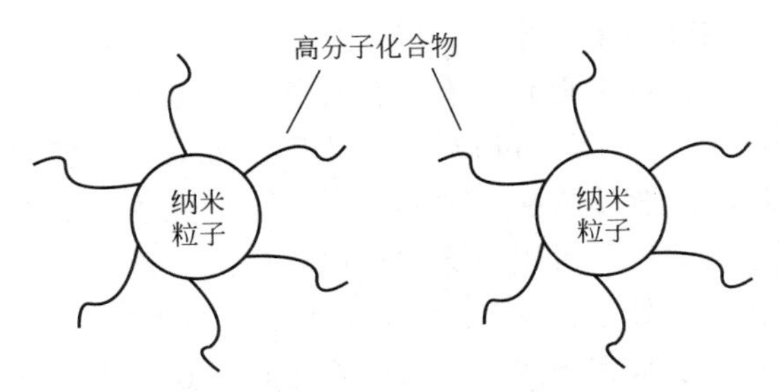

图 2-22 空间位阻稳定作用机制示意图

达到饱和吸附，两者的共同作用使纳米颗粒均匀分散（图 2-23）。

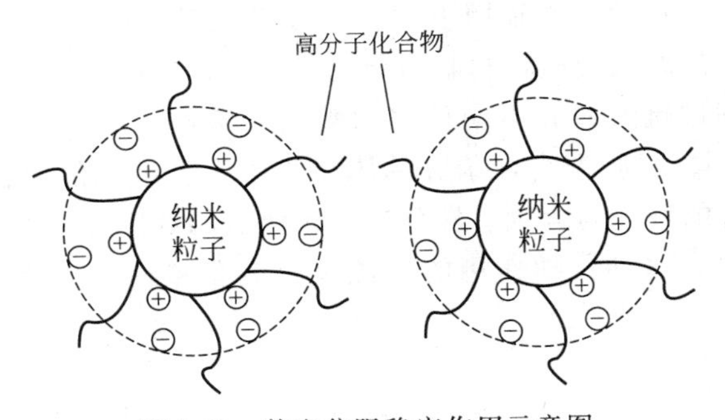

图 2-23 静电位阻稳定作用示意图

如将碳纳米管（CNTs）作为填料直接通过物理共混的方式与聚合物进行复合，将CNTs与聚氨酯直接机械混合后进行静电喷涂制备导电耐蚀涂层，物理共混方式获得的复合涂料电导率不高，只能达到抗静电涂层的范畴。这是因为，虽然CNTs具有十分优异的性能，但是由于较强的范德华作用力使CNTs管与管之间紧紧地束缚成束，造成CNTs几乎不溶于任何溶剂和有机物，所以未改性CNTs在树脂中的分散性不佳。因此，各国科学家对其改性做了大量的研究工作，尤其集中在对CNTs进行共价改性来提高其分散性。通过化学基团与碳纳米管上的共轭结构发生共价键作用，称为共价改性。最常用的共价学改性是采用强酸对CNTs进行氧化处理使其表面带上羧基、羟基等可反应基团，随后通过酰胺化、酯化等反应，获得有机修饰的CNTs。用此法改性多壁碳纳米管（MWCNTs、MWNTs），再用高速剪切搅拌分散工艺制备了MWNTs/苯丙乳液导电涂料，MWNTs的含量为2.5%（质量分数）时，涂层的表面电阻最小可达$1.42\times10^{7}\Omega$[20]。还有通过加成反应、接枝反应等方法均可进行共价改性，但是由于其会破坏碳纳米管表面的共轭结构，会对其导电性能产生一定影响。

2.3.2 原位反应法制备复合型功能涂料

用原位（in-situ）聚合的方式可有效解决功能性组分与基体树脂的相容性问题。溶胶凝胶法是原位生成功能性组分的重要方法，其基本原理是将金属烷基化合物、金属醇化物、金属盐等前体在一定条件下可控地水解缩合，然后将溶剂挥发或者热处理之后得到紧密交联的金属氧化凝胶的一种方法。溶胶凝胶法可以单独使用，也可以与树脂体系进行配合使用。如使用溶胶凝胶法制备具有光催化型的超亲水自清洁涂层，以四氯化钛在酸催化下制备得到溶胶，然后300℃下反应24h，得到锐钛矿型二氧化钛纳米粒子。在纳米粒子的生长阶段，加入适量的二氧化硅溶胶，在玻璃板上涂膜。成膜之后，将涂膜在沸水中加热处理20min，以除去酸和将膜彻底固化，这样可以得到具有催化功能的超亲水涂层。这样的涂层的水的接触角可以低至0°，并且在光照条件下，可以降解积聚的污染物，实现自清洁的效果。另外，可以将二氧化钛纳米颗粒的前驱体直接与树脂体系混合，涂膜然后在空气或者水中发生溶胶到凝胶的变化，二氧化钛纳米粒子可以在涂层里原位生成。这样形成的二氧化钛纳米粒子在涂层中会有非常均匀的分布。处于涂膜表面的二氧化钛纳米粒子在太阳光下具有光催化活性，除了可以使涂料表面超亲水和分解表面污染物之外，还可以使涂料产生微粉化，从而维持涂料表面的清洁。

原位聚合亦可应用于制备导电涂料，如在棕榈油基的醇酸树脂中，加入商品化的聚苯胺及丙烯酸酯活性稀释剂，在紫外光辐照下固化，最终获得涂层阈值高达20%（质量分数），因为其中只有树脂基团的原位交联，树脂与导电聚合物无反应，只能作为防腐涂层使用。而利用苯胺单体、氧化剂过硫酸铵和不同种类的酸加入聚乙烯醇（PVA）的水溶液中，60℃下聚合6h，然后再与环氧树脂混合，苯胺单体在树脂中发生原位聚合获得导电涂料。研究苯胺聚合过程中加入酸的种类与含量，发现当加入盐酸的浓度为0.5mol/L的时候，电导率可高达1500S/m。可见，这种化学作用的原位聚合制备单一方向生成的纤维状导电微区，大大提高涂料的电导率。

参考文献

[1] Chen Z，Sun Y. Antimicrobial Polymers Containing Melamine Derivatives. Ⅱ. Biocidal Polymers Derived From 2-vinyl-4,6-diamino-1，3，5-triazine［J］. Journal of Polymer Science Part A：Polymer Chemistry，2005，43（18）：4089-4098.

[2] Ikeda T，Yamaguchi H，Tazuke S. New Polymeric Biocides：Synthesis and Antibacterial Activities of Polycations with Pendant Biguanide Groups［J］. Antimicrobial Agents and Chemotherapy，1984，26（2）：139-144.

[3] Szwarc M，Levy M，Milkovich R. Polymerization Initiated by Electron Transfer to Monomer. A New Method of Formation of Block Polymers［J］. Journal of the American Chemical Society，1956，78（11）：2656-2657.

[4] Chiefari J，Chong Y K，Ercole F，et al. Living Free-Radical Polymerization by Reversible Addition-Fragmentation Chain Transfer：The RAFT Process［J］. Macromolecules，1998，31（16）：5559-5562.

[5] Braunecker W A，Matyjaszewski K. Controlled/living Radical Polymerization：Features，Developments，and Perspectives［J］. Progress in Polymer Science，2007，32（1）：93-146.

[6] Wang J，Matyjaszewski K. Controlled/"Living" Radical Polymerization. Atom Transfer Radical Polymerization in the Presence of Transition-metal Complexes［J］. Journal of the American Chemical Society，1995，117（20）：

5614-5615.
[7] Kato M，Kamigaito M，Sawamoto M，et al. Polymerization of Methyl Methacrylate with the Carbon Tetrachloride/dichlorotris-（triphenylphosphine）Ruthenium（ⅱ）/methylaluminum Bis（2，6-di-tert-butylphenoxide）Initiating System：Possibility of Living Radical Polymerization［J］. Macromolecules，1995，28（5）：1721-1723.
[8] Matyjaszewski K，Xia J. Atom Transfer Radical Polymerization［J］. Chemical Review，2001，101（9）：2921-2990.
[9] Tang W，Matyjaszewski K. Effect of Ligand Structure on Activation Rate Constants in Atrp［J］. Macromolecules，2006，39（15）：4953-4959.
[10] Treat N J，Sprafke H，Kramer J W，et al. Metal-free Atom Transfer Radical Polymerization［J］. Journal of the American Chemical Society，2014，136（45）：16096-16101.
[11] 胡少东，王川，蔡孟铗等．聚己内酯-聚铵盐抗菌材料的制备［J］. 高分子学报，2014（6）：782-788.
[12] 张广法．两亲性含氟嵌段共聚物的制备及其表面与防污性能研究［D］. 浙江大学，2013.
[13] 刘人龙．溶剂型自脆性放射性去污涂料的制备及其性能研究［D］. 西南科技大学，2016.
[14] 杨小熠，刘敬成，袁妍等．自修复型光固化树脂的制备及其应用研究［J］. 涂料工业，2016，46（6）：1-5.
[15] Kolb H C，Finn M G，Sharpless K B. Click Chemistry：Diverse Chemical Function From A Few Good Reactions［J］. Angewandte Chemie International Edition，2001，40（11）：2004-2021.
[16] Hoyle C E，Lee T Y，Roper T. Thiol-enes：Chemistry of the Past with Promise for the Future［J］. Journal of Polymer Science Part a Polymer Chemistry，2010，42（21）：5301-5338.
[17] Fairbanks B D，Scott T F，Kloxin C J，et al. Thiol-yne Photopolymerizations：Novel Mechanism，Kinetics，and Step-Growth Formation of Highly Cross-Linked Networks［J］. Macromolecules，2009，42（1）：211-217.
[18] Senyurt A F，Wei H，Hoyle C E，et al. Ternary Thiol-ene/acrylate Photopolymers：Effect of Acrylate Structure on Mechanical Properties［J］. Macromolecules，2007，40（14）：4901-4909.
[19] Fuentes P E，Hernández J M，Sánchez M，et al. Carbosilane Cationic Dendrimers Synthesized By Thiol-ene Click Chemistry and Their Use as Antibacterial Agents［J］. RSC Advances，2014，4（3）：1256-1265.
[20] 鲍宜娟，刘宝春，顾辉平．碳纳米管/苯丙乳液导电内墙涂料的制备［J］. 涂料工业，2011，41（7）：54-57.

第3章 自清洁涂料

在大海中航行的舰船，随着船体底部附着物的不断增加，其能耗会随之增加，并且航行速度也会随之减慢；建筑物外墙涂料，经历风吹日晒和空气中污染物的附着，墙面装饰性和涂料使用寿命均会大幅降低；已经大规模应用的太阳能发电装置，其发电面板的长期清洁性直接关系到发电效率的稳定性；随处可见的窗户玻璃极易附着灰尘或其他污染物，这影响了建筑物美观及人们的居住健康。由此可见，具有自清洁功能的涂料在日常生活和工业经济中有着广阔的应用前景[1~3]。

3.1 自清洁涂料基础

3.1.1 自然界中的自清洁现象

鲨鱼等大型海洋生物经年累月在海洋中生活，身体表面却不会吸附微生物、海洋植物和寄居类动物；蝴蝶、飞蛾等昆虫，无论晴雨，总能在一定时间内保持翅膀的干爽和洁净；“出淤泥而不染”的莲科植物一般生长于有淤泥的池塘之中，在莲叶伸出水面之后，其枝叶却能始终保持清洁。自然界中存在的大量自清洁和耐污损现象是自然进化的结果，为自清洁涂料的开发提供了灵感源泉和重要启示，科研人员通过不断研究阐明了这些现象背后的自清洁机理。

荷叶具有自清洁功能是人类最早注意到的自清洁现象。虽然古人很早就意识到荷叶的这种性质，但是真正把荷叶纳入科学研究并阐明其超疏水机制，却要到第二次世界大战之后了。1959年，美国著名的物理学家理查德·费曼（Richard Feynman）在美国加州理工学院发表了题为“There is plenty of room at the bottom”的著名演说。在演说中，他前瞻性地指出了纳米层面的研究将会推动人类对材料性质的更深层认知，将会产生不可估量的影响。随着电子显微镜技术的大量应用，人类得以快速得到光学显微镜分辨率以下的物质微观结构信息。1997年，德国伯恩大学的植物学教授Barthlott和Neinhuis发表了荷叶表面的微观结构和其自清洁性能的研究，指出了荷叶表面的多级粗糙结构是其具有自清洁性能的必要条件。从荷叶表面的扫描电子显微镜图片可以看出，在其表面上有密集排布的大小不一的小突起。这些小突起的大小在微米级，小突起之间的间距一般在数微米到数十微米。更为重要的是，在小突起的表面有更为微小，大小在数十纳米到数百纳米的微突。这样多层级的粗糙结构，是荷叶表面具有自清洁功能的重要原因。实验表明，水滴在荷叶表面的接触角大于160°，滚动角则小于2°，这一方面可以阻止液体类污染物在其表面的吸附，另一方面表面在灰尘等固体污染物附着之后，可以在雨水的冲刷下快速去除。荷叶的这种作用，在其后的研究中被广大研究者称之为“荷叶效应”（图 3-1）。随后的研究还发现，水稻、甘蓝等多种植物的叶子也具有类似结构和功能，水滴在其叶面也具有很高的接触角和很低的滚动角。目前生产商已经基于荷叶效应生产出应用于不同领域的自清洁或者耐污涂料。

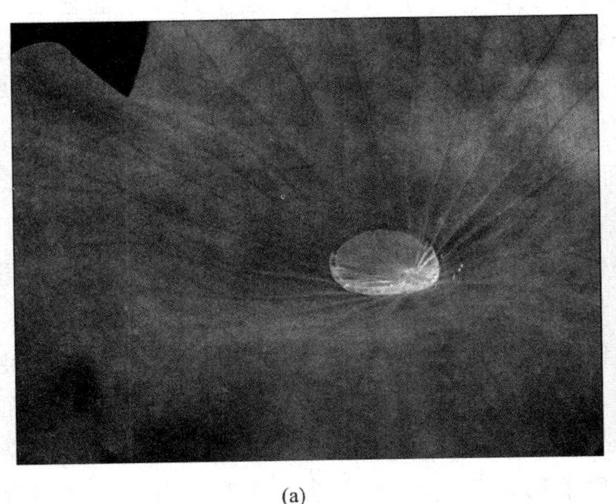

(a)

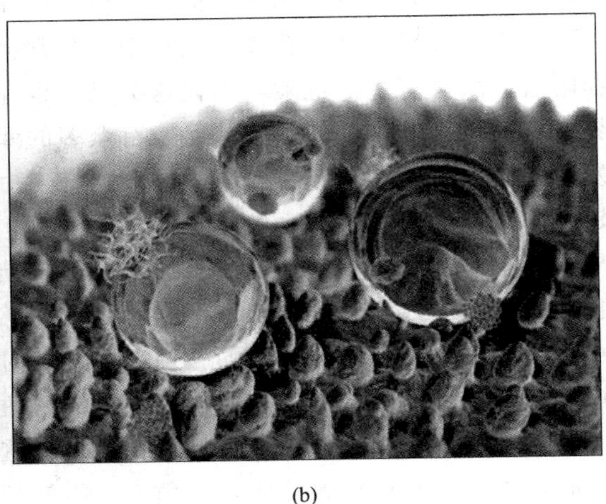

(b)

图 3-1 荷叶（a）与荷叶的微观结构（b）

图（b）上的水滴说明灰尘滚落机理

除了荷叶这种具有多级微观结构对液体具有超低吸附之外，还有一些其他类型结构特殊的植物叶子或者花瓣具有自清洁效果（图 3-2）。扫描电子显微镜照片显示西瓜叶子表面包裹了一层致密的纤维状物质，纤维与纤维之间形成的空隙使水珠在其叶子表面的接触角可以高达 164°，虽然这些空隙只有一级结构，仍然可以实现超疏水和自清洁效果。水珠在玫瑰花的花瓣上也具有近 160°的接触角，但即使将花瓣倒置，水珠也不会滴落，这是因为在玫瑰花瓣的表面同样分布有大量的小突起，同时这些小突起表面分布了一些微小褶皱。在液体浸润时，这些褶皱可以增加粗糙度，但其间隙又易被液体浸润，从而实现具有黏附性的超疏性能，以保持整个花瓣的清洁。目前，相关的研究者已经分析了数百个植物的叶子、花、茎的表面，以研究它们的微观结构和功能之间的关系。虽然这些微观结构不尽相同，但可以确定的是这些微观结构是它们具有自清洁功能的关键因素。

(a)

(b)

图 3-2 西瓜叶子（a）与玫瑰花瓣（b）的微观结构

除了植物之外，一些昆虫的壳和脚、蝴蝶翅膀、鲨鱼皮肤等也具有超疏和自清洁性质。

与植物叶子表面类似的是，这些超疏和自清洁性能也离不开复杂的微观结构。水黾（water strider）是一种常见的水生半翅目类昆虫，体态非常轻盈，能够在静止或缓慢的水面上栖息和滑行。研究者们通过电子显微镜发现水黾腿部定向排列着微米级大小的刚毛，这些刚毛能够排开水的体积是其腿部体积的300倍，从而可以支撑其在水面上，并且使其在水面自由滑行。蝴蝶、飞蛾和蝉等在飞行过程中，常常会遇到下雨和污染物，翅膀一旦被水浸润和污染物附着，就会有生命危险，因此这类昆虫也在其翅膀上进化出了多级微观结构，以抵御自然界风雨的侵害。目前，国内外已经有众多的课题组对蝴蝶翅膀的结构进行了详细研究。研究发现，蝴蝶翅膀具有超疏水性，水滴在其表面上的接触角超过150°。在微观结构上，蝴蝶翅膀的表面由大量尺寸为数十微米的方形鳞片沿一定方向排列构成（图3-3），在高倍电子显微镜下还发现，该鳞片还具有一定的褶皱结构。方形鳞片所形成的粗糙结构赋予了蝴蝶翅膀自清洁性能，在污染物和水滴附着之后能够快速清除，并且这种清洁具有一定的方向性，水滴会向翅膀的外侧滚落，而朝内部滚动的时候则表现出黏附性，这样可以保证水滴和污染物的快速脱除。同样的，在海洋中生活的鲨鱼，其表皮也是由多级结构构成的。在微观层面上，各个微米级的鳞片以一定的规律排列，这一方面可以降低阻力，另一方面也阻止了污染物的富集。与其他生物不同，鲨鱼表皮不是超疏水的，却仍然能够通过微观结构的排列实现自清洁的性能。

(a) (b)

图3-3 蝴蝶（a）与其翅膀的微观结构图（b）

自然界中生物的自清洁功能是它们在长期的进化中逐渐形成的，具有一定的合理性，探究其中的机理，对于人类开发出具有实用价值的自清洁涂层具有非常重要的意义。近年以来，仿生学的研究者们已经研究了众多生物的表面结构和其功能之间的关系，在此不能一一列举。

3.1.2 生活中的自清洁涂料

目前自清洁涂层已经应用在生活各个方面，比如厨房用具、织物、外墙涂料、工业生产等。在实际的应用中，做到完全的自清洁还有一定的难度，目前的产品主要集中在易清洁和耐污方面[4~9]。

不粘锅几乎已经成为厨房的标配。在一般烹饪条件下，不粘锅上的涂层可以阻止烹饪物的黏附，这大大减小了烹饪的清洁难度。不粘锅上的涂层一般为聚四氟乙烯［含有少量的加工助剂，商品名为特氟龙（Telfon）］，是一种具有优异的力学性能、化学稳定性、耐酸碱腐蚀性和高温稳定性的材料，由法国的特福厨具公司（Tefal）在20世纪60年代率先将其应用于锅具的生产。

自清洁涂料在纺织品领域也取得了广泛的应用。人民日常穿着的衣物，在保证原有材料的舒适度的条件下，如果能够做到疏水疏油和耐泼溅，那么将会非常有吸引力。目前已经有众多的公司开发出了具有防水、防油、防泼溅功能的纺织材料，比较出名的是哥伦比亚公司开发的Omnitech面料，具有疏水、透气和防污的性质，已经在其旗下众多产品里面得到了应用。近年来，由于在超疏水和超亲水仿生和机理方面的进步，一些具有超疏和自清洁功能的涂料层出不穷，应用于纺织品方面的特殊涂料也在陆续推出。如美国NeverWet公司推出的系列产品，已经可以在耐湿、耐污和自清洁方面取得了不俗的效果。

自清洁涂料另一主要应用领域是在民用外墙和工业领域。在建筑领域，国内外都已有企业基于“荷叶效应”机理开发出自清洁外墙涂料，阿克苏诺贝尔公司在荷兰五年的户外测试结果表明，自清洁外墙涂料的色泽和干净程度远远高于传统涂料，这证明了自清洁涂层具有较高的实用价值，北京奥运会场馆亦采用了自清洁涂料进行涂覆。工业领域对于自清洁涂料的需求也是巨大的，船舶船体的涂覆是自清洁涂料需求的重要领域，随着国际海事组织对环保要求的提高（比如禁止含有锡类杀菌剂），急需开发自清洁耐污涂层，以降低海洋生物对船体的吸附（请见本书第5章详述）。而应用于太阳能发电站的自清洁涂料就可通过保持面板的洁净度来提升其发电效率的稳定性，当然还需要这类涂料本身对太阳光的低吸收率、耐高低温交变和干燥高温的性能。

自清洁涂料虽已在各个领域取得了一些应用，但是该项技术目前还谈不上完善，这主要是由于自清洁涂料的应用领域十分广泛，需要针对不同领域的需求开发特定产品，这加剧了自清洁涂料的开发难度。目前有关自清洁涂料机理的研究在学术界已经进行了几十年的探索，在国内也涌现出了众多具有国际水准的科学家和课题组。随着研究成果转化率和技术产业化水平的不断提高，自清洁涂料的应用将不断得到拓展。

3.1.3　浸润的基本理论

液体对固体表面的浸润性是研究开发自清洁涂料的重要理论基础。最早系统研究浸润现象的是英国科学家托马斯·杨（Thomas Young）。他系统地研究了液体在固体表面的浸润，并且提出了著名的杨氏方程来定量表征液体在固体界面的浸润程度，到现在仍被广泛应用。杨氏方程描述的是在热力学稳态的条件下液体在固-气界面的浸润情况。通过改变固体表面的化学性质，可以调控液滴在固体表面的浸润性。最常见的一个例子是普通玻璃一般为亲水型，水滴可以在充分清洁的玻璃表面完全铺展；在经过疏水型的硅氧烷修饰之后，水滴在其表面上只能形成点缀于玻璃板的离散液滴，且接触角一般大于90°。一般而言，杨氏方程描述的是理想状态下的浸润状况，现实中固体表面的浸润性主要由表面的化学成分和微观结构决定[2,10]。

当液滴与固体表面接触时，可以有两个极端情况。一种极端情况是液体对固体表面有极好的浸润性，液体可以在固体表面形成一层均匀的薄膜，如水在亲水玻璃表面所形成的薄膜；另外一种极端情况就是液体完全不能浸润固体表面，液体在固体表面形成完美球形的液滴或者直接滚落，液滴对固体表面毫无黏附力。对于一般的固体表面，液体对其浸润处于这两种极端情况之间。当液体液滴置于固体表面时，液滴会在固体表面以一定的形状（大多为球冠的形状）附着于固体表面。如图3-4所示，以气、液、固三项的接触点（三相点）为起点，沿着液/气界面和固/液界面作切线，以液体这一侧的角度为接触角 θ。一般而言，如果液体在固体表面的接触角小于 90°，那么液体对固体表面是润湿的或者说是浸润的；如果液体在固体表面的接触角大于 90°（接触角一定会小于等于 180°），则称之为不润湿。水是最常见的液体，也是研究最多的模型体系。对于水而言，如果接触角小于 90°，那么这样的固体表面则被称为亲水表面；如果接触角大于 90°，则被称为疏水表面；如果接触角大于 150°（有些文献报道为 160°），则被称为超疏水表面。

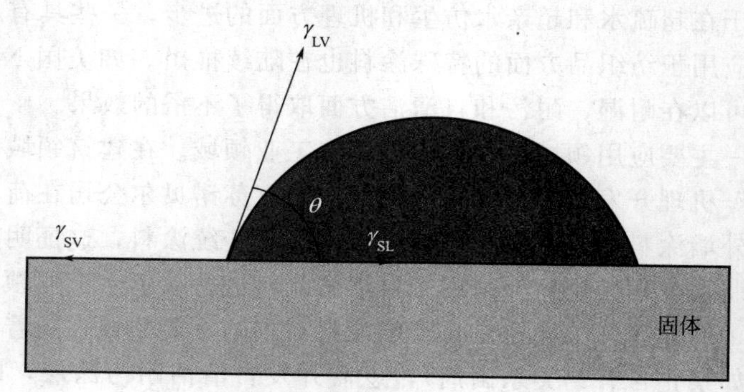

图 3-4 液滴在固体表面

液滴在固体表面形成的接触角，本质上是固、液、气三相热力学平衡的结果。在表现形式上，是三者之间表面张力相互平衡的结果。接触角的大小与三相之间的界面张力可以通过杨氏方程表示

$$\gamma_{LV}\cos\theta=\gamma_{SV}-\gamma_{SL} \tag{3-1}$$

式中，γ_{LV}表示气-液之间的表面张力；γ_{SL}表示液-固之间的表面张力；γ_{SV}表气-固之间的表面张力。杨氏方程的几何推导可以通过简单的牛顿力学平衡得到，这在许多物理化学和热力学书籍会有涉及，此处不再赘述。通过杨氏方程可知，通过在固体表面修饰低表面能的物质，可以提高水滴在固体表面的接触角，比如氟化物具有比碳氢化合物更低的表面能，因此水滴可以在其表面形成更大的接触角。研究表明使用氟化物可以得到的最低表面能为 6.7mJ/m^2，对于光滑涂层而言，即使在固体表面修饰上表面能足够低的涂料也无法将接触角提高到 120°以上。这样表面的疏水性质还远远不能令人满意。这说明杨氏方程预测的接触角在实际应用中有诸多限制。

如前所述，自然界中存在水接触角远大于 120°的表面。这种现象并不是说杨氏方程是错误的，这主要是因为杨氏方程的假设条件是物理上的光滑表面，但是这在现实中几乎是不存在的。实际上，任何实际中的固体表面，在分子水平或者说微观结构上都是具有一定的粗糙度的。表面粗糙度对表面浸润性的影响是比较复杂的。粗糙度不仅仅会对液滴在固体表面的接触角产生影响，并且还会产生一定的黏附性。

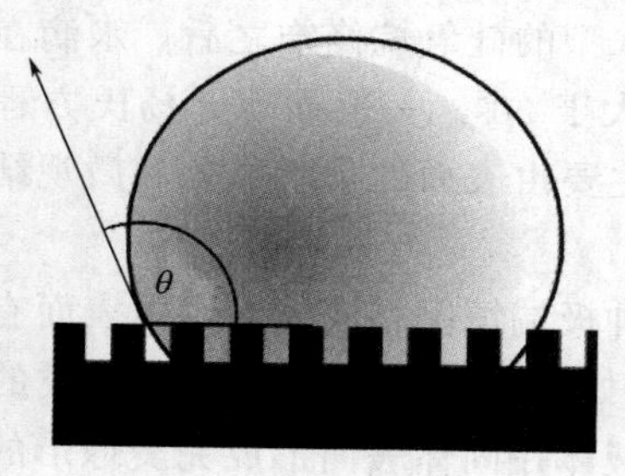

图 3-5 Wenzel 浸润模型

1936 年美国科学家 Wenzel 首先系统地研究了固体表面粗糙度对浸润性的影响，提出了著名的 Wenzel 模型。Wenzel 在杨氏方程中引入了粗糙度的概念。如图 3-5所示，在一个均匀粗糙的固体表面，液滴的大小远大于固体表面的粗糙度，那么液滴在固体表面形成的表观接触角 θ 可以用下式表示

$$\cos\theta = R_f \cos\theta_0 \tag{3-2}$$

式中，θ_0 为光滑平面下的理想接触角；R_f 为粗糙度因子。粗糙度因子定义为固体真实的固液面积 A_{SL} 与其几何投影面积 A_F 之比

$$R_f = \frac{A_{SL}}{A_F} \tag{3-3}$$

从上式可知，光滑平面的粗糙度因子为1，而粗糙平面的粗糙度因子大于1。由此可见表面越粗糙度因子 R_f 值越大，也就意味着 θ 角越容易突破120°。

Cassie 和 Baxter 继续发展和完善了 Wenzel 的理论，提出了著名的 Cassie-Baxter 模型。Wenzel 的模型的基本假设是，在粗糙的固体表面，液体会进入其表面的凹凸之中，表面粗糙度存在增加了固液接触面积，这在微观层面上其实是比较难以实现的。Cassie 和 Baxter 模型的基本假设则是固体表面的粗糙结构并不会被液体浸润，其粗糙结构只是起到支撑作用。如图3-6所示，在液滴和固体表面之间形成了一个气层。在 Cassie-Baxter 浸润状态下，液滴的接触角可以用下式表示

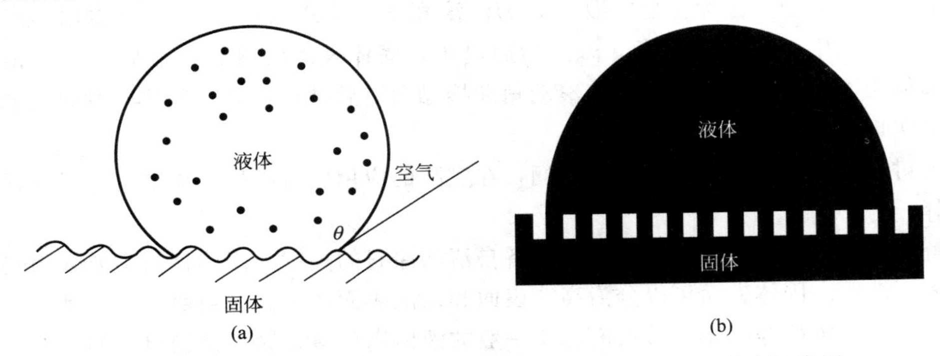

图 3-6 液滴在粗糙表面的接触角与液滴处于 Cassie-Boxter 状态示意图

$$\cos\theta = R_f \cos\theta_0 - f_{LA}\ (R_f \cos\theta_0 + 1) \tag{3-4}$$

式中，R_f 与 Wenzel 模型中的意义一致，而新引入的 f_{LA} 则是指液滴下方液气界面占整个粗糙结构的面积百分比。从 Cassie-Baxter 可知，对于疏水表面，接触角的数值会随着 f_{LA} 的增加而增加，这使得研究者有望通过调节 f_{LA} 的数值从而实现超疏水表面的制备，目前一些研究表明，通过控制表面微结构和界面性质可以制备出水滴接触角在170°以上的超疏水表面。

上述理论模型描述的都是液滴在静止状态和水平情形下的浸润现象，但是在实际应用中，很多浸润过程是一个动态过程，特别是固体表面不处于水平位置时，如印染、胶片涂布等。为了描述液滴在非水平表面的浸润行为，引入了动态接触角、滚动角和接触角滞后的概念。动态接触角是液滴与固体表面在动态浸润过程中的接触角，如图3-7所示。在液滴动态接触固体表面的时候，会有前进角和后退角，分别以 θ_{da} 和 θ_{dr} 表示。前进角和后退角的差距越小，越有利于浸润。一般而言，与静态接触角相比，前进角会变大，而后退角会变小。除了在动态浸润过程中会有前进角和后退角的区别外，倾斜平面上的液滴同样存在前进角和后退角。前进角和后退角的差值 $\Delta\theta$ 一般称为接触角滞后。对于一个倾斜平面而言，液滴在其表面上能够滚动的最小倾斜角度，称为滚动角。如果液滴的静态接触角大于150°，而滚动角和接触角之和小于10°，则这样的表面一般具有超疏性质，可以轻易去除黏附于其表面的污染物质。滚动角 α 和接触角滞后之间的关系可以用下式表示

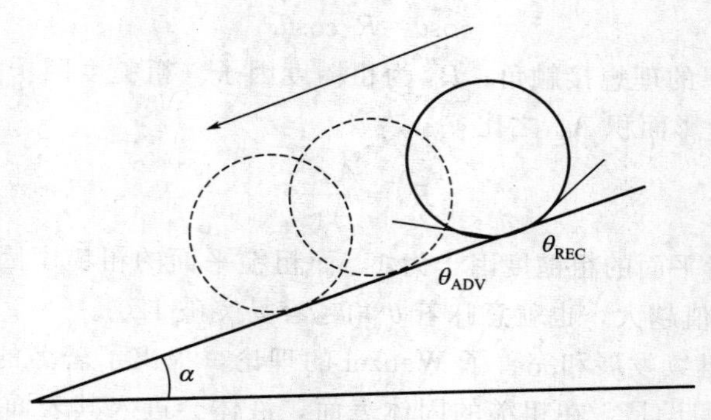

图 3-7 液滴在倾斜角度为 α 表面上的滚动过程

θ_{ADV}—前进角；θ_{REC}—后退角

$$\frac{mg\ (\sin\alpha)}{w}=\gamma_{LV}\ (\cos\theta_{REC}-\cos\theta_{ADV}) \tag{3-5}$$

式中，m 为液滴质量；g 为重力常数；w 为液滴宽度。从式（3-5）中可以看出，两者之间是正相关的。其中 θ_{ADV} 为前进角，θ_{REC} 为后退角，固体表面的接触角滞后和滚动角的大小代表了固体表面对液体的黏附能力，滚动角和接触角滞后越小，其对液滴的黏附性越小，越利于涂层实现自清洁功能。

以上讨论了液滴在多种情况下的浸润，在实际的应用中可根据具体情况选择合适的模型进行解释。

了解固体表面性质是针对不同基材制备自清洁涂料的关键。固体材料主要采用表面能来衡量其表面性质。固体表面可以分为高能表面和低能表面两类。一般而言，金属、金属氧化物、硫化物、无机盐等固体，其表面能比一般的液体高得多，属于比较典型的高能表面，这类表面可以轻易地被液体浸润。有机物如碳氢化合物、氟碳化合物、硅烷类物质等则具有比较低的表面能，这类物质的表面能与液体在同一数量级，属于典型的低能表面。一些常见表面的表面能见表 3-1。

表 3-1 一些常见表面的表面能

固体表面	γ_c/(mN/m)	固体表面	γ_c/(mN/m)
高分子固体		有机固体	
聚四氟乙烯	18	石蜡	26
聚三氟乙烯	22	正三十六烷	22
聚二(偏)氟乙烯	25	季戊四醇四硝酸酯单分子层	40
聚一氟乙烯	28	全氟月桂酸	6
聚三氟氯乙烯	31	全氟丁酸	9.2
聚乙烯	31	十八胺	22
聚苯乙烯	33	戊基十四酸	26
聚乙烯醇	37	苯甲酸	53
聚甲基丙烯酸甲酯	39	萘甲酸	58
聚氯乙烯	39	硬脂酸	24
聚酯	43		
聚己二酰己二胺(尼龙 66)	46		

除了浸润本身之外，另外一个对浸润会产生影响的就是液体或者液体中其他物质对固体表面的吸附，将会改变固体表面本身的性质，从而改变其浸润性能。分子在物质表面的吸附，一般会形成有规律的排列，可以影响固体物质表面的表面能的大小。液体分子、气体分

子或者其他可溶物在固体表面的吸附，是一个比较复杂的过程，相关的吸附理论最早由吉布斯提出，并在后期不断完善，有兴趣的读者，可以参阅界面化学和界面物理方面的书籍。

3.1.4　自清洁涂料的分类

自清洁涂料是指通过亲疏水作用或者化学降解作用，使污染物在重力、风力、雨水冲刷等外力作用下从涂料表面自动脱落，从而实现表面自清洁功能的涂料。在此过程中不需要额外人工作业和喷涂额外的清洁剂，从而可以节省人工和材料成本。根据涂料表面亲疏水性质的不同，自清洁涂料可以分为疏水型自清洁涂料和亲水型自清洁涂料。其中亲水型自清洁涂料按照有无光催化剂又可以分为光催化型亲水自清洁涂料和非光催化型亲水自清洁涂料。

3.2　亲水型自清洁涂料

亲水型自清洁涂料是指涂料本身具有优异的亲水性质，在成膜之后，其表面的接触角小于5°（有些报道是10°），涂料表面的污染物在雨水冲刷和外力的作用下可以自动清除，从而实现自清洁效果。亲水型自清洁涂料目前主要有两种类型，一种为涂料本身具有良好的亲水性，污染物在其表面附着之后，水可在涂料表面形成水膜，从而快速自动地去除污染物；另一种为具有光催化活性的亲水自清洁涂料，一般是在其中加入二氧化钛等无机纳米粒子。空气和环境中存在众多疏水型污染物，这些污染物较难单纯地利用水的冲刷清除干净。二氧化钛等具有光催化活性的纳米粒子的存在，可以在太阳光的照射下将这些污染物进行分解，使疏水型的污染物在光化学反应下转化成亲水型的物质，从而在雨水冲刷和外力作用下可以快速地实现自清洁的功能[11]。

3.2.1　普通亲水型自清洁涂料

普通亲水型自清洁涂料的亲水性主要来自于材料本身的性质，如聚乙烯醇、聚乙二醇等，在早期研究中，通常会在涂层表面接枝一层超亲水性的聚合物，研究污染物在表面的积聚和清除过程，从而探讨此种类型涂料表面的自清洁机理。聚乙二醇（PEG）是研究最多的一种亲水高分子，亲水的PEG分子链会在物体表面形成动态的高分子刷，从而阻止污染物的吸附和清除已经吸附的污染物。根据第一节中所述，涂料表面的亲疏水性质不仅仅与材料本身的物化性能有关，同时也与涂料表面形成的微区结构有关。对于亲水型涂料而言，仅仅在涂层配方中融入亲水性的聚合物往往并不能取得很好的自清洁效果，并且会由于污染物的叠加效应很快失效。因此，系统地研究和设计涂料表面的微区是普通亲水型涂料实现自清洁功能的重要手段。如江雷院士等提出了“二元协同”的概念，在亲水型聚合物的基底中同时引入含氟聚合物，这样形成的涂料，不仅在空气中具有超亲水的性质，而且在水下仍具有超亲水和超疏油的性质，可以起到很好的自清洁作用，具有广泛的应用前景。

在涂料领域，还可以通过添加亲水型助剂实现涂层的自清洁功能。在树脂基底中加入可以迁移的亲水性聚合物，在涂料表面形成一层亲水性薄膜，可以实现耐污和自清洁的效果。日本旭硝子公司通过在涂料中加入一种亲水助剂，该助剂会在涂料表面形成梳状亲水结构，使聚集于表面的污染物可以在雨水的冲刷下清除。目前已经有众多公司开发出了类似助剂，其一般为硅酸酯类缩合物及其改性物，将这些助剂添加进涂料中，在涂料的成膜过程中硅酸酯类及其缩合物的改性物会迁移至涂膜表面，从而水解形成亲水涂层。除此之外，科学家还开发出亲水型含氟树脂。在该树脂结构中，一般同时存在亲水单元、含氟单元和可交联单元。在制成涂膜之后，具有自迁移性质的含氟单元会将亲水单元带至涂层表面，从而实现超亲水的效果。在涂膜配方中引入亲水性的纳米粒子，也可以制得超亲水自清洁涂料。如在水性树脂中，引入三氧化二铝纳米颗粒，通过配方设计，可以得到超亲水涂料，具有良好的自清洁效果，在陶瓷、玻璃、墙面等领域均可使用。最后，涂料配方中引入可与水反应的活性基团，在反应之后产生的基团分布在涂层表面，从而使涂膜具有超亲水性，实现自清洁的效果。如在树脂配方中引入可水解的有机硅树脂，由于有机硅树脂具有较低的表面能，其可以在成膜之后迁移到涂料表面，然后与水反应，生成亲水基团，从而形成超亲水表面，实现自清洁的效果。

油性物质具有比较低的表面张力，其在涂层表面吸附之后更难除去。在亲水型涂料的研究领域，有一类涂料渐渐引起了人们的注意，即同时具有超亲水以及超疏油性能的涂料，这对于自清洁涂料的开发具有重要意义。一般而言，具有亲水或者疏水性的涂料，不具有疏油性质，并且油性污染物的吸附会破坏涂料表面本身的性质，从而导致亲疏水性能的改变，引起涂料自清洁性能的失效。制备同时具有超亲水与超疏油涂料的一个策略，即是制备出具有刺激响应性的表面。通过在疏水型涂层树脂中引入亲水性的纳米粒子或者亲水性高分子链段，形成具有一定微观结构的粗糙表面，在有水滴存在的条件下，水滴会诱导亲水基团重排，从而使水滴快速渗透，实现超亲水性能；而当油性物质置于涂层表面时，无法诱发亲水基团重排，在表面分布的疏油性基团使涂层表面具有超疏油的性能，这样涂层就可以提高材料表面的亲水疏油性（图 3-8）。研究结果表明，水滴在接触该涂层表面之后短时间内接触角可以从 160°以上降低至 0°左右，而油滴则可以长时间保持大接触角，实现超亲水超疏油效果。这种超亲水超疏油自清洁涂料，除了应用在涂层领域，还可以应用在油水分离领域[12,13]。

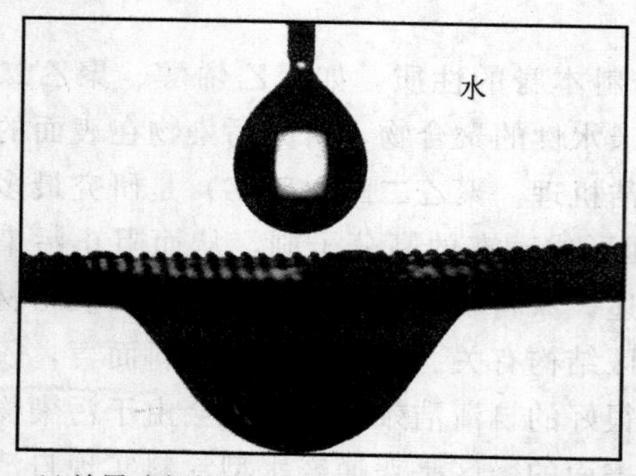

(a) 涂层对水滴具有超亲性，水滴能够快速渗透

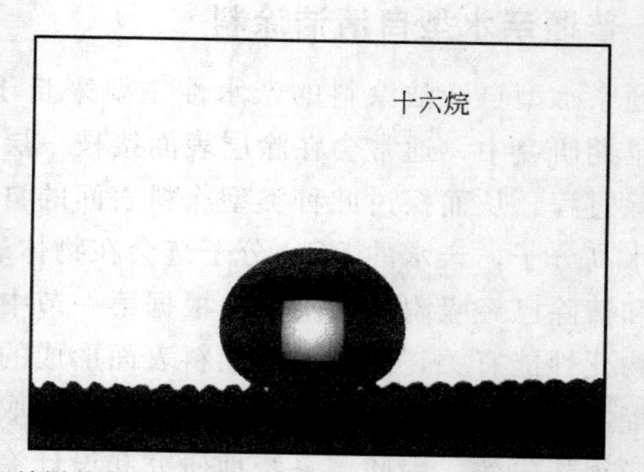

(b) 涂层对油滴具有超疏性，油滴在涂层表面的接触角大于150°

图 3-8 超亲水超疏油涂层处理的表面

3.2.2 光催化型亲水自清洁涂料

除了通过材料本身的亲水性来制备亲水自清洁涂料，还可以通过掺入具有光催化性能的无机纳米粒子来实现涂层的超亲水性。具有光催化活性的无机纳米粒子有很多，如二氧化钛、氧化锌、硫化锌等，但是真正在涂料领域具有实用价值的仅有二氧化钛纳米颗粒。光催

化型二氧化钛纳米粒子早在20世纪50年代已经被广泛研究。到70年代，日本科学家Fujishima和Honda首次发现在近紫外光的照射下，金红石型（rutile）二氧化钛单晶电极可以在常温常压下把水分解为氢气和氧气，由此引发了对二氧化钛纳米粒子的大规模研究。在紫外光的照射下，水的分解过程中会发生氧化还原反应，产生羟基自由基。羟基自由基具有很高的催化活性，可以有效地分解有机物。在紫外光的照射下，二氧化钛表面会转换成超亲水表面。在此两种作用下，分解的有机物在雨水冲刷下可以被轻易脱除，从而实现表面的自清洁（图3-9）。

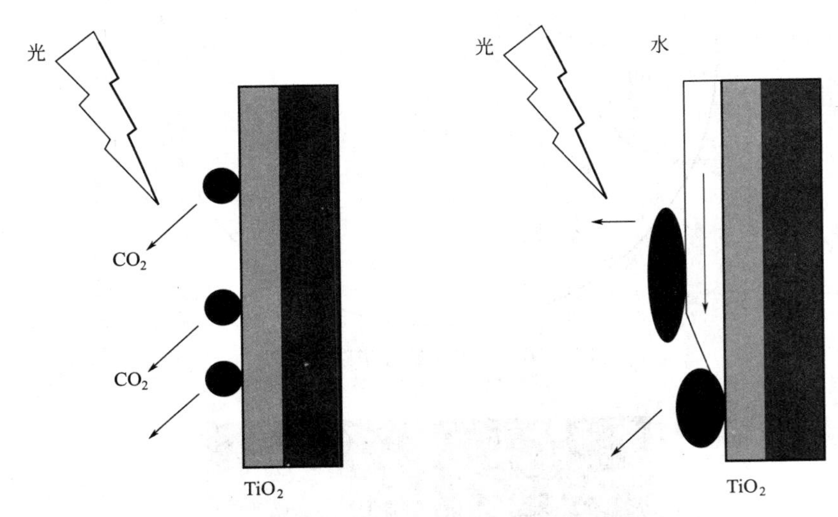

图3-9 二氧化钛超亲水自清洁表面净化过程示意图

二氧化钛是一种半导体氧化物，在自然界中共有三种晶型，分别为金红石型、锐钛型和板钛型。其中锐钛型二氧化钛具有最高的光催化活性和化学稳定性，可以吸收紫外光，产生空穴和电子。二氧化钛的禁带带宽为3.2eV，在紫外光的照射下（能量大于禁带带宽），导带和价带分别会产生一个电子和一个空穴。对于纳米二氧化钛而言，电子和空穴将会在合并之前快速迁移到纳米颗粒表面，从而起到催化作用。停留在纳米颗粒表面的电子与氧气分子结合形成氧负离子（O^{2-}），空穴则与羟基结合形成羟基自由基。上述两种物质，都可以有效地催化有机污染物的分解。电子和空穴的产生、传递、转移和在表界面的捕捉如图3-10所示，这是理解表面光催化自清洁的基础。

二氧化钛应用于自清洁涂料的另外一个重要性质是其光诱导的超亲水性质，这主要有三方面的原因。第一，在紫外光照射下二氧化钛薄膜表面会形成交错的亲水微区和疏水微区，从而导致其具有一定的双亲性，水在二氧化钛薄膜表面的接触角趋向于0°（图3-11）；第二，二氧化钛表面的氧原子能与空气中的水形成悬挂的羟基，从而大大增强薄膜表面的亲水性；第三，二氧化钛薄膜的氧-氧桥键在光照条件下消失也会增加二氧化钛薄膜的亲水性。

图3-12所示为锐钛矿二氧化钛晶型的（110）晶面、（100）晶面和（001）晶面的原子排列。在（110）晶面和（100）晶面上，桥连的氧原子突出在晶面以外，具有较高的能量和反应活性。而（001）晶面由于没有桥连的氧原子，并没有催化活性。在紫外光照射下，（110）晶面和（100）晶面会产生氧原子空穴，从而诱导产生亲水性。水滴可以在涂层表面完全铺展，污染物可以在雨水冲刷下快速除去。

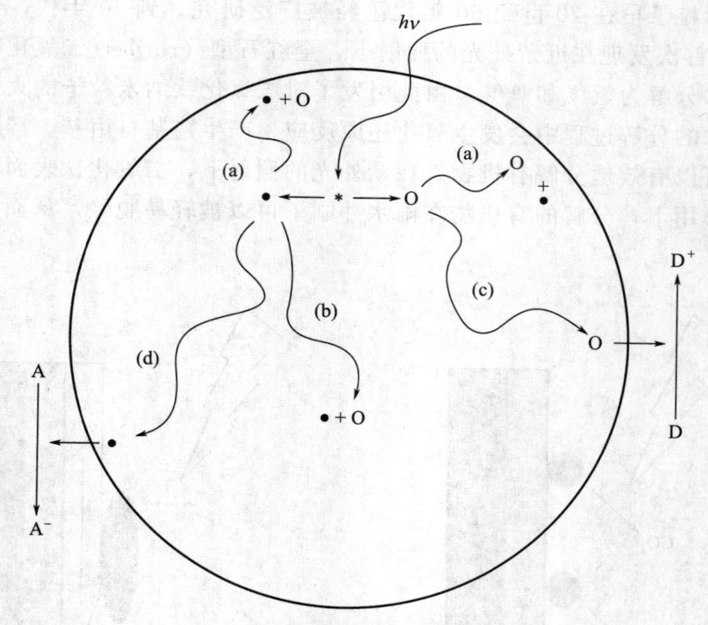

图 3-10 二氧化钛电子跃迁机理

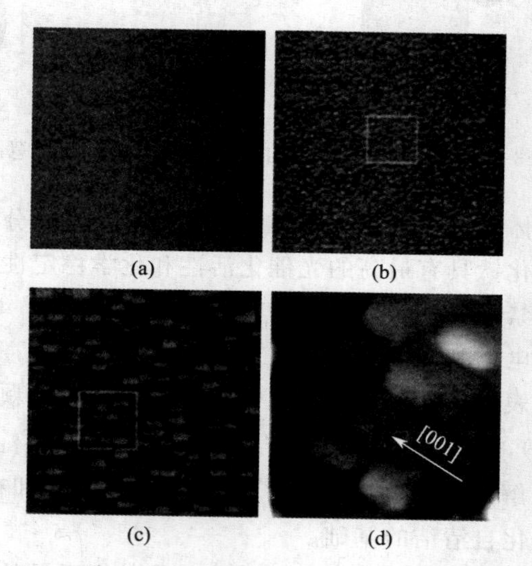

(a) (b) (c) (d)

图 3-11 在二氧化钛表面形成的亲水疏水微区

将二氧化钛纳米粒子掺入树脂基体，可以方便地得到具有自清洁性能的涂层。如图3-13所示，日本大阪研究所发现，涂有二氧化钛自清洁涂料的 PVC 板一侧，在长期的户外试验中，显示出优异的自清洁效果。不过，二氧化钛光催化会导致树脂基底的粉化，加速涂层老化，并有环保方面的顾虑，如粉化之后的树脂产生的细微颗粒等[14,15]。所以，二氧化钛自清洁涂料主要应用于玻璃和陶瓷表面，在其他基底应用较少。从 20 世纪 70 年代以来，光催化自清洁和光催化导致的超亲水性已经被证明是自清洁玻璃领域最为关键的技术。吸附于玻璃表面的细菌，在光催化过程中会被杀死，而有机污染物则会被分解成二氧化碳和水，从而轻易清除。由于光诱导产生的超亲水性，吸附于玻璃表面的超细粉尘也可以在雨水冲刷下快速清除。英国皮尔金顿公司于 2001 年首次开发出 TiO_2 光催化自清洁玻璃，目前已经取得

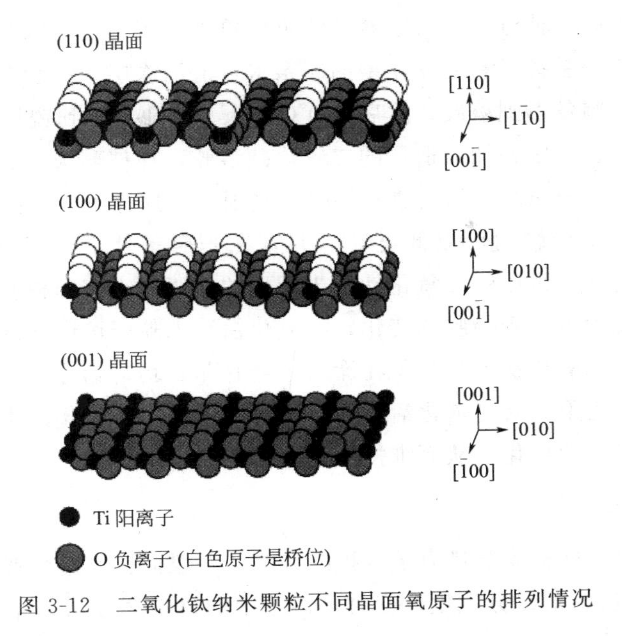

图 3-12　二氧化钛纳米颗粒不同晶面氧原子的排列情况

了广泛的商业应用。

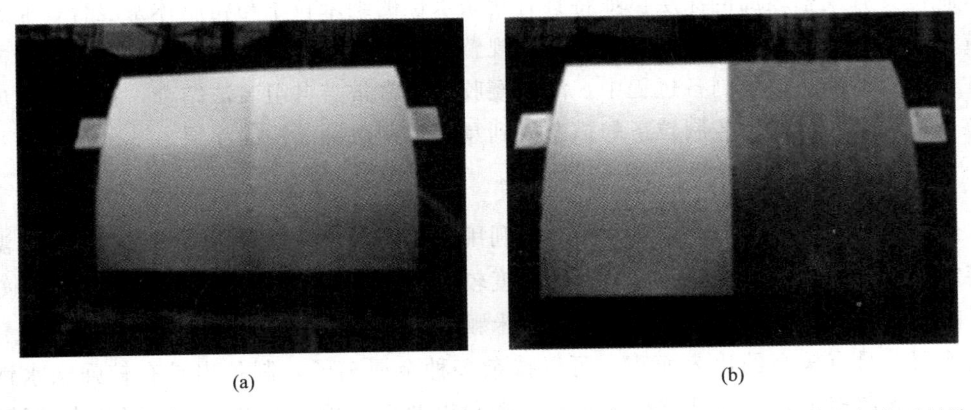

图 3-13　(a) PVC 板的初始状态（左侧为自清洁涂层，右侧为普通涂层）；(b) 室外三年之后的涂层效果

3.2.3　亲水型自清洁涂料的制备方法

目前制备亲水型涂料的方法非常多，针对不同基底和不同配方，制备方法就会有所不同。如对于墙面所用树脂涂料而言，一般直接混合即可，在施涂之后涂料表面的性质在助剂的作用下发生改变，变得亲水，具有自清洁性能。而对于玻璃表面用自清洁涂料，考虑到透明性的要求，则需要使用溶胶凝胶法等。所以，制备亲水型自清洁涂料的时候，要考虑到制备工艺和应用领域，选择适用的方法。下面将会介绍制备亲水型涂料的几种常见方法。

3.2.3.1　溶胶凝胶法

溶胶凝胶法是制备无机涂层的重要方法，其基本原理是将金属烷基化合物、金属醇化物、金属盐等前体在一定条件下可控地水解缩合，然后将溶剂挥发或者热处理之后得到紧密交联的金属氧化凝胶的一种方法。溶胶凝胶法可以单独使用，也可以与树脂体系进行配合使用。如使用溶胶凝胶法制备具有光催化型的超亲水自清洁涂层，一般会采取溶胶凝胶法。以四氯化钛在酸催化下制备得到溶胶，然后300°C下反应24h，得到锐钛矿型二氧化钛纳米粒子。在纳米粒子的生长阶段，加入适量的二氧化硅溶胶，在玻璃板上涂膜。成膜之后，将涂膜在沸水中加热处理20min，以除去酸和将膜彻底固化，这样可以得到具有催化功能的超亲水涂层。这种涂层的水接触角可以低至0°，并且在光照条件下，可以降解积聚的污染物，实现自清洁效果。另外，可以将二氧化钛纳米颗粒的前驱体直接与树脂体系混合、涂膜，然后在空气或者水中发生溶胶到凝胶的变化，二氧化钛纳米粒子可以在涂层里原位生成。这样形成的涂料和涂膜，二氧化钛纳米粒子在涂层中会有非常均匀的分布。处于涂膜表面的二氧化钛纳米粒子在太阳光下具有光催化活性，除了可以让涂料表面超亲水和分解表面污染物之外，还可以让涂料产生微粉化，从而维持涂料表面的清洁。

3.2.3.2 自组装法

自组装是一种控制材料体系热力学过程的方法。一般而言，溶解或者分散良好的材料体系，在温度、pH或者溶剂组分发生改变时，体系中的材料会经历一系列相变过程，如高分子链会形成各种复杂图案，甚至会从溶液中沉积出来。通过系统地控制热力学条件，自组装法可以制得具有规整表面的涂层。如将具有超亲水性的纳米粒子与树脂体系混合，通过控制纳米粒子在涂层表面的排布，可以得到具有规整表面纳米结构，从而制备出超亲水表面。另外，在亲水自清洁涂层的制备过程中，溶胶凝胶法也常常与自组装法结合，在原位生成亲水纳米粒子之后，同时通过控制粒子的排布得到具有规则微纳结构的涂层。

3.2.3.3 水热法

水热法是一种古老的合成方法，主要是利用密闭容器在高温高压条件下，将在低温低压难以溶解/分散的物质进行溶解/分散，使速度较慢的化学反应加速，从而制得分散性好、无团聚、超细和具有特殊晶型的无机氧化物纳米颗粒。另外，水热法可以制备出具有多孔结构的无机涂层，具有较高的比表面积，可以掺杂多种金属离子，制备出具有较强亲水性的涂层，在紫外光照射下，一般具有小于5°的滚动角以及接触角，可以实现较好的自清洁效果。与溶胶凝胶法相比，水热法需要高温高压，对能源消耗较大，并且需要特殊的装备，成本较高，一般仅在其他方法无法实现超亲水性能时使用。

3.3 疏水型自清洁涂料

疏水型自清洁涂料是以疏水型的助剂或者低表面能树脂体系为主要成分，在涂膜表面构建或者通过成膜过程的控制形成具有一定粗糙度或者规整结构涂膜表面，通过二者的协同作用，实现涂层的自清洁效果。虽然超疏水材料的表界面研究已经从基本理论到实验室实例上有非常大的进展，但是开发出具有在各种环境下可长期使用的超疏水涂料仍是一个亟待解决的难题，需要学术界和工业界共同的努力。在本节中，将会系统地介绍疏水型自清洁涂料的历史发展、基本原理、最新进展和制备工艺。

3.3.1 疏水型自清洁涂料原理

超疏水现象在自然界中大量存在，其中最为出名的就是荷叶。波恩大学的 Barthlott 教授等在 20 世纪 90 年代通过对多达几百种植物叶面微观结构的显微镜分析，提出了著名的“荷叶现象”。Barthlott 教授的研究表明，在荷叶表面分布着微米级的蜡状乳突，是荷叶实现自清洁的关键。蜡质首先具有低表面能，而微米级乳突则可以使滴落其表面的液滴处于 Cassie-Baxter 状态，从而实现超级不浸润。在荷叶表面的灰尘等污染物，可以被雨水冲刷走，从而实现叶面的自清洁。中国科学院材料学家江雷院士等在 2000 年左右进一步表征了荷叶表面的微结构，揭示了荷叶表面的乳突，还存在更细的纳米结构，这些多级纳米结构也是荷叶实现自清洁的重要因素。自此之后，科学家在该领域展开了详尽而广泛的研究[15~18]。

疏水型自清洁涂料中首先得到广泛应用的是各种低表面能物质，如含氟聚合物、硅氧烷聚合物以及氟硅聚合物等。含氟聚合物由于具有极强的电负性，其表面能很低，可以阻止污染物的富集。对于硅烷和硅氧烷类聚合物，由于硅氧键具有很高的灵活性，可以自由转动，也具有较低的表面能，可以用于自清洁涂料的制备。早期简易制备疏水型自清洁涂料的方法主要是将含有氟碳分子链的聚合物或者寡聚物与涂料的树脂基底复配，然后涂膜。由于氟化物具有极低的表面能，在成膜过程中会迁移到涂膜表面，从而在低添加量的条件下，即可实现优异的疏水性能。如丙烯酸类共聚体系的涂料配方中加入氟碳树脂，通过传统的成膜方法制备出的涂层即具有非常优异的疏水性能。该种复合涂料具有十分优异的力学性能，硬度、附着力和涂覆性能等都符合建筑物的使用要求。氟碳树脂的加入虽然能够降低涂膜的表面能，使其具备优异的疏水性能和自清洁性能，但是在实际使用中，油性污染物的存在会快速使其失效。另外氟碳聚合物和寡聚物助剂的加入，较易迁移至环境中，引发环保担忧。如美国、欧盟等已经陆续禁用含有氟化物涂料应用于与人体密切接触的物品，在未来不排除进一步扩大禁用范围的可能。

在涂料树脂配方中引入无机纳米胶体粒子是一种传统地增强涂膜性能的方法。当涂料树脂中引入无机纳米粒子之后，一方面可以大幅提高涂料的耐磨性能，另一方面可以引入具有功能性的无机纳米粒子，赋予涂膜一些特殊的功能，如导电性、介电性等。在超疏水自清洁涂料的研究中，通过各种方法引入无机纳米粒子，除了能够实现一些常见的功能外，通过精确地控制配方和涂料的成膜过程，更可以在涂膜表面形成具有一定规律的微观结构。这样的结构可以起到荷叶表面乳突的作用，大大地增加涂层表面的疏水性。如使用氟丙树脂与改性的二氧化硅纳米粒子进行共混，制备得到的超疏水涂料的接触角可以有 160°以上，滚动角小于 5°，具有优异的自清洁性能，并且使用寿命大幅提高[19,20]。在涂膜表面，纳米粒子的加入会形成一些微米大小的聚集体，这些聚集体同时又具有纳米尺度上的粗糙度，形成具有荷叶效应的表面。除了将纳米粒子直接与树脂体系进行共混之外，还可以首先对纳米粒子表面进行修饰改性。如将聚硅氧烷接枝到二氧化硅纳米颗粒表面，然后将其添加到涂料配方中进行复配。修饰过的二氧化硅纳米粒子，与树脂体系有更好的相容性，制备出的涂料成膜之后会具有更强的疏水性。这主要是由于纳米粒子在涂层之中可以良好地分散，在涂膜表面形成的粗糙度更为均匀，缺陷较少，所以具有更好的自清洁性能。

一般来讲，共混的方法产生的微观结构是很难控制的，并且粒子在共混过程中可能会产生聚集，这一方面会影响疏水性能，更为重要的是会影响涂膜的其他性能，如产生应力聚集和翘曲变形等。在一些比较精密的领域，对涂层性能的要求则更为苛刻，因此研究者们发展出了一系列复杂方法来制备出具有微观结构的表面，如离子溅射、化学刻蚀、电化学腐蚀、化学沉积等，这些方法的具体原理和操作过程我们将在后面做具体介绍，此处不再一一展开。最早制备表面微结构的方法是使用模板法，一般以荷叶为模板，通过将荷叶的拓扑结构印迹到材料表面，从而制备出具有荷叶效应的微观结构。更为精密微观结构的制备，需要一些精密仪器，成本昂贵，这在工业涂料研究中应用较少。3D 打印可以制备出有规律的三维结构，可以用来制备一些精细的微观结构，已经有报道其可以用来制备一些超疏水表面，但是目前未见其应用于超疏水涂层的研究。

超疏水涂层并不一定具有超疏油的性质。在自清洁涂料中，超疏水涂料往往由于油性污染物的附着而失效，因此使涂料同时具有超疏水和超疏油的性能，具有重要意义。与水相比，油类污染物具有较低的表面能，涂料需要具有特殊的表面结构才能具有超疏油性质。目前主要有凹形结构、悬臂结构、倒角结构和多重分层结构等。为了增强制备方法的通用性，目前各种特殊结构的制备基本上以无机物和有机物的复合分相方法为主。如在多孔材料的孔壁上进一步附着纳米级的疏水颗粒，从而实现多级结构的复合，提高表面的超疏油性能。

3.3.2 超疏水涂料的制备方法

3.3.2.1 模板法

在“荷叶效应”被发现之后，研究者们首先就想到了通过模板法得到具有类似荷叶表面结构的材料表面。首先在荷叶表面铺一层有机物或者无机物，使其在荷叶表面沉积成型，把荷叶除去之后可以得到荷叶表面粗糙结构的负模，然后以此负模为模板，即可得到具有荷叶表面形貌的涂层表面。例如，将聚二甲基硅氧烷（PMDS）浇注在荷叶表面，得到负模；然后以此负模为模板，即可得到与荷叶表面微观结构一致的涂层。这样得到的涂层表面具有良好的疏水性，水滴在其表面具有 150°以上的接触角。以植物叶子（如荷叶）等自然微观结构表面为模板制备超疏水涂层，方法非常简便，但是有一定的缺点。如在拓膜过程中，荷叶的微观结构可能会遭到破坏。另外，这种方法也很难成为大规模生产的手段。通过各种先进加工手段，在硬质基底上，如不锈钢、陶瓷等表面上加工出具有各种结构的微观粗糙度表面，然后通过模板法制得具有粗糙度的表面。该模板可以重复使用，并且易于大规模生产（图 3-14）[20,21]。

3.3.2.2 刻蚀法

刻蚀法是使用等离子气体对材料表面进行刻蚀，由于各种基团对等离子气体的响应性不同，因而会产生刻蚀不均，从而产生粗糙表面。在有机物基底的刻蚀过程中，基底的各种价键会遭到破坏，会使表面比较亲水，一般需要进行疏水化处理，以降低表面能。例如将聚苯乙烯纳米颗粒分散于以聚甲基丙烯甲酯为基底的涂层体系中，由于等离子体对聚甲基丙烯酸甲酯的刻蚀较强，因此在刻蚀之后，在表面上的聚甲基丙烯酸甲酯会被完全刻蚀，而聚苯乙

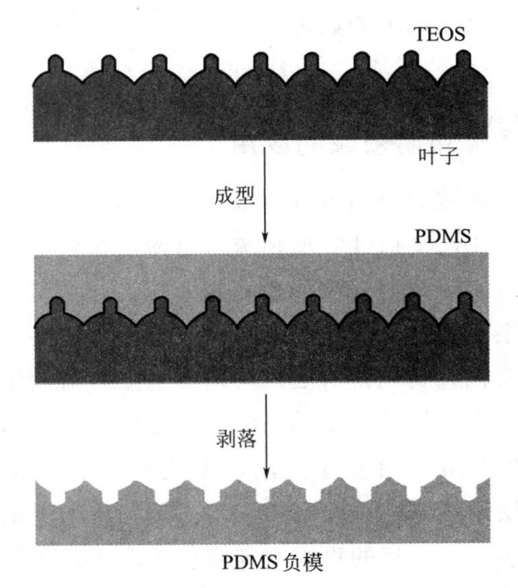

图 3-14 利用具有粗糙结构的模板制备具有超疏涂层结构的流程[22]

PDMS—聚二甲基硅氧烷；TEOS—正硅酸乙酯

烯会被部分刻蚀，这样会产生毛绒状的聚苯乙烯微球，从而实现多级的微纳结构，在疏水化处理之后即可产生具有自清洁功能的涂层。

3.3.2.3 静电纺丝法

涂层表面的微观结构同样可以通过纤维的堆积实现。在高压静电场中，聚合物溶液或者纳米颗粒分散液会带负电荷，在高速喷射下可以在正极形成各种形貌和微观结构的涂层。在喷射液中加入疏水型聚合物或者疏水型粒子，即可得到具有自清洁性能的超疏水涂料。静电纺丝法快速高效，适用范围广，在纺织物、涂膜等领域有广泛应用。

3.3.2.4 自分层法

在多组分涂料体系中，当某一组分具有较低的表面能或者与基底树脂的相容性较差，在涂层固化之后，涂层之间会形成自分层的结构，涂层表面的性质就由最表面的材料结构与性能决定。聚二甲基硅氧烷具有较低的表面能，将其与基底树脂，如聚丙烯酸叔丁酯混合，涂层即可发生相分离，从而自分层得到聚二甲基硅氧烷在涂层表面富集的自清洁涂料。

3.4 自清洁涂料的应用

自清洁涂料已经在众多领域取得了广泛的应用。自清洁涂料的需求来源比较广泛，因此应用领域非常多样。在本节中将分别介绍自清洁涂料在建筑外墙、纺织品和玻璃领域的应用。建筑外墙领域，是自清洁涂料需求量最大的领域。大型建筑物的外墙，风吹日晒和污染物的富集，一方面会导致美观度降低，另一方面会加速涂料的老化。在纺织品领域，具有疏水、杀菌除渍功能的面料具有广阔的应用前景，可以降低洗涤次数，提高纺织品卫生程度。

目前大型建筑很多采取面积巨大的玻璃面进行装饰，相较于普通涂料表面，玻璃幕墙更容易沾污，影响美观。

3.4.1 自清洁涂料在建筑外墙领域的应用

自清洁涂料在建筑外墙领域的应用占有最大比例，也是开发自清洁涂料最主要的诉求。虽然目前国际上已经有商品化的“荷叶”型超疏水自清洁涂料，并且也有国内厂家开发出超疏水型自清洁涂料，但是在实际应用中涂层表面的微观结构常常会因为污染物的富集，导致自清洁性能迅速失效。超亲水型自清洁外墙涂料一般与玻璃制品一样，是在涂层中加入二氧化钛纳米粒子，靠涂层的粉化来实现自清洁。与超疏水型自清洁涂料相比，这样的涂层在初期一般具有较好的自清洁效果，但是在使用一段时间之后，也会出现粉化程度不均导致的雨痕现象，自清洁效果会有所折扣。有鉴于此，国家逐渐出台一些规范性的标准，如 GB/T 9780—2013《建筑涂料涂层耐沾污性试验方法》等来监管市场上出现的各种自清洁涂料。近年来，国内环境污染问题引发了广泛的重视，国家也采取了各种措施来改善环境污染，未来对自清洁性能的要求应该有所降低。

3.4.2 自清洁涂料在纺织领域的应用

在纺织领域，自清洁涂料以疏水型居多。20 世纪中叶歌尔公司（Gore Tech）开发出具有膨胀性的聚四氟乙烯，该材料起初应用在工程领域，后期向消费领域扩张。目前全球自清洁织物最多使用的即是含氟超疏水涂层，其中大部分专利授权来自于歌尔公司。由于纺织品是通过极细的纤维纺织而成，因而顺其自然就具有规整的孔隙结构，更易实现超疏水性能，通过简易氟化处理即可实现超过 150°的水滴接触角，从而实现汗水等污渍的快速清除。然而由于人体汗液成分非常复杂，不仅仅含有水分，通常还有一定比例的油脂等分泌物，会孳生细菌等，因此简单的疏水作用并不能实现优异的自清洁效果。近年来，有研究者开发出内嵌抗菌粒子的织物纤维，一方面，面料仍然具有超疏水的性能，另一方面，抗菌粒子可以实现对细菌的杀灭，实现自清洁的效果。自清洁涂料在织物上的应用，同样受到耐久性的困扰，目前大多数自清洁面料仅能实现大约 30 次的洗涤次数，其性能即大打折扣。另外需要注意的是，织物面料在用自清洁涂料处理之后的舒适度和透气性常常会变差，这也是自清洁涂料开发方面需要注意的问题。

3.4.3 自清洁涂料在玻璃上的应用

玻璃幕墙目前在大型建筑领域应用广泛，可以使建筑物更具有现代气息。但是普通玻璃本身对污染物具有极强的黏附性，当大气中灰尘较多，尤其是有空气污染的时候，玻璃幕墙就容易出现各式不均匀的条纹，影响美观。大型玻璃幕墙的清洗难度比较大，一般需要专业工人，费用昂贵。因此开发出具有自清洁功能的玻璃就成为研究的热点。与建筑外墙涂料不同，应用于玻璃表面的自清洁涂料要求形成涂层之后具有较高的透明性和平整性。目前，应用于玻璃幕墙领域的自清洁玻璃主要是光催化型自清洁玻璃。最早将自清洁玻璃应用于建筑领域的是世界知名的玻璃制造商皮尔金盾公司（Pilkington），其生产的各式自清洁玻璃已经广泛应用于世界各地。

3.5 自清洁涂料存在的问题与展望

目前，自清洁涂料的研究与应用已经取得了巨大的进展。在基础研究领域，各种新的机理不断被揭示，各种新的材料和方法不断开发出来；在应用领域，以荷叶效应和光催化超亲水为代表的自清洁涂料已经在实际的生产生活中取得广泛的应用。虽然如此，自清洁涂料在实际的应用中仍然面临诸多技术问题亟待解决，目前在自清洁涂料领域的问题主要表现在以下几个方面。

3.5.1 耐久性和稳定性

无论是应用于外墙还是纺织，目前涂料在基材表面的自清洁耐久性都未能得到良好解决。在外墙涂料领域，目前的雨痕实验表明，在实际的使用过程中，无论是低表面能还是微纳结构涂料均会快速失效，有效期小于一年，远小于外墙涂料的使用期限。在纺织品领域，自清洁涂料一般能够给予纺织物自清洁性能，但是在数次洗刷之后，自清洁性能会急速下降。这严重制约了自清洁涂料的使用。

对于光催化亲水型自清洁涂料而言，在使用过程中面临的另一问题就是其稳定性。加入光催化组分的自清洁涂料，在使用中会不断降解涂层的树脂基底，从而加速了涂料的老化，导致涂层的脱落等。因此，虽然二氧化钛纳米颗粒已经应用于自清洁涂层，但是其导致的树脂体系的不稳定性是目前该领域的一大难题，需要后期的研究解决。在涂层中嵌入的二氧化钛纳米粒子在UV（紫外光）照射下可以分解有机物和诱导超亲水性，但是在停止UV光照射之后，超亲水性可能会消失，影响自清洁性能。有研究表明，涂层的超亲水性能能够在UV光重新照射之后再次恢复，但是在之前停止UV光照射的过程中积累的污染物通常还是会使涂层表面失去自清洁性能。

3.5.2 安全性

涂料的自清洁性能降低了涂层的维护费用，减少了清洗所耗费的人力物力，具有潜在的经济价值。但是自清洁涂料在使用过程中，同样会造成一些健康和环境问题。在自清洁涂料中的各种纳米粒子如二氧化钛、二氧化硅、碳纳米管等，在使用过程中会从基体树脂中脱落。纳米粒子的安全性，一直是一个有争议的领域。虽然一些研究者指出，纳米粒子掺杂的自清洁涂层通常具有安全性，但是更多的研究表明，纳米粒子对人体健康和环境具有不可忽视的影响。与涂层结合的纳米粒子，在整个寿命周期，如生产、使用和弃置中，都会有纳米粒子的释放。与树脂基底相比，这些纳米粒子更容易释放。这些纳米粒子释放到环境中之后，可以增加PM2.5浓度，当被人体呼入之后，对肺部有害，如引起肿痛、纤维化，甚至基因毒性等。纳米粒子在人体中的迁移，会引发心脑血管疾病。有研究证据表明，二氧化钛纳米粒子可以通过鼻部的毛细管迁移至中枢神经，引起神经性疾病。另外，已经有大量研究表明，排放入水体的二氧化钛纳米粒子，在UV光的照射下对水生生物有害。目前在发达国家中的水体和土壤中，已经检测出高于环境背景值的二氧化钛纳米粒子，需要长时间的观察，才能确定其对环境的长期影响。

最近有研究表明，光催化型自清洁涂料的降解产物可能具有潜在的危害性。如前所述，有机污染物吸附在自清洁涂层表面之后，在UV光的照射下完全降解会产生二氧化碳和水。虽然这两者对健康和环境都影响不大，但光催化降解的中间产物和不完全产物，可能具有较强的毒性。另有研究表明在装备有自清洁玻璃的房间，室内空气中会飘散有二氧化钛纳米颗粒，其潜在的健康风险同样值得关注。

3.5.3 展望

与传统涂料相比，从功能角度出发的自清洁涂料在应用领域具有广阔的需求。目前自清洁涂料的类型主要分为疏水型和亲水型。在基础研究领域，疏水型自清洁涂料是近二十年来研究的热点。虽然从荷叶结构到各种其他类型的生物结构不断被解析，但超疏水自清洁涂料的应用依然有限。超亲水型自清洁涂料在二十年前已经有比较多的商业化产品，如自清洁玻璃、自清洁陶瓷、自清洁金属镀层等，但是此类型的自清洁涂料非常依赖于UV光的照射，这限制了其在多方面的应用。因此，开发出具有通用性的自清洁涂料仍是当前材料学研究的难点。随着材料学的基础研究不断深入，对材料性能的认知不断被刷新，新的表征方法层出不穷，笔者相信在不久的将来通用耐久的自清洁涂料将会被开发出来。

目前自清洁涂料正处于蓬勃发展的时期，挑战与机遇并存。第一，实际应用端对自清洁涂料有非常强烈的要求；第二，自清洁的基础理论研究在最近二十年取得了长足进展，这为大规模的工业应用奠定了基础；第三，目前已经有众多以最新的理论基础开发出的产品，有些已经进入应用阶段。在应用领域积累的经验教训反过来会进一步促进基础研究和理论创新，从而形成良性互动。

参考文献

[1] 童忠良. 纳米功能涂料 [M]. 北京：化学工业出版社，2009.

[2] 崔正刚. 表面活性剂、胶体与界面化学基础 [M]. 北京：化学工业出版社，2013.

[3] 江雷. 仿生智能纳米材料 [M]. 北京：科学出版社，2015.

[4] Senez V，Thomy V，Dufour R. Nanotechnologies for Synthetic Super Non - Wetting Surfaces [M]. New York：John Wiley & Sons Inc，2014.

[5] Robin H A Ras，Marmur A. Non-wettable Surfaces：Theory，Preparation，and Applications [M]. London：The Royal Society of Chemistry，2017.

[6] Roach P，Shirtcliffe N J，Newton M I. Progess in superhydrophobic surface development [J]. Soft Matter，2008，4：224-240.

[7] Daoud W A. Self-Cleaning Materials and Surfaces：A Nanotechnology Approach [M]. New York：John Wiley & Sons Ltd，2013.

[8] Blossey R. Self-cleaning surfaces—virtual realities [J]. Nature Materials，2003，2：301-306.

[9] Marmur A. Superhydrophobic and superhygrophobic surfaces：from understanding non-wettability to design considera-

tions [J]. Soft Matter, 2013, 9: 7900.

[10] Valipour N, Birjandi F Ch, Sargolzaei J. Super-non-wettable surfaces: A review [J]. Colloids and Surfaces A: Physicochemical and Engineering Aspects, 2014, 448: 93-106.

[11] Ymashiat Y. 超细二氧化钛型光学催化剂涂料及其形成的涂层 [P]. JP 132425, 1998.

[12] 彭珊. 超疏水/超双疏材料的制备及其性能研究 [D]. 华南理工大学, 2015.

[13] 屈孟男, 侯琳刚, 何金梅, 马雪瑞, 袁明娟, 刘向荣. 功能化超疏水材料的研究与发展 [J]. 化学进展, 2016, 28 (12): 1774-1787.

[14] 丁晓峰. 聚(氟)硅氧烷/TiO_2 纳米复合自清洁涂层的制备新方法与性能研究 [J]. 复旦大学, 2011.

[15] 何庆迪等. 自清洁涂料的技术发展 [J]. 涂料技术与文摘, 2012, 33 (7): 30-34.

[16] Wu Z, Xu Q, Wang J, Ma J. Preparation of Large Area Double-walled Carbon Nanotube Macro-films with Self-cleaning Properties [J]. Journal of Materials Science & Technology, 2010, 26 (1): 20-26.

[17] Yuan R, Wu S, Yu P, Wang B, Mu L, Zhang X, Zhu Y, Wang B, Wang H, Zhu J, Superamphiphobic and Electroactive Nanocomposite toward Self-Cleaning, Antiwear, and Anticorrosion Coatings [J]. ACS Applied Materials & Interfaces, 2016, 8 (19): 12481-12493.

[18] Liu S, Liu X, Latthe S S, Gao L, An S, Yoon S S, Liu B, Xing R. Self-cleaning transparent superhydrophobic coatings through simple sol-gel processing of fluoroalkylsilane [J]. Applied Surface Science, 2015, 351: 897-903.

[19] Lu Y, Sathasivam S, Song J, Crick C R, Carmalt C J, Parkin I P. Robust self-cleaning surfaces that function when exposed to either air or oil [J]. Science, 2015, 347 (6226): 1132-1135.

[20] 郑海坤, 常士楠, 赵媛媛. 超疏水/超润滑表面的防疏冰机理及其应用 [J]. 化学进展, 2017, 29 (1): 102-118.

[21] Powell M J, Quesada-Cabrera R, Taylor A, Teixeira D, Papakonstantinou I, Palgrave R G, Sankar, G, Parkin I P. Intelligent Multifunctional VO_2/SiO_2/TiO_2 Coatings for Self-Cleaning, Energy-Saving Window Panels [J]. Chemistry of Materials, 2016, 28 (5): 1369-1376.

第4章 抗菌涂料

4.1 概述

4.1.1 微生物对材料表面的危害作用及其成因

（1）微生物及其危害　微生物主要是细菌、真菌、病毒以及一些小型的原生生物等微小生物统称。它们个体微小（通常情况下肉眼难以观察到，但比如像真菌类的蘑菇、灵芝等是肉眼可见的）、数量众多、分布极其广泛，与人类的生产生活有着密切的关联。微生物按照其影响可以分为有益类和有害类。绝大部分微生物对人和动物并没有害处，而且其中一些有益菌，如酸奶、酒类、抗生素、疫苗等，现已被人类很好地利用，广泛涉及食品、医药、工农业、环保等诸多领域，在人类的生产生活中，发挥着日益重要的作用。但仍有部分微生物可对人以及动物造成危害，会导致生产使用的材料等受到腐蚀，使原料及食品等产生腐败变质，甚至以食物为媒介引起人与动物染病甚至死亡。随着人类生活水平的进步，人们越来越重视环境卫生与身体健康，在享受有益微生物带来福利的同时，也在积极应对有害微生物带来的不便与危害[1]。

（2）细菌在材料表面的生长　细菌作为微生物家族的重要一员，因其分布极其广泛，且极易生存繁殖，给人类带来了很多不便。由于细菌存在于人们生活中的各个角落，因此材料在使用过程中不可避免地会与细菌接触。当细菌接触到材料的表面时，就有可能在材料表面进行沉积，并且通过与材料表面的互相作用，细菌便会逐渐黏附、进而定殖在材料表面，继续生长，最终形成细菌生物膜。这个过程通常包含以下几个步骤[2]：

① 沉积　对于洁净的材料，其表面起初是没有细菌的。但由于细菌的分布范围很广，在材料的储存以及使用时，难免会与细菌进行接触，可能引起细菌在材料表面停留，这个过程即为细菌的沉积，造成材料表面带菌。

② 黏附　黏附的过程也可称为定殖，是指在材料表面沉积的细菌从开始的可逆沉积的状态到不可逆沉积状态的转变。黏附的发生实质上是细菌与材料相互之间的引力与斥力达到平衡的结果。其引力主要包含范德华力、疏水作用力以及特异性作用力等，而斥力主要是材料与细菌之间的静电力。其中，疏水作用力的作用强度很大（远远强于范德华力），使细菌能轻松克服材料对其的斥力，可以牢牢黏附于材料的表面。

③ 生长　细菌在材料表面完成黏附后，开始分泌生长所必需的细胞外基质，并渐渐地恢复生长与繁殖。其生长与繁殖的情况与材料本身的性质以及所处的环境有关。如果材料以及周围环境满足细菌所需的温度、湿度及营养等条件时，细菌就会以很快的速度大量繁殖。

但如果材料以及环境无法满足细菌生长生存的条件时，细菌的生长繁殖就会受到阻碍，甚至转变为孢子形态或逐渐死亡。在材料表面成功生长繁殖的细菌群会不断壮大，相互邻近的细菌会互相聚集形成菌落。菌落是由细菌以及细菌分泌的细胞外基质构成，其中，细菌在菌落中所占比例不到 1/3。

④ 形成细菌生物膜　细菌生物膜又称菌膜。菌落形成以后，细菌在其中继续生长与繁殖，不断分泌细胞外基质使菌落壮大。壮大后的菌落之间开始发生聚集与融合，进一步形成了一个完整、庞大的复合菌落网。在形成的复合菌落网中，当细菌的数量到达一定的阈值后，复合菌落的性质就会发生相应的变化，即菌落网中细菌密度降低，但是其相互作用却更为密切。这时候，细菌生物膜便形成了。其实，生物膜在人们的日常生活中十分普遍，比如牙垢牙斑、盛水花瓶内壁上的滑膜，都是细菌生物膜的表现。

菌膜的形成会对个体细菌产生非凡的保护作用，生长在菌膜中的细菌与游离细菌在生理及形态上存在鲜明的差别。一个突出表现为，存在于菌膜的细菌会因细胞外基质的保护作用，很难被抗生素、抗菌剂及其他物质作用到或杀灭。而且，菌膜内的营养物质较为丰富，细菌在其中可以快速繁殖，并且菌膜内的环境十分适宜细菌生长，菌膜是个体细菌巨大的保护屏障和安然生长繁衍的家园。分布在生物膜表层的细菌近乎于游离细菌，它们随时有可能会脱离菌膜进入外界环境中，处于游离的状态或者再沉积到材料表面继而进行新一轮的生长与繁衍过程。整个细菌生物膜形成过程如图 4-1 所示。

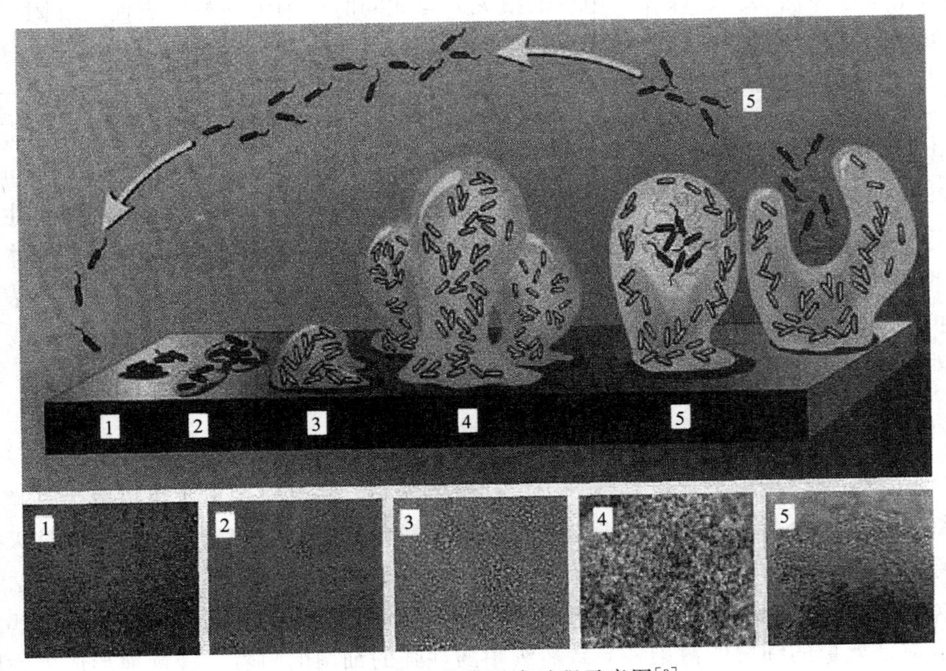

图 4-1　细菌生物膜形成过程示意图[3]

值得说明的是，细菌与材料接触、沉积后并不都能完成上述的生长过程。细菌的黏附与生长以及最终生物膜的形成与材料本身的性质以及周围的环境有很大的联系。通常来讲，适宜的温度、相对潮湿的环境、丰富的营养物质等条件比较利于生物膜的形成；相反，过低的温度、十分干燥的环境、营养物质匮乏时一般很难形成生物膜。例如，聚氯乙烯材料中通常会含有较多的增塑剂，增塑剂对细菌来说是一种很好的营养物质，大大促进了细菌在聚氯乙烯表面的生长。

4.1.2 抗菌涂料的概念及意义

涂料成膜物质是由各种天然或合成高分子组成的，大部分含有微生物所需的营养物质，能为微生物的生长发育提供良好的营养条件。所以贮存中的涂料或已经成膜的涂料在有微生物沉积或定殖后，一旦温度、湿度合适，涂料中又没有抑制微生物的物质存在时，微生物就会大量繁殖，在成膜的涂料表面形成斑点，破坏涂层的美观和性能，甚至使涂层破裂、剥落。

在水性涂料中，酪蛋白、大豆蛋白质、海藻酸、淀粉、天然胶、纤维素衍生物以及某些助剂如脂肪乳化剂或消泡剂都会成为微生物的营养来源。当涂料被微生物污染后，一旦生长条件合适就开始繁殖，使体系的黏度下降，颜料沉淀，涂料产生臭味、气体，涂料的 pH 值漂移或涂料体系出现不稳定迹象，这种现象称为涂料的微生物腐败。在溶剂型涂料中，由于微生物在有机溶剂中生长较少，而且挥发在容器空间的溶剂蒸气也抑制微生物的生长，因此微生物腐败现象不是很突出。涂料涂饰后形成的涂层一旦受到微生物的侵蚀，容易在涂层表面形成菌斑，导致涂层发生霉变，失去黏附能力，严重影响涂层的保护功能及材料的整洁美观，降低了涂料的使用价值。据报道，世界上每年都有相当数量的涂料损耗在霉变或微生物腐败上，造成了巨大的损失，在涂料生产、贮存和应用过程加入抗菌防霉剂可以明显抑制微生物的繁殖，减少涂料在贮存和应用后的损失。与此同时，细菌在材料表面的黏附以及后续的增殖繁衍通常会导致生物膜的形成，在人体健康和工业应用中，包括公共卫生设置、手术设备、生物传感器、纺织品、水净化系统以及食品包装等，预防及治理生物膜成为一个重要问题。对于医疗植入材料和医疗设备，细菌等微生物的黏附不仅会限制器械的使用寿命，而且可能引发感染，在临床上容易引起并发症，有时甚至导致死亡。对于食品加工和包装材料，微生物的积累对加工效率、生产率和食品质量有很大的影响。对于海洋设备，生物膜等微生物污染物为其他海洋物种的附着和增殖提供了平台，从而增加了操作和维护成本。为了解决这些问题，将传统涂料抗菌功能化，通过合适的方式涂布于材料表面，使材料表面具有一定的抗菌功能，可以大大降低初始细菌附着的程度，从而防止后续生物膜的形成。因此，近年来对抗菌涂料的需求日益增长。

4.1.3 抗菌涂料的分类

近几十年来，广大研究者已经设计了各种抗菌涂料，按其抗菌机理可以分为三类：①杀死附着细菌的杀菌涂料；②防止细菌初始黏附的阻黏附涂料；③将涂料表面细菌杀灭并将其尸体清除的多重抗菌涂料。虽然这些抗菌涂料的发展取得了显著的进步，但每种方法都有其固有的优点和缺点。例如，杀菌涂料可以杀死细菌从而预防生物膜的形成，但是这些涂料表面仍然会被已死亡的细菌所污染，导致后续耐药性强的细菌的附着，缓慢地形成生物膜。此外，杀菌类的涂料对哺乳动物具有一定的细胞毒性。阻黏附抗菌涂料表面或细菌释放涂料表面可以预防或减少细菌的初始附着，但是到目前为止，并不存在可以实现 100% 预防细菌附着的材料表面，材料表面不可避免地被细菌定居，一旦它们附着在此类表面上，则很难被杀灭。因此，人们期望理想抗菌涂料表面可实现以下功能：①防止细菌的初始附着；②杀灭所有能够克服这种阻黏附的细菌；③清除被杀死的细菌。为了实现这一目标，近些年来，研究者们致力于开发通过将两种抗菌方式组合成一个系统来实现协同抗菌的抗菌涂料。

4.2 阻黏附型抗菌涂料

阻黏附抗菌涂料的表面能够减少细菌的初始附着，从而在最早阶段防止生物膜的形成。形成涂层后，其表面通常是亲水性的聚合物或低聚物，可以在水性环境中形成水合层的物理屏障，降低了浮游细菌以及蛋白质的黏附能力。根据水合层的形成机理，将阻黏附抗菌涂料表面分为三大类：亲水表面、两性离子表面和超疏水表面。

4.2.1 亲水表面

最常见的亲水性阻黏附涂料表面是利用亲水性聚（乙二醇）（PEG）改性的树脂涂料表面。早在 20 世纪 90 年代就已经有研究人员发现 PEG 改性的聚氨酯涂层能够有效地阻止细菌等微生物的黏附，之后关于 PEG 改性的阻黏附涂层的研究层出不穷。其阻黏附的机理在于其表面存在大量亲水基团，这些聚集的亲水基团吸附了大量水分，在表面形成一层很稳定的水化层，从而有效阻止疏水性的细菌等微生物在材料表面的黏附。人们基于此机理开发出很多表面具有亲水性的抗菌阻黏附材料，例如聚甲基丙烯酸羟乙酯（PolyHEMA）、聚甲基丙烯酸羟丙酯（PolyHPMA）、聚 *N*-羟乙基丙烯酰胺（PolyHEAA）等。

但并不是所有的亲水性材料都能够很好地阻止细菌等微生物的黏附，仅仅具有良好的亲水性是不够的，研究发现涂层经 PEG 改性过后展现出的阻黏附特征是由于 PEG 具有亲水性的同时，其很强的链段运动性使细菌以及黏附蛋白等缺乏结合位点，因此使得细菌等微生物在涂层表面附着的难度进一步增加[4]。

4.2.2 两性离子表面

另一种形成水合层的阻黏附抗菌涂料是基于两性离子聚合物的抗菌涂料，其聚合物链上具有等摩尔量均匀分布的阴离子基团和阳离子基团。与通过弱氢键保持水合层的亲水表面不同的是，两性离子材料中的水合层通过静电相互作用结合得更紧密，使得这类涂料表面具有更强的防止细菌黏附的能力。

更重要的是两性离子聚合物的结构与生物膜的磷脂层具有一定的相似性，所以这类聚合物具有很好的生物相容性，在生物医学领域具有广泛的应用前景。常见的两性离子聚合物有聚甲基丙烯酸磺基三甲铵乙内酯［PSBMA，图 4-2（a）］与羧酸甜菜碱甲基丙烯酸甲酯［PCBMA，图 4-2（b）］等，其对海洋细菌或生物医学细菌具有较好的短期阻黏附性能，并且能够防止生物膜的形成。

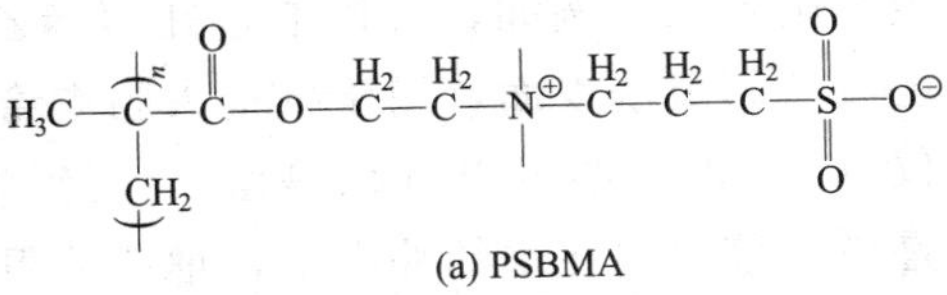

(a) PSBMA

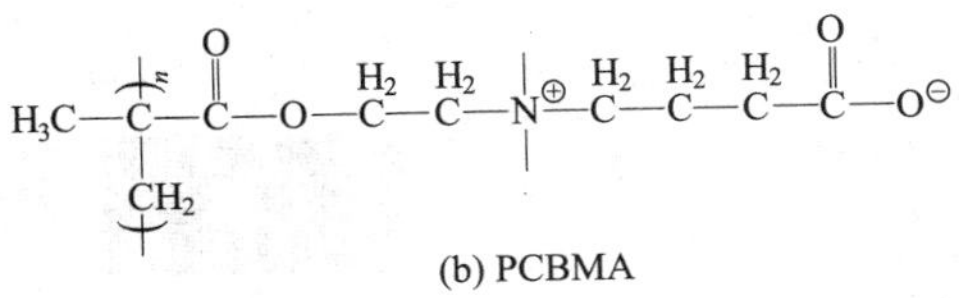

(b) PCBMA

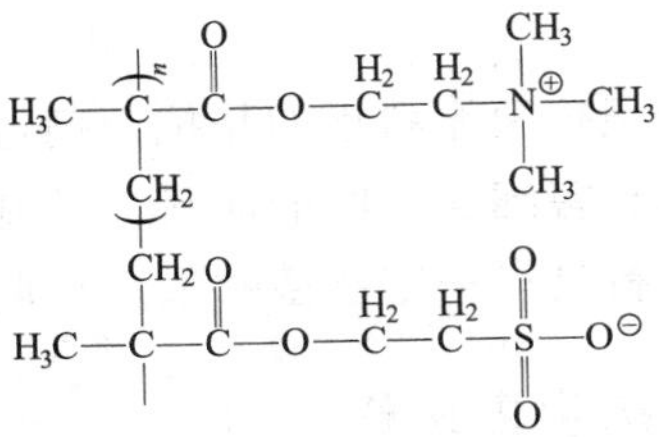

(c) P(TM/SA)

图 4-2 两性离子阻黏附聚合物的化学结构

与此类似地，在材料表面均匀分布有分子级别混合电荷层的材料，可相当于两性离子材料，同样能显示出较强的阻细菌黏附能力。一个典型的实例如图 4-2（c）所示，两种相反电荷的单体［2-（甲基丙烯酰氧基）乙基］三甲基氯化铵（TM）和甲基丙烯酸 3-磺酸丙酯钾盐（SA）聚合的共聚物，以 TM∶SA＝1∶1 的比例在聚丙烯膜表面聚合形成接枝共聚物，该材料电荷分布均匀并且能够有效抑制细菌生长以及生物膜形成。

4.2.3 超疏水表面

材料表面经疏水化处理后，可以减少细菌和物体表面的黏附力，使细菌难以在物体表面附着，从而起到抑菌的作用。疏水表面的机理在第 3 章中已进行了详细的介绍，在此不再赘述。

疏水抗菌涂料主要采用低表面能材料来制备。目前，应用较多的低表面能材料主要为有机硅和有机氟两大类。有机硅聚合物 Si—O 骨架使其呈现出低表面能特性，微生物难以牢固附着在其表面，易于被清除，从而实现抗菌防污功能。有机氟聚合物中含有大量的 C—F 键，C—F 键键能比 C—H 键键能大，且 F 原子电子云对 C—C 键的屏蔽作用较 H 原子强，即使最小的原子也难以进入碳主链，使得 C—F 键的极性较强，从而降低聚合物的表面能和表面张力。官能团的表面能高低依次为—CH_2＞—CH_3＞—CF_2＞—CF_3，其中全氟烷基有机高聚物的表面自由能最低。研究表明，有机硅改性聚合物具有耐高低温性、耐水性和耐氧化降解性等优点；有机氟改性的聚合物具有优异的耐水性、耐腐蚀等性能；而有机硅和有机氟共同改性的聚合物，则具备有机硅和有机氟两者的优势。有研究表明以硅氧链为主链，引入 CF_3 基团到侧链中后，因其极大的表面活性将使基团严格取向于表面，得到了兼具线性聚硅氧烷高弹性、高流动性和 CF_3 基团的超低表面能的聚合物。然而，仅依靠低表面能材料仍无法获得超疏水性能，还应该与粗糙表面相结合来共同构筑超疏水表面。构筑方法通常分为两大类：第一种是增加疏水表面的表面粗糙程度（尤其是针对具有低表面能涂层表面）；第二种是将低表面能聚合物通过一定方式涂布于粗糙材料表面（如多孔陶瓷表面等）。

研究者也通过积极的研究探索，开发出多种超疏水抗菌涂层表面，显示出对细菌具有高效的阻黏附效果。例如，可以通过在聚苯乙烯（PS）、聚碳酸酯（PC）和聚乙烯（PE）等塑料上制造超疏水表面，用于抵抗大肠埃希菌的黏附。研究结果表明，在所制备的超疏水表面上仅有 2%的细菌可以沉积停留，但经过水的简单冲洗过后，细菌残留量下降至 0.1%，也就是说，该表面在水的冲洗下，细菌的阻黏附效果可达到 99.9%[5]。

4.3 缓释型抗菌涂料

缓释型抗菌涂料指的是抗菌剂通过迁移释放后与接触到的细菌进行作用，从而达到杀灭涂料表面有害细菌目的的涂料。其制备比较简单，一般通过共混的方法将抗菌剂掺杂进涂料中，使涂料具有一定抗菌效果。目前市场上大多数抗菌涂料的制备都是采用这种方式。

4.3.1 抗生素缓释

抗生素是由微生物或高等动植物在生活过程中，所产生的具有抗病原体或其他活性的一类次级代谢产物，是能干扰其他生活细胞发育功能的一类化学物质。常用的抗生素为转基因工程菌培养液中的提取物以及用化学方法合成或半合成的化合物。

从1910年埃尔利希发明阿斯凡纳明算起，至今抗生素的家族成员已经增加至上千种，它们都为人类对抗有害微生物做出了巨大的贡献。2006年英国人将三氯生这种常用抗菌剂通过共混的方法添加到涂料中，然后将得到的抗菌涂料应用在医院的门把手上，以降低发生细菌感染的概率。但是到目前为止，该种抗菌涂料仍然没有在医院等公用场所得到广泛的应用，其中的一大原因就在于涂层中释放的三氯生在紫外光照射下会分解出对人体有很大伤害的二噁英。

由于抗生素具有抗菌速度快、毒性小等优点，抗生素类抗菌涂料多用于医药方向。20世纪70年代初，抗生素已被融入植入材料涂层中，发挥局部抗菌或预防感染的作用。庆大霉素属于氨基糖苷类抗生素的家族，因其具有相对广泛的抗菌谱且是罕见的具有热稳定特性的抗生素，所以它是抗生素类涂料中应用最广泛的一种。其他具有广泛抗菌谱的抗生素，如头孢菌素、米诺环素、羧苄青霉素、阿莫西林、妥布霉素和万古霉素等已被用于抗菌涂层中。

值得注意的是，在缓释型抗生素类抗菌涂料中，抗生素多以共混的方式添加到涂料中；若抗生素以共价键的方式与树脂结合且发挥抗菌作用时共价键不断裂，则为接触型抗菌涂料，会在后面的章节进行介绍。

4.3.2　无机金属抗菌剂缓释

4.3.2.1　简介

无机抗菌剂是广谱抗菌剂，绝大部分属于缓释型抗菌剂，通过离子溶出后接触微生物来发挥抗菌作用。无机抗菌剂主要是指具有抗菌性的金属离子，如银、汞、铜、铬、锌及其单质和化合物，它们具有抗菌的高效性和广谱性，并且在涂料当中具有较好的稳定性、持久性和耐热性，因此在抗菌涂料中应用非常广泛。最广泛使用的抗菌剂是银系抗菌剂（包括单质银、银离子、银纳米粒子等），因为它们具有广谱的抗菌效果。

金属离子杀灭和抑制细菌的活性按下列顺序递减：

$$Ag^{+}>Hg^{2+}>Cu^{2+}>Cd^{2+}>Cr^{3+}>Ni^{2+}>Pb^{2+}>Co^{4+}>Zn^{2+}>Fe^{3+}$$

由于Hg^{2+}、Cd^{2+}、Pb^{2+}和Cr^{3+}的毒性较大，实际上用作金属离子抗菌剂的金属主要为Ag^{+}、Cu^{2+}和Zn^{2+}。

Ag^{+}氧化还原电位较高（±0.798eV，25℃），因此具有很大的反应活性。金属离子抗菌性能还与自身化学价态有关，化学价态越高，抗菌性能越好，如对于银离子，其抗菌性能顺序如下：

$$Ag^{3+}>Ag^{2+}>Ag^{+}$$

这是因为金属离子的价态越高，其还原势就越高，使周围的空间产生原子氧的能力越大，从而抗菌效果越好。

4.3.2.2　抗菌机理

目前对金属离子抗菌作用机理的解释主要有以下两种。

（1）接触反应机理　微生物与金属离子的接触会使其蛋白质结构破坏，从而产生功能障碍或造成微生物死亡。当微量金属离子和微生物的细胞膜相接触时，荷正电的金属离子与带负电的细胞膜产生静电作用，从而牢固结合在一起，这导致金属离子能够穿透细胞膜进入微生物内，与微生物体内酶上的巯基发生如下反应：

$$酶\text{-}SH + Ag^+ \longrightarrow 酶\text{-}SAg + H^+$$

该反应使蛋白质发生凝固，破坏微生物合成酶的活性，对微生物 DNA 的合成产生干扰，造成微生物分裂繁殖能力丧失，从而导致微生物的死亡。在实际使用时往往是将金属离子负载在缓释性载体上，具有抗菌性能的金属离子会逐渐释放出来，因而无机抗菌剂可发挥持久的抗菌效果。

(2) 活性氧机理　活性氧机理假说认为，Ag^+ 的抗菌活性是间接地通过在其周围产生活性氧而发挥的。Ag^+ 可作为催化活性中心激活吸附在材料表面的空气或水中的氧，产生具有强氧化还原能力的羟基自由基（OH·）和活性氧离子（O_2^-），破坏细菌细胞的增殖能力，抑制或杀灭细菌，从而产生抗菌性能。

4.3.2.3　代表性抗菌剂

(1) 银系抗菌剂　无机金属抗菌剂中占主导地位的是银系抗菌剂。银离子在所有金属离子当中抗菌性是最强的，且毒性最低，汞、铬、铅等金属虽然与银具有相媲美的抗菌效果，但是它们毒性太大，对人体伤害极大，极少应用。所以银离子作为一种优良的抗菌剂得到了广泛的应用。古代战场上，士兵受伤后一时找不到药，会将随身携带的银子打成银片，敷盖在伤口上，不仅可防止伤口感染，还能加速愈合。早在 1900 年就有人将 1%的硝酸银溶液用于婴儿眼部的杀菌；古希腊的医药之父 Hippocrates 用银来治疗溃疡；德国医生 Crede 用硝酸银溶液治疗新生儿的淋球菌感染。如今，纳米银的制备工艺也日趋成熟，银在纳米状态下的杀菌能力也产生了质的飞跃，极少的纳米银就可产生强大的杀菌作用，可在数分钟内杀死 650 多种细菌。纳米银具有广谱抗菌性且不会使细菌产生抗药性，此外还能够促进伤口的愈合、细胞的生长及受损细胞的修复。目前有大量的研究人员从事于纳米银合成控制、杀菌机理以及杀菌应用的研究和探索，大大加快了纳米银在抗菌领域的应用步伐，例如可将纳米银通过电化学沉积的方式沉积到不锈钢植入材料上，从而得到纳米银抗菌涂层，解决了不锈钢植入材料上细菌感染的问题[6]。

(2) 氧化锌　氧化锌粉体具有一定的抑菌性，能够杀死细菌、真菌和病毒，被广泛用于抗菌材料包括抗菌涂料中，并被美国食品药品监督管理局（Food and Drug Administration，FDA）列入公认安全材料的范畴。目前较为广泛接受的抗菌机理为：在水和空气存在的条件下，氧化锌经紫外线照射后，分解出自由移动的负电子和空穴，生成活性氧和羟基自由基，分解细菌体内的蛋白质和酶，从而杀灭细菌。近年来的研究发现，与微米级的氧化锌相比，纳米氧化锌由于其大的比表面积所带来的表面效应，表现出更卓越的抗菌性能。

针对纳米氧化锌的抗菌机理除金属抗菌剂通用的接触反应机理、活性氧机理外，还存在光催化机理。对于光催化机理会在本章 4.4.3 中做详细介绍。

虽然纳米氧化锌具有一定的抗菌能力，但是由于纳米氧化锌的水溶性不佳，分散性较差，导致其不能与细菌亲密接触，进而影响其抑菌效果的发挥。另外，虽然氧化锌对人体毒性极小，但纳米氧化锌在有效抑菌浓度下对细胞、植物和动物也具有一定的毒性。因而，发展具有高效抗菌性能且对其他生物低毒的优异抗菌剂对研究者们而言依旧是一个挑战。

4.3.3　一氧化氮（NO）缓释

NO 也是一种典型的缓释型抗菌剂。由于绿色化学的发展要求，原有的抗菌剂均具有不同程度的细胞毒性，研究者们把目光放到对人体更加友好的NO抗菌。许多研究表明，NO对细菌不仅具有良好的杀灭作用，并且在合适的浓度下还具有一定的促细胞生长的作用。近些年也逐渐应用于涂层领域。

NO对细菌、真菌等均具有很高的抗菌活性。并且，NO是一种由细胞内的生物酶产生的气态小分子，它可以协助免疫系统对人体进行免疫保护。NO抗菌机理主要是以下过程：由于NO在体内不稳定，容易反应产生如过氧化亚硝酸盐（$ONOO^-$）等的反应副产物，而$ONOO^-$可以通过脂质过氧化作用将细菌的细胞膜破坏，进而令合成蛋白质酶类失活以及损伤细菌DNA，从而将细菌杀灭。

研究者们根据NO对细菌等微生物卓越的杀菌性能以及一定浓度下对人体细胞的促增长性能，将NO释放涂层应用于生物医药领域。有学者利用巯基琥珀酸与3-巯基-1，2-丙二醇进行酯化反应制备了聚（巯基化聚酯）（PSPE），然后在溶液中与聚（甲基丙烯酸甲酯）（PMMA）共混制备了PSPE/PMMA薄膜，接着浸入酸化的亚硝酸盐溶液中将这些膜亚硝基化，得到聚（亚硝化）聚酯/PMMA（PNPE/PMMA）膜。研究表明，用PNPE/PMMA涂覆的聚氨酯血管内导管37℃下在磷酸盐缓冲盐溶液（pH7.4）前6h以4.6nmol/（cm^2·h）的速率释放NO，之后12h以0.8nmol/（cm^2·h）的速率释放NO，而且从这些膜释放的NO对金黄色葡萄球菌和多重耐药铜绿假单胞菌菌株均有抗菌性[7]。

4.4 接触型抗菌涂料

接触型（非缓释）抗菌涂料，指的是通过与细菌等病原体接触来达到杀死细菌目的的涂料。结构型抗菌涂料就是一种接触型抗菌涂料，所谓“结构型”指的是将具有抗菌性能的基团通过化学键的方式连接到高分子链上，以此高分子为基料制备抗菌涂料，由于抗菌基团被化学键固定在高分子链上，所以不存在杀菌剂迁移扩散而污染环境等问题，而且抗菌性能稳定持久，但是需要尽可能多的让抗菌基团处于涂层表层，以最大程度发挥抗菌效能。

常用的抗菌剂主要有：①化学合成抗菌剂如季铵化合物（QAC）、聚阳离子；②天然生物分子如壳聚糖、抗菌肽（AMP）和抗菌酶（AME）；③光催化型抗菌剂TiO_2和ZnO等。

4.4.1 化学合成型

最典型的接触型抗菌涂料是负载阳离子的涂料，人们于19世纪80年代发现一些负载阳离子的表面具有不错的抗菌效果，之后的一系列研究也验证了负载阳离子的表面的抗菌效能。其中，最典型的代表为季铵类化合物，其具有长疏水性烷基链和带正电荷的季铵基团，已被证明对革兰阳性和革兰阴性细菌具有很强的接触杀伤能力。将带有阳离子季铵盐的多元醇与商业化多异氰酸酯复配，制备得到表面共价接枝季铵盐基团的聚氨酯双组分涂料，并且研究了季铵盐基团上的疏水长链对涂层抗菌性能的影响，结果发现当疏水长链的碳原子数少于或等于6个时，其对应的涂层几乎没有抗菌效果，当碳原子数大于或等于8个时，其对应的涂层对大肠埃希菌（*E.coli*）和金黄色葡萄球菌（*S.aureus*）两种细菌都有90%以上的抗菌率[8]。

QAC的抗菌机理主要是QAC分子与细菌细胞质膜中Ca^{2+}和Mg^{2+}进行的离子交换，

导致细菌细胞内基质表现不稳定；同时，QAC的疏水尾巴在细菌的表面区域上与疏水性细菌膜相互作用，可刺穿细胞质膜，导致细胞内基质外泄，从而杀死细菌（图4-3）。

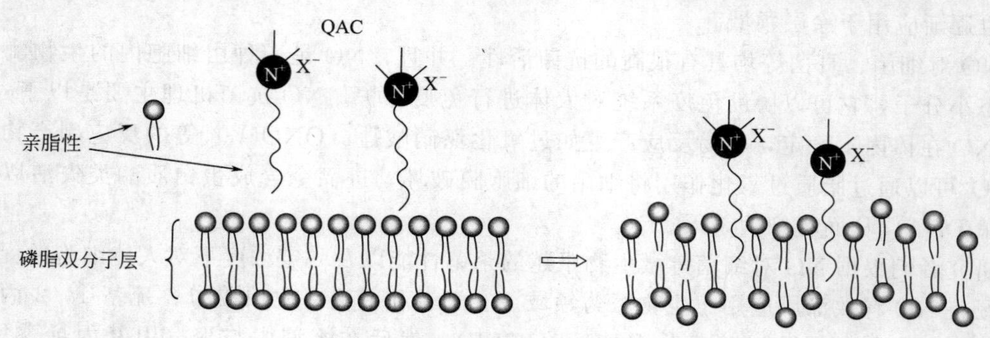

图4-3 季铵盐抗菌机理示意图

4.4.2 天然生物分子抗菌肽抗菌酶型

抗菌肽（AMP）和抗菌酶（AME）作为天然抗菌剂可代替传统化学合成抗菌剂用于抗菌涂料中。抗菌肽是生物体内存在的一种天然抗菌活性物质，是形成先天免疫系统的组成部分，已经从哺乳动物（包括人）及昆虫、两栖动物中发现了几百种抗菌肽，其中有些已经分离提取了出来，并对其结构、抗菌活性等做了许多的研究，发现其抗菌活性高效广谱，并且对人体无毒无害。尽管目前人们对抗菌肽的抗菌机理还没有完全弄清楚，但普遍认为，抗菌肽是通过横跨膜内外的离子通道的形成来达到杀菌作用，并且这种作用不需要特殊的受体。正是由于这种独特的作用机制，许多人认为其不易产生耐药性，是一种高效安全的预防、治疗疾病的药物。抗菌酶是指能够直接攻击细菌、干扰生物膜形成以及催化产生抗菌化合物反应的一组酶。根据抗菌机制，它们可分为蛋白水解酶、多糖降解酶和氧化酶三大类。

抗菌肽和抗菌酶可以通过物理方法（吸附或逐层组装）或化学方法（共价键合）固定在某种表面上以制造具有广谱抗菌活性的杀菌涂层，即使在低浓度下也具有较高杀菌效率，并不易引起细菌耐药性，在生物医药领域有着较强的应用需求。

4.4.3 光催化接触型

光催化是指在光（包括太阳光、紫外光、荧光、照明灯等）的照射下，体系中的催化剂能够将所处环境中的氧和水催化成活性氧的过程。利用光催化剂在光照下可以将有机物分解，因此可将光催化应用于抗菌、防污、除臭等领域。

由于光催化剂具有良好的抗菌功能，可以被用于制备光催化型抗菌涂层。在光的照射下，涂层中的光催化剂会产生活性自由基，从而将接触到涂层的细菌等微生物杀灭。活性自由基具有非常高的杀菌效率，并且抗菌广谱，细菌不会对其产生抗性，在细菌耐性日趋严重的今天显得更加重要。

根据添加的光催化剂类型的不同，可以将光催化抗菌涂料分为负载光敏剂抗菌涂料以及负载二氧化钛（TiO_2）抗菌涂料。

4.4.3.1 负载光敏剂抗菌涂料

用于光催化抗菌的光敏剂主要有卟啉、酞菁、吩噻嗪（如亚甲基蓝、甲苯胺蓝）等。将此类光敏剂与聚合物涂层相结合，可以制备得到光催化型抗菌涂层。其抗菌机理主要是光敏剂受光激发后产生的自由基可杀死细菌等微生物。此类涂层多应用于各种需要无菌处理的物体表面以及癌症治疗等领域。此类抗菌涂层的主要优点是它能够避免细菌等微生物产生抗性，而它也有潜在的缺点，由光敏剂产生的活性氧长期来说会有造成光敏剂降解的风险。

4.4.3.2　负载二氧化钛抗菌涂料

TiO_2 和 ZnO 等是比较常用的光催化材料，其中 TiO_2 应用最为广泛。1972 年，Fujishima 和 Honda 发现在光电池中对二氧化钛（TiO_2）进行光辐射可持续发生氧化还原反应。1985 年，日本研究者 Tadashi Matsunaga 首次提出 TiO_2 经紫外光照射可产生杀菌作用。自此以后，大量的研究人员开始对 TiO_2 的杀菌机理以及杀菌应用进行探索。TiO_2 经光（特别是紫外光）照射下，能将环境中的水和氧分解产生自由移动的电子（e^-）以及带有正电的空穴（h^+），进而形成电子空穴对。在场作用下，电子与空穴会发生分离和移动。部分相遇而湮灭；部分移动到 TiO_2 粒子表面，与氧和 H_2O 结合，分别形成 O_2^- 和$\cdot OH$。O_2^- 和$\cdot OH$具有很强的杀菌活性，尤其是 O_2^-，可以迅速杀灭细菌等微生物，并生成 H_2O 和 CO_2。具体过程中涉及反应方程式如下：

$$TiO_2\text{（光照）} \longrightarrow TiO_2\ (e^- + h^+)$$

$$e^- + h^+ \longrightarrow \text{热量}$$

$$h^+ + H_2O \longrightarrow \cdot OH_{(ads)} + H^+$$

$$e^- + O_2 \longrightarrow O_2^-$$

$$O_2^- + H^+ \longrightarrow HO_2\cdot$$

$$2HO_2\cdot \longrightarrow H_2O_2 + O_2$$

$$H_2O_2 + O_2^- \longrightarrow \cdot OH + OH^- + O_2$$

TiO_2 具有高效广谱的抗菌性能被广泛用于抗菌涂层中。通过溶胶-凝胶法将 TiO_2 浸涂到预先用等离子体处理的 PMMA 基材上，之后对其表面的抗菌性能进行探究，结果表明，在室内自然光的照射下，经 TiO_2 处理过的表面对细菌表现出优异的光催化抗菌效果，在 2h 内即可杀灭约 100%的附着细菌，同时，该表面还具有优异阻黏附能力[9]。

4.5　双重抗菌涂料

阻细菌黏附和将细菌杀灭（接触杀灭型及缓释杀灭型）的抗菌方法各有优劣。阻黏附抗菌方法可以阻止细菌的附着，避免其形成生物膜，但一旦有少量细菌在材料表面发生黏附，就可以通过生长繁殖并分泌细胞外基质而使涂层表面失去阻黏附的性能；缓释杀灭型抗菌方法杀菌速度快，但其抗菌成分易流失、失效快，抗菌剂的释放对周围环境有一定的影响，并且当释放的抗菌组分小于最低抗菌浓度时就会失去抗菌效果；接触杀灭型抗菌方法虽然抗菌效果好，但是抗菌剂制备方法相对复杂，杀菌过程也比较缓慢。因此，单一抗菌方法难以达到理想的效果，将不同抗菌方法组合制备新型抗菌涂料已经成为必然趋势。

4.5.1 阻黏附-接触型

根据接触型抗菌剂加入阻黏附涂料的方法分为两类，即：①将抗菌剂包埋于阻黏附的亲水性聚合物中；②抗菌剂交替负载于阻黏附层中。

4.5.1.1 亲水性聚合物作为阻黏附层（间隔物）

亲水性聚合物广泛用作可固定活性分子的间隔物，以此制备具有特殊功能的涂层。这是由于，首先，亲水性聚合物能够阻止非特异性蛋白质吸附以及细菌、细胞的黏附；其次，亲水性聚合物可以提供亲水的微环境，维持生物类分子的生物活性；以及亲水性聚合物可以增强末端固定的活性分子的靶向性。近年来，已经研究了几种亲水性聚合物来负载抗生素分子，用来产生具有接触型抗菌和阻黏附功效的抗菌涂层。

PEG是最著名的阻黏附聚合物之一。使用具有不同末端基团的PEG作为间隔物，可将几种抗生素，包括青霉素、氨苄青霉素和庆大霉素，固定在聚合物上［图4-4（a）］。具体来说，在材料表面固定两种不同分子量的随机混合的PEG，可增加分子粗糙度，增大与细菌接触的有效表面积，从而提高表面的抗菌性能。Aumsuwan等人[10]将两种不同的抗生素——青霉素和庆大霉素，连接到PEG接枝的聚丙烯表面上，可同时抵抗革兰阳性金黄色葡萄球菌和革兰阴性假单胞菌的黏附。

基于PEG抗菌表面的主要缺点是能有效用于抗菌的抗生素浓度非常有限，因为每个接枝的PEG链在其自由端仅具有一个官能团用于接枝。为了增加活性基团的结合位点密度，研究者们侧重于研究侧链含有EG单元的梳状聚合物的应用。图4-4（b）所示为制备具有阻黏附和抗菌功能的不锈钢表面的方法。首先用PEG衍生聚合物［如聚甲基丙烯酸-2-羟乙酯（PHEMA）或聚甲基丙烯酸寡聚乙二醇酯（POEGMA）］接枝表面，然后激活侧链末端的羟基，将抗菌分子（壳聚糖或溶菌酶）以共价接枝的方法接入。除了PHEMA和POEGMA之外，还可选用其他亲水性共聚物作为接枝表面，同时接入抗菌剂的种类也可根据接枝表面的情况进行变换，从而达到预防生物膜形成的目的。

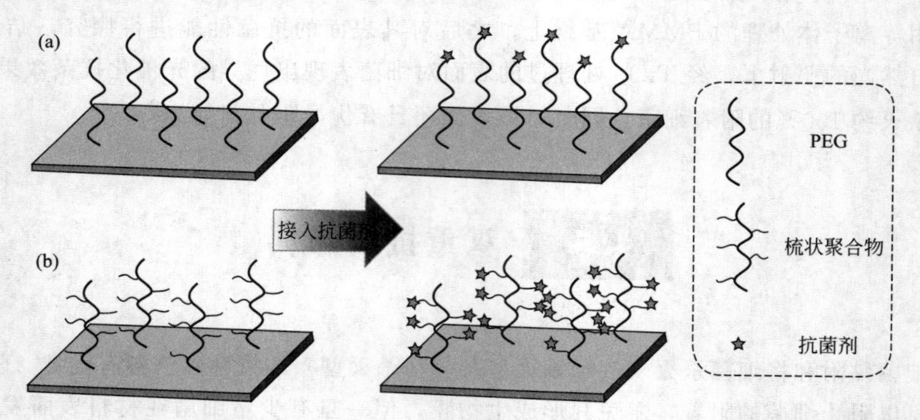

图4-4 使用亲水性聚合物PEG（a）和梳状聚合物（b）作为间隔物固定抗菌剂示意图

4.5.1.2 阻黏附层与抗菌层的层层沉积法

层层（LBL）沉积是一种简单、温和、低成本的技术，主要用于制造在形态和功能方面可调的多层聚合物（通常是聚电解质）。通过层层沉积法可以制备负载可控释放抗菌剂的阻黏附抗菌涂层，在减少细菌黏附的同时，杀死附着在涂层表面的细菌。其中最具代表性的为带相反电荷的抗菌剂和阻黏附剂交替物理吸附到基底以形成多层膜（图 4-5）。

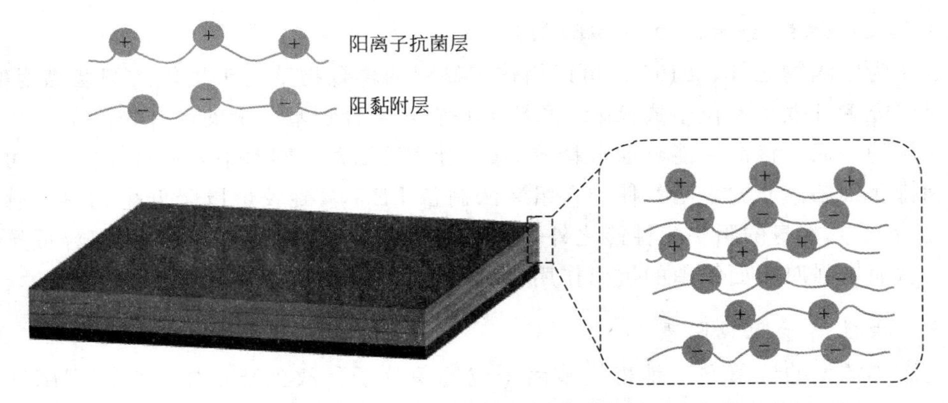

图 4-5 由 LBL 法制备的含有抗菌剂和阻黏附剂多层膜的示意图

基于壳聚糖（阳离子抗菌分子）和肝素（阴离子抗黏附分子）的抗菌涂层是通过 LBL 方法所制备的双重功能抗菌涂层的典型代表。研究表明，壳聚糖/肝素多层修饰的表面能够显著降低细菌黏附，同时可以有效杀死细菌。为了进一步提高该表面的抗菌性能，可通过 LBL 法制备含有可降解聚乙烯基吡咯烷酮/聚丙烯酸（PVP/PAA）多层膜与肝素/壳聚糖多层膜的复合体系。该系统的双重功能体现在如图 4-6 所示的两个过程中，在最初的 24h 内，顶部的 PVP/PAA 连续地去除，来防止表面细菌黏附。在去除（PVP/PAA）膜后，随后位于下面的肝素/壳聚糖多层膜暴露出来，发挥接触杀菌的作用。该涂层专门用于解决大多易被污垢污染设备的细菌黏附问题，并且在医疗器械领域特别是植入材料领域具有潜在的应用。

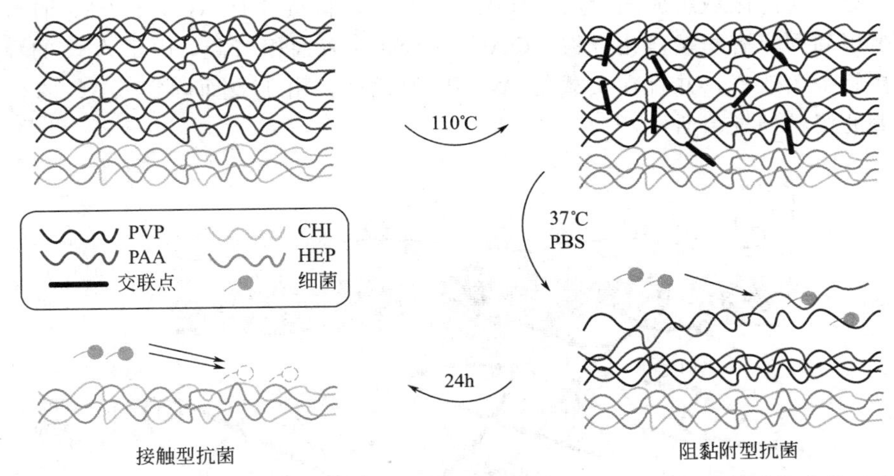

图 4-6 （PVP/PAA)-(肝素/壳聚糖）多层膜的结构、交联、降解以及抗菌性能的示意图

4.5.2 阻黏附-缓释型

大多数基于接触型杀菌机理的抗菌涂料可以有效地杀死表面附着的细菌，但它们对浮游细菌的抗菌能力有限。而缓释型抗菌剂通过从涂料表面的可控释放可减少材料表面的细菌定殖，并能够抑制浮游细菌的增殖。将缓释型杀菌性能与阻黏附抗菌相结合的涂层可以实现体型抗菌和表面阻黏附性能。类似地，阻黏附-缓释型抗菌涂料也可分为基于亲水性聚合物型

和基于两性离子型双重抗菌涂层。

4.5.2.1 亲水性聚合物作为阻黏附层

除了作为间隔物之外，PEG 还可以用作阻黏附的聚合物基材来提供防细菌黏附的作用。例如，有研究者开发了原位生成 Ag 纳米粒子并嵌入聚合物基质中的聚合物涂层，并用 PEG 链改性涂层的表面。该涂层能够通过释放 Ag^+ 而杀死细菌，同时最外层的 PEG 链可抑制细菌生长和排斥细菌。研究表明，使用自组装法制备 PEG 微凝胶可以降低生物材料感染的发生率[11]。除了其本身的阻黏附性能之外，这些微凝胶还可以用作负载和局部释放抗菌肽的储蓄器，从而增强对表面细菌的抗菌作用。

4.5.2.2 两性离子阻黏附表面

这类涂层常见的抗菌方法是将抗菌离子或抗菌分子释放到环境中，抑制周围细菌的生长，之后留下两性离子的阻黏附表面可以进一步降低细菌黏附。虽然这种方法可以直接实现体型抗菌，但是也存在抗菌成分释放不可控的缺点。因此，研究者们着力研究如何实现抗菌成分的可控释放。例如，通过水解作用或响应性释放作用可控制抗菌成分的释放速率，同时在这个过程中使涂层表面保持阻黏附抗菌性能，在降低涂层表面细菌黏附程度的情况下进行体型杀菌，从而保证一定体积范围内，材料表面呈现无菌状态。这种具有阻黏附-缓释抗菌功能的涂料，在伤口敷料和医疗器械等领域中具有很强的应用前景。

4.5.3 接触-缓释型

还可将接触型与缓释型两种不同杀菌机理的体系结合到一个系统中制备双重抗菌涂料。这可以使耐药菌筛选与增殖的副作用最小化，从而提供长期抗菌效果。可设计由两种不同的抗菌机理的分层功能区域组成的涂层，如图 4-7 所示，将负载有 AgNPs（Ag 纳米粒子）的聚电解质多层和固定有季铵盐化合物（QAC）的 SiO_2 表面相结合，由于 Ag^+ 的释放而显示出很高的初始杀菌效率，并且在负载的 AgNPs 消耗后，由于表面固定 QAC 的存在，涂层仍保持显著的接触型抗菌活性[12]。

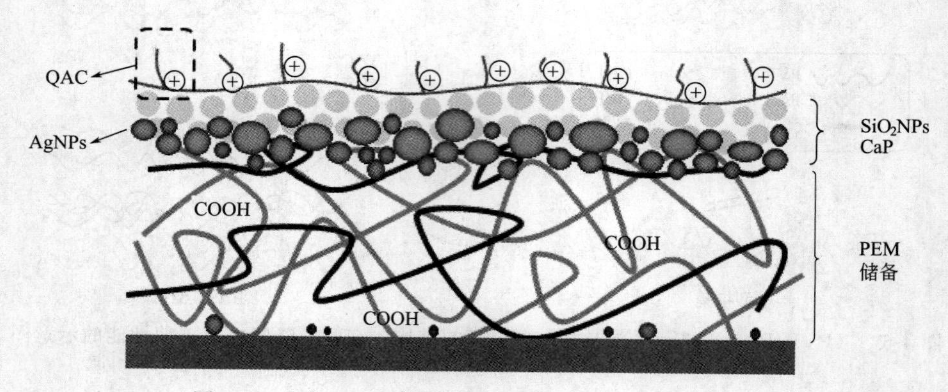

图 4-7 具有 QAC 及 AgNPs 双重抗菌功能涂层示意图

通过一步沉淀法制备的溴化银（AgBr）纳米颗粒与阳离子聚合物基质可共同组成双重抗菌复合材料[13]。非水溶性的复合材料在玻璃上形成涂层，对空气和水中细菌表现出持久的抗菌性能。类似地，通过溶菌酶诱导的 Ag 纳米粒子合成并且电泳沉积制备复合抗菌涂层，Ag^+ 和溶菌酶的胞壁酰胺酶具有良好的抗菌活性[14]。

4.6 主要表征方法

4.6.1 最小抑菌浓度（MIC）和最小杀菌浓度（MBC）

抗菌涂料的抗菌效率是考察涂料抗菌性能的重要指标之一。对于添加抗菌剂的抗菌涂料来说，其抗菌效果可以通过抗菌剂的最小抑菌浓度（MIC）和最小杀菌浓度（MBC）两个指标来体现。MIC是指在体外培养细菌24h后能抑制培养基内细菌生长的最低抗菌剂浓度，用来表征抗菌剂抑制细菌繁殖的能力。MBC是指能使受试菌株总量减少99.9%或以上所需的最小抗菌剂浓度，用来评价抗菌剂的杀菌能力。MIC与MBC越小，抗菌剂所在抗菌涂料的抗菌效果越好。

抗菌剂或抗菌涂层的MIC、MBC的测定方法通常分为两大类。第一种方法是液体稀释法：选用营养液作稀释剂，配制不同浓度梯度的抗菌样品-营养液的溶液或分散液，加入等浓度等体积的菌液，设置对照组，然后共同放入恒温摇床培养24h。通过浊度法确定样品的MIC；通过平板计数法确定样品的MBC。第二种方法为固体稀释法（培养基法）：在加热融化的固体培养基中加入不同浓度梯度的抗菌剂，再凝固成培养基平板，培养菌种，培养一定的时间后观察该抗菌剂的MIC及MBC。

4.6.2 抑菌圈法

抑菌圈法又叫扩散法，是利用待测物品在琼脂平板中扩散使其周围的细菌生长受到抑制而形成透明圈，即抑菌圈，根据抑菌圈大小判定待测物品抑菌效价的一种方法。若涂料中抗菌剂成分具有缓释性，则可通过抑菌圈法得以证明。抑菌圈法操作便捷、简单易行、成本低廉、结果准确可靠，是抑菌试验的经典方法，被广泛使用。抑菌圈及其抑菌曲线图示例如图4-8所示[15]。

现行的抑菌圈实验方法主要有三种[16]：滤纸片法［常说的K-B法（Kirby-Bauer test）］、牛津杯法和打孔法。滤纸片法，选用质地均匀的圆形滤纸，进行灭菌，然后烘干，再将其浸泡于待测样品中，置于试验平板中培养一段时间后进行抑菌圈大小的测定。牛津杯法又称杯碟法，将牛津杯进行灭菌处理，再将其置于试验平板中，往杯中注入一定量的待测样品，培养一段时间后进行抑菌圈大小的测定。打孔法，是指用已灭菌的打孔器或钢管在试验平板上打孔，往孔中注入一定量的待测样品，培养一段时间后测定抑菌圈大小。

在进行抑菌圈实验时，应主要考虑以下几点：

一是实验平板的制备。制备抑菌圈实验所用的平板通常采用以下三种方法：涂布平板法、倾注平板法和预加菌液倾注平板法。具体如下。

① 涂布平板法：先往已灭菌的培养皿中倾注适量加热融化的固体培养基，水平静置凝固，接种适量菌液（通常体积为0.1mL），涂布均匀后备用。

② 倾注平板法：先往已灭菌的培养皿中加入菌液，然后倾注50℃左右的固体培养基，混合均匀，水平静置凝固后备用。

③ 预加菌液倾注平板法：将菌液注入50℃左右的固体培养基中，混合均匀，将其倒入已灭菌的培养皿中，水平静置凝固后备用。应选择适合自己实验的平板制备方法，能有效保

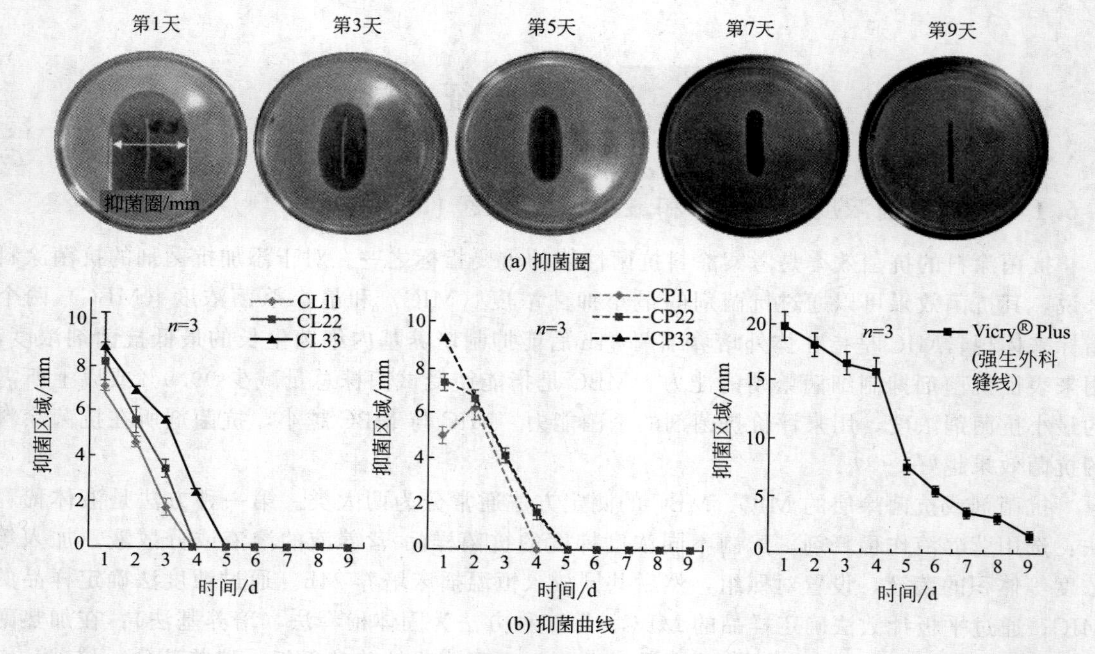

图 4-8 抑菌圈及其抑菌曲线图示例[15]

证实验平板中菌落的均匀性、均一性，且重复性好。

二是试验平板中菌落的浓度。当抑菌剂含量一定时，菌体浓度直接影响了抑菌圈的大小。如果菌体浓度过大，会抵抗抑菌剂的作用，导致抑菌圈偏小。因此，对实验平板中的菌体数进行梯度浓度试验，可确定活菌浓度最佳值。通常情况下，实验平板中菌体浓度在 $1\times10^5\sim1\times10^7$ CFU/mL 时，平板菌落浓度致密，具有明显的抑菌圈界限，最适合进行抑菌圈试验。

三是抗菌样品应选择适宜的大小或浓度。通常来讲，抑菌圈直径在 18～22mm 的范围内较好，过小会增加测量的误差，过大的话，如果在一个平板中用多个样品进行对比实验时，会造成抑菌圈交叉，影响实验结果。

四是培养基的 pH 值，有些抑菌药物在偏酸和偏碱性的环境中展现出的抑菌效果差异较大；另外，pH 对微生物的生长会带来一定的影响；再就是在弱碱性条件下，培养基硬度较好，有利于实验者挑出打孔法中小块的培养基。

4.6.3 摇瓶法

摇瓶法又称振荡瓶法，是一种定量的杀菌试验方法。把抗菌剂或抗菌涂料放入盛有一定浓度细菌的培养液（缓冲溶液）的锥形瓶中，盖上瓶子后置于 37℃ 恒温摇床中摇动，通过振荡使抗菌样品与菌液充分接触，间隔一定时间后，通过平板计数法统计培养液中生存下来的细菌数目。抗菌效果用杀菌率表示，公式为：

杀菌率（%）＝（放样前细菌数－放样振荡后细菌数）/放样前细菌数×100%

每次实验时，均需设置对照组，以确定在实验情况下细菌培养的有效性。通过摇瓶法得到的细菌生长曲线示例如图 4-9 所示。

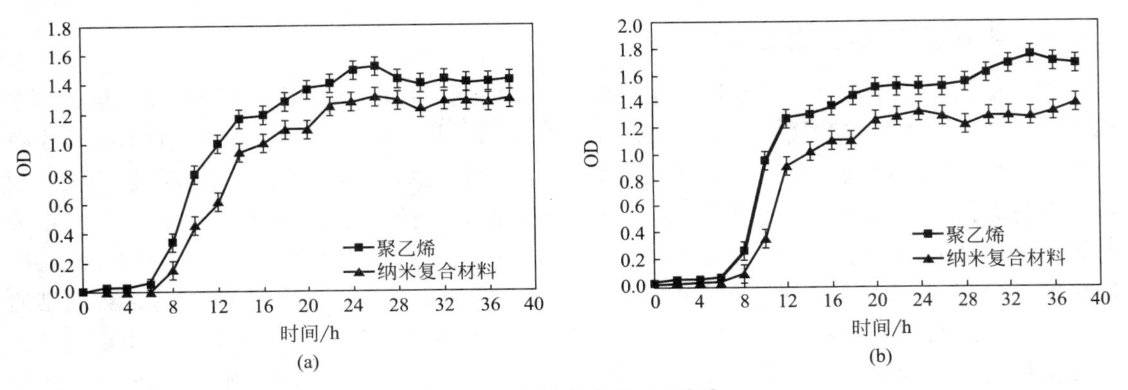

图 4-9　细菌生长曲线示例[17]

4.6.4 电子显微镜表征

通过扫描电子显微镜（SEM）或透射电子显微镜（TEM）可以观察细菌的微观形态，同时也可以作为探究抗菌成分杀菌机理的一种有效手段。在通过 SEM 及 TEM 进行观察之前，细菌样品的制备十分关键。其制备需要保持并固定细菌的形态，以便反映出实际存活或死亡情况。主要方法通常是先对观察细菌的载体（如玻片、铜网等）进行清洗、灭菌处理，再将需要观察的细菌样品通过固定剂固定在玻片或铜网等载体上，对样品整体进行梯度脱水，最终得到可用于电子显微镜观察的样品。通过 SEM 或 TEM 观察细菌的形态，得到的细菌图像示例如图 4-10 所示。

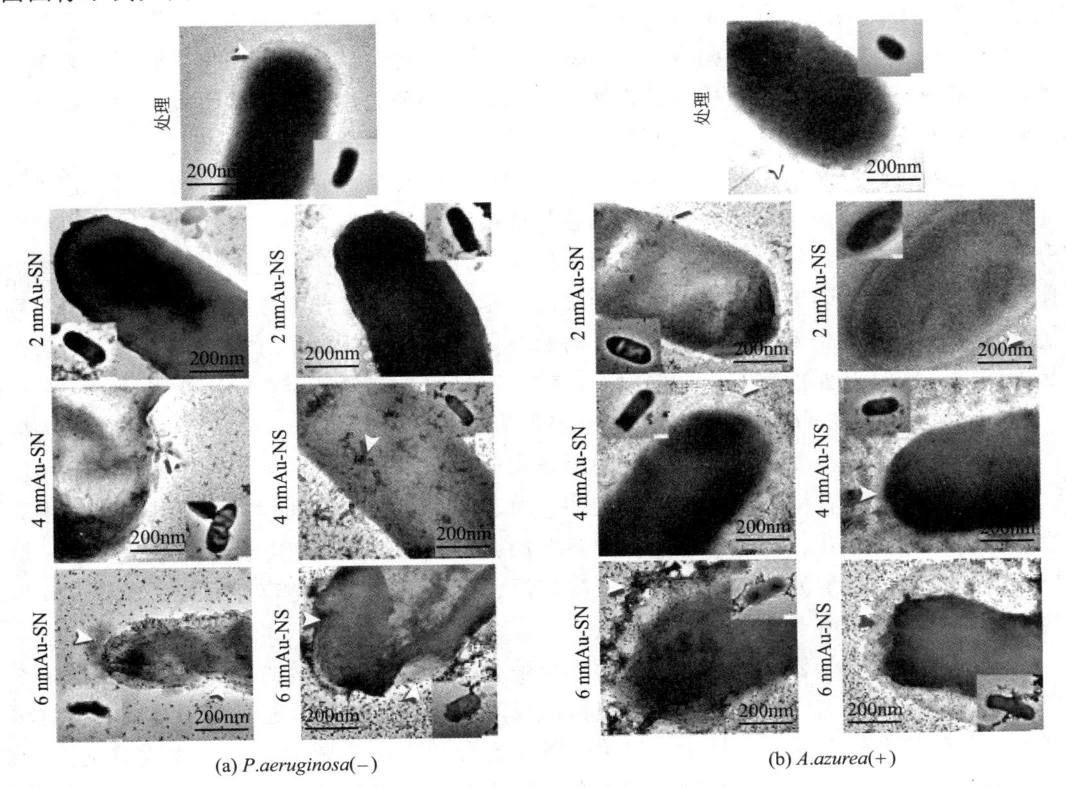

图 4-10　细菌图像示例[18]

4.6.5 细菌荧光染色表征

为了更为直观地观察细菌与抗菌涂层作用一定时间后的存活与死亡数量情况，可采用细菌荧光染色的方法进行研究。荧光染料碘化丙啶（PI）是一种可对DNA染色的细胞核染色试剂，常用于死亡细菌的检测。它是一种溴化乙啶的类似物，不能通过活细菌的细胞膜，但却能穿过破损死亡细菌的细胞膜并对细胞核染色，嵌入双链DNA后释放红色荧光。二乙酸荧光素（FDA）常用于活细菌的染色，其染色机理是基于活细菌与死细菌在代谢上的差异：FDA本身无荧光，也无极性，能自由渗透出入完整的细菌细胞膜。当FDA进入活细菌细胞后，被细胞内的脂酶分解生成荧光物质——荧光素，而荧光素因为其极性较强，不能自由透过细菌细胞膜，积累在细菌体内，因而使活细菌产生绿色荧光；而已死亡的细胞不能使FDA发生分解，因而也无法产生荧光。利用PI与FDA各自的染色特性，可以观察与样品接触一段时间后的细菌存活率、死亡率，更为清晰直观。

4.7 主要应用领域

4.7.1 食品包装

食品包装能起到相对隔离外部环境污染、提高食品安全、延长食品货架期、降低成本、方便消费的作用，因此，食品包装是食品加工行业的关键环节之一。但由于食品富含丰富的营养物质，极易成为环境中细菌滋生繁衍的温床，所以将食品包装抗菌化受到了越来越广泛的关注。应运而生的抗菌包装技术是指通过抗菌成分接触包装材料表面附着的微生物，抑制其生长、繁殖或直接将其杀灭，从而延长食品货架期的一种活性包装技术。

抗菌包装在开发初期主要是通过使用抗菌剂喷涂或浸涂等后处理的方法得到。这种方法简便易行，但是抗菌剂与食品的直接接触会造成抗菌剂从食品表面向内部迅速扩散而抑制了部分活性，作用有限。后来又出现了抗菌涂层包装，它是通过在包装上涂覆抗菌涂层来制备抗菌功能的多层膜包装等，来延迟腐败和提高安全性。使用这种方法得到抗菌涂层薄膜则能使抗菌剂从载体向食品表面缓慢释放，从而始终保持包装内部食品所需的高浓度，显著提高产品货架期，同时保证食品安全，抗菌作用效果明显，受到食品工业的广泛青睐。

能用于食品包装的抗菌剂有多种，主要可以分为无机抗菌剂、有机抗菌剂和天然抗菌剂。无机系列抗菌剂主要是具有抗菌性的金属离子，如银、锌、铜等，其中银离子抗菌性最强。有机抗菌剂包括有机酸及其盐、有机酯、醇、酚等。天然抗菌剂主要有壳聚糖、甲壳素的盐酸盐、氨基葡糖苷、抗生素、酶（如溶菌酶）、植物精油，以及葡萄柚籽提取物、烯丙基异硫氰酸酯等。由于天然抗菌剂具有来源广泛、毒性小、生物相容性好、人们接受程度较高的优点，被广泛应用于食品包装等领域。

如何将抗菌剂与包装材料进行有效的结合是制备抗菌包装材料的关键，可以将抗菌剂直接加入包装材料中，也可以在包装表面包覆或吸附抗菌剂，还可以通过离子键或共价键将抗菌剂固化在包装材料表面等。其中，包覆吸附和键合的方法会影响到抗菌物质的抗菌效果，而采用多层抗菌膜技术，将抗菌物质添加在内膜或直接形成内膜，抗菌效果受影响较少。目前市场上使用的抗菌涂层包装大多都通过将抗菌剂以共混方式加入涂料中来制备。

聚烯烃类材料是最常用的食品包装材料之一，品种繁多，物美价廉，而且具有强的耐化学性能和防水防潮性能。其中，聚乙烯是公认的接触食品最佳材料，它无毒、无味、无臭，且符合食品包装卫生标准，还具有很好的阻湿性能。不过，聚乙烯用于包装材料问题也很多，其对氧气、二氧化碳、有机气体和风味物质阻隔性能比较差，且润湿性不好，不利于果蔬保鲜。又如聚丙烯，是常用的微波食品包装材料，无毒无味、耐高温，但是，也存在耐低温冲击值小、印刷效果差等缺点。其他的聚烯烃类材料，如聚苯乙烯（PS）、聚氯乙烯（PVC）、聚酯（PET）、聚酰胺（PA）等，也存在着各自的不足，不能完全达到食品包装的要求。

生物聚合物基薄膜具有来源广泛、环境友好等优点。常用的用于食品包装的生物聚合物材料有多糖、蛋白质、脂质，其中以壳聚糖膜的效果最为突出。壳聚糖无毒、无味、低成本，具有良好的成膜特性和较强的抗菌防腐能力，使其在食品包装行业展现了良好的应用前景。多糖和蛋白质膜材料能够高效地阻挡氧的透过，但是其阻湿效果不太理想，这是由于其组分中的蛋白质和多糖成分比较亲水。脂质膜材料具有理想的水分阻隔能力，但其膜的表面常形成空洞或裂纹，黏附性差，具有糯味，影响食品风味。除了玉米醇溶蛋白膜外，目前研究的生物聚合物基的抗菌材料很难达到食品包装所需的力学性能、成膜能力、抗菌防腐以及抗氧阻湿效果。

将聚烯烃类材料与生物聚合物基薄膜结合起来的多层抗菌包装膜材料可以达到较好的食品包装要求，且能在相应溶剂中很好地分离，各取所长，最大限度地发挥各自优势，得到综合性能优良的抗菌包装。

4.7.2　医疗领域

高分子类医疗器械由于性能优异、结构多样、适用性广，近年得到了飞速的发展，目前品种众多，临床应用十分广泛。高分子材料带来便利的同时，与其相关的医院感染问题正引起人们的关注。由于一般的未经特殊处理的高分子制品表面无杀菌或耐菌的性能，而高分子材料加工时所加入的助剂一般为酯类，可作为细菌等微生物的食物，所以细菌在落到制品表面后往往迅速繁殖，生成菌斑，严重的甚至形成菌壳，而且在一些制品（例如导管）使用过程中一般无法进行消毒灭菌等处理，其后果就导致了感染的发生。而导管在人体的使用环境下，温度、湿度、养分等条件比较适宜细菌等微生物生长，所以医用高分子导管的广泛使用也引起了相应的高分子导管相关型感染，这类感染要占到医院内感染总数的30%～45%。

在现代临床实践中如何减轻院内感染是重要的课题，虽然目前所有的医疗器械在使用前都要经过严格的灭菌消毒，在进行医疗器械植入的手术过程中医护人员也要辅以相当剂量的抗感染药物以减少感染的可能，但这些措施只能部分降低病人感染的可能性，而且作用时间短，费用高，且易诱导耐药菌株生成。人们迫切需要一种能够抵抗感染的医用导管，这种导管应具有长期自动灭菌功能，可望减少感染环节，降低感染概率，减少抗生素的使用，尤其在野战、灾害等特殊场合具有自动抗感染性能的医疗器械更能显示其卓越的优点。因此研究医用材料的抗细菌感染在医疗上的应用具有重要的临床意义和广阔前景。

国外（主要是美国和日本）已于20世纪80年代开始在医疗领域中应用一些技术来提高医用高分子导管的抗菌能力。最早采用的是AL（antibiotic lock）法。1988年，Messing等人首先报道了采用AL法将高浓度的抗生素滴加到Huckman中心静脉插管中浸泡一段时间，使导管的内腔表面吸附上一层抗生素，然后再在临床上使用。经分析，吸附在导管内腔的抗生素可持续作用12h以上，手术存活率也从30%～65%提高到了91%。

AL法制备的抗感染导管虽然有较显著的抑菌作用，但是抗生素是在导管表面吸附形成的，抗菌性能持续有效期较短。为了进一步提高导管的抑菌抗感染的长效性，研究人员研制了涂层型抗感染导管。一般来说，抗感染涂层要求能够保持较长时间的对致病菌的抑制效果，且抗菌活性不会被体内物质破坏，还要求涂层物质无毒，也不引起其他对人体有害的生理作用，同时不损害导管本身的性能。Raad等人将二甲胺四环素（minocycline）和四环素（tetracycline）等涂饰在中心静脉插管内表面，进行随机双盲试验，在281个住院病人中147人使用抗菌涂层中心静脉插管，151人使用无抗菌涂层作为对照组，结果36例（26%）使用无抗菌涂层的病人发生了明显的微生物定殖，其中7例发生导管相关型血液感染，而使用带抗菌涂层的病人中只有11例（8%）明显发生微生物定殖，没有病人出现导管相关型感染，表明采用抗菌涂层微生物定殖率和导管相关型血液感染都显著降低（$P<0.001$）。

除了中心静脉插管，目前采用抗感染涂层制备的抗感染高分子医用导管还有导尿管。抗感染导尿管可以显著提高导尿管留置时间，减少长期使用导尿管病人的换管次数，减少病人的痛苦。涂层型抗感染导尿管目前在发达国家已经开始使用，在国内也已经开始推广成为目前国际上新型导尿管的主流。我国有部分科研机构和企业研制了抗菌导尿管。北京金铱兰真空镀层技术开发公司开发了一种涂层型抗菌导尿管。其特点是在乳胶或硅橡胶等材质的导尿管上通过高新技术结合高效广谱抗菌剂，对尿道常见的金黄色葡萄球菌和大肠杆菌等有明显的抑菌作用，抑菌率分别达到97%、95%。

国际知名涂料企业阿克苏诺贝尔推出的多乐士生态抗菌涂料采用“氯化银-二氧化钛”复合物抗菌技术，通过银离子的缓释保证涂膜抗菌效力的长久性，该涂料在英国上市后被英国Carlilion儿童医院、英国伯明翰中心医院等多家医院采用。

4.7.3 建筑家居

现代社会的高层建筑多为气密性结构，换气和隔热不充分，壁面易结露、潮湿，真菌等微生物在这种潮湿环境中会大量繁殖增生，从而造成室内空间的微生物环境污染，对建筑材料的性能、建筑物的安全使用、人体健康均有很大的危害。如飞散在空气中的真菌孢子会引起眼部充血、慢性鼻炎、哮喘、疲劳、头痛等。为了解决这个问题，从建筑设计和改善建材本身性能着手是一方面，使用抗菌建材、抗菌涂料等可大大降低家具表面、居室内墙、室内空气中的细菌密度，是降低微生物污染的另一个有效途径[19]。

4.7.3.1 墙壁

在建筑物的屋顶和外墙、医院手术室的墙壁常常涂刷光催化TiO_2涂料，TiO_2经阳光或室内光照射后所产生的氧负离子和自由基能够杀死墙壁表面所附着的细菌，而且，其表面的优异阻黏附能力能够使污垢物很容易被冲刷掉。据报道，在高速公路两侧和隧道内设置涂覆了纳米TiO_2的光催化涂层后，空气中的氮氧化物大大减少，汽车尾气造成的危害有所减轻。

4.7.3.2 地板

将抗菌涂料涂覆到地板表面可得到抗菌涂层地板，抗菌涂层的存在能抑制木材表面微生物的生长繁殖，达到长期卫生清洁的目的。有研究显示，在表面涂有含胶态微粒银离子树脂的复合木地板显示出98.9%的抗菌活性。也有在木材表面涂上一层纳米光催化剂，如

TiO_2，具有较强的杀菌能力。三聚氰胺甲醛树脂具有抗菌效应，且具有易清洁、耐高温、化学性能优异、硬度高、抗划伤等优点，常应用于木质材料表面（如复合木地板、家具和工作表面等），可应用于医院、厨房及其他对卫生要求较高的环境。

4.7.3.3 玻璃

建筑玻璃的抗菌功能化最近也受到了广泛关注。抗菌玻璃的理想条件是无色、化学性能优异、能够长期发挥其抗菌的功效。在玻璃表面涂覆一层 TiO_2 涂层，经阳光（尤其是紫外光）照射后，能够脱出自由电子，产生可激活空气中氧气的阳性空位，杀灭大部分的氧气和病毒。同时表面经紫外光照射后具有了超亲水特性，使玻璃表面具有了防雾、自清洁、易洗、易干等功能。

4.7.4 织物服饰

将织物服饰抗菌化的方法有多种，本章中仅介绍有关涂层法赋予织物服饰抗菌性能的相关内容。涂层织物是在织物上覆盖一层高分子涂料或其他材料制成的复合材料。这种复合材料不仅具有织物原有的性能和功能，更增加了涂层的性能和功能。将抗菌涂料涂覆在织物表面，可赋予织物抑制或杀灭细菌、真菌及病毒等微生物的功能。

大约4000年前埃及人就采用植物浸渍液处理裹尸布，保存木乃伊。1935年 Domag 利用季铵盐处理军服，大大降低了伤员的感染率。1966～1976年，人们采用含锡、铜、锌、汞的有机金属化合物和醌类含硫化合物作为织物的抗菌整理剂，然而这些抗菌剂毒性也比较大。1975年，美国道康宁公司开发了有机硅季铵盐抗菌剂 DC5700 用于织物整理，以 DC-5700 为抗菌剂制造的抗菌防臭袜，在美国1975～1980年间和1981～1983年间各累计销售了1.5亿双，在日本销售额为700亿日元，至1987年销售额达2000亿日元。除了 DC5700，芳香卤代化合物、卤代二苯醚以及六亚甲基双胍盐酸盐等一系列低毒抗菌整理剂也相继问世[20]。

国内在20世纪80年代才出现抗菌织物，较国外要晚得多。1982年江苏某袜厂将中国医学科学院皮肤病研究所研发的“806”防脚癣剂用于生产防臭抗菌袜。1984年上海树脂厂试制出 SAQ-1 抗菌织物整理剂。1985年山东大学与山东省纺织研究所合作研发出 STU-AM101 抗菌整理剂，在酸性焙烘条件下通过交联剂将其与棉织品相结合。1986年山东菏泽印染厂配制 HP-1 水溶性协同抗菌剂，能与纤维反应形成络合物，抗菌性能与美国道康宁推出的有机硅季铵盐 DC-5700 相当。北京印染厂将军事医学科学院微生物流行病研究所研发的抗癣药 ME8560 用于生产抗菌内裤。1989年中国纺织大学推出腈纶织物抗菌产品 AB 布。1990年山东纺织工学院和中国纺织大学分别研制出 SFR-1 羟基氯代二苯醚非离子型抗菌整理剂。90年代后期，先后有海尔科化公司、辽宁鞍山裕原公司、北京塞特瑞公司、中国纺织科学研究院等多家单位研制出负载金属离子抗菌剂的织物，天津大学材料科学与工程学院将壳聚糖与普通纤维进行共纺，研制出新型生物抗菌混合纤维。自此之后我国的抗菌织物研究进入了飞速发展的新阶段。

抗菌织物的制备方法繁多，最初的抗菌纺织品是通过后处理工艺制备加工而成的，历经了浸渍、涂层、整理等工艺的发展过程，其特点是加工工艺简单，抗菌剂选择的范围较广，是制备抗菌纤维和抗菌织物最常用的加工方法，但是这种方法所制备的抗菌织物抗菌耐久性往往还不令人满意，多次洗涤后织物的抗菌性能大大下降。因此，在纤维和织物表面应用的抗菌涂料还要求对纤维有较强的黏附力，以延长纤维和最终织物的抗菌有效期，并具有一定的耐洗涤性能。

抗菌纺织品是功能性纺织品中应用范围最广的一种，近年来其发展速度超过其他功能性纺织品平均发展速度的5倍。其应用领域非常广泛，包括内衣裤、袜子、手套、医疗卫生用品(包括医院专用的无菌手术衣、手术帽、抗菌服和床单等)、鞋垫、地毯、妇女卫生保健用品、各种家用床上用品、包装材料、空调过滤网及其他过滤材料。

4.8 总结与展望

抗菌涂料在保护基材的同时也可以预防基材表面生物膜的形成，从而有效减少致病菌给人类和物品带来的危害。通过不同抗菌机理制备得到的抗菌涂料也有着各自的优缺点。具体来讲，阻黏附抗菌涂料可以减少或阻止细菌等微生物以及蛋白质等在涂层表面沉积或黏附的作用，使物体表面呈现无菌的状态，但却不能主动与细菌产生作用或将其消灭。因此，由于在制备或处理过程中的缺陷以及使用过程中涂层的受损，导致这些涂层表面最终可能被污染，从而失去其阻黏附的抗菌作用。要想获得抗菌效果持久的涂层，还需将阻黏附涂料与杀菌型抗菌剂相结合，来实现涂层的长久抗菌。缓释型抗菌涂料由于抗菌剂大多是作为一种助剂分散在涂料中，会因为降解、迁移等原因慢慢消失或者扩散到周围环境中，抗菌效果不持久，并且可能对环境造成一定的危害，而且当抗菌剂的含量低于最低抗菌浓度时，抗菌效果就会大打折扣，从而影响了其实际应用。虽然缓释型抗菌涂料拥有很多缺点和不足，但是由于其制备简单、高效抗菌的优点仍然受到研究者们的广泛关注，未来的研究焦点放在了如何克服或者回避抗菌不持久、环境不友好等问题上。接触型抗菌涂层通过将抗菌剂接入涂层中，与细菌进行接触从而将细菌杀灭。该涂层的制备过程较直接与抗菌剂共混的缓释型抗菌涂层相比更为烦琐，但其接触型抗菌的方式很好地解决了抗菌剂缓释引起的涂层抗菌效率降低、细菌产生耐药性、对环境造成污染等问题，涂层抗菌高效、稳定且持久。因此接触型抗菌涂层受到了越来越多研究者、企业家的青睐。

单一抗菌方法存在一定的局限，难以实现材料表面长期无菌、无生物膜的理想效果，因此，将不同抗菌机理进行有机结合来制备双重或多重抗菌涂料，能够发挥各类抗菌机理的优势、弥补单一抗菌机理带来的不足，最大限度地实现涂料的长久高效抗菌，是抗菌涂料未来的研究趋势。

参考文献

[1] 郑俊超. 非缓释型抗菌光固化涂层的制备及其性能研究[D]. 无锡：江南大学，2015.
[2] 葛惠文. 光敏性抗菌 SiO_2 粒子的制备及其在涂层中的应用[D]. 无锡：江南大学，2015.
[3] 宋志军，吴红，Givskov M，et al. 细菌生物膜与抗生素耐药[J]. 自然科学进展，2003，13(10)：1015-1021.
[4] Page K，Wilson M，Parkin I P. Antimicrobial Surfaces and Their Potential in Reducing the Role of the Inanimate Environment in the Incidence of Hospital-acquired Infections[J]. Journal of Materials Chemistry，2009，19(23)：3819-3831.
[5] Freschauf L R，Mclane J，Sharma H，et al. Shrink-Induced Superhydrophobic and Antibacterial Surfaces in Consumer Plastics

[J]. Plos One, 2012, 7 (8): e40987.

[6] Devasconcellos P, Bose S, Beyenal H, et al. Antimicrobial Particulate Silver Coatings on Stainless Steel Implants for Fracture Management [J]. Materials Science and Engineering: C, 2012, 32 (5): 1112-1120.

[7] Seabra A B, Martins D, Sim Es M M, et al. Antibacterial Nitric Oxide-releasing Polyester for the Coating of Blood-contacting Artificial Materials [J]. Artificial Organs, 2010, 34 (7): E204-E214.

[8] Wynne J H, Fulmer P A, Mccluskey D M, et al. Synthesis and Development of a Multifunctional Self-decontaminating Polyurethane Coating [J]. ACS applied materials & interfaces, 2011, 3 (6): 2005-2011.

[9] Su W, Wang S, Wang X, et al. Plasma Pre-treatment and TiO_2 Coating of PMMA for the Improvement of Antibacterial Properties [J]. Surface & Coatings Technology, 2010, 205 (2): 465-469.

[10] Aumsuwan N, Heinhorst S, Urban M W. Antibacterial Surfaces on Expanded Polytetrafluoroethylene; Penicillin Attachment [J]. Biomacromolecules, 2007, 8 (2): 713-718.

[11] Wang Q, Uzunoglu E, Wu Y, et al. Self-assembled Poly (ethylene glycol) -*co*-acrylic Acid Microgels to Inhibit Bacterial Colonization of Synthetic Surfaces [J]. ACS Applied Materials & Interfaces, 2012, 4 (5): 2498-2506.

[12] Li Z, Lee D, Sheng X, et al. Two-level Antibacterial Coating with Both Release-killing and Contact-killing Capabilities [J]. Langmuir, 2006, 22 (24): 9820-3.

[13] Sambhy V, Macbride M M, Peterson B R, et al. Silver Bromide Nanoparticle/Polymer Composites: Dual Action Tunable Antimicrobial Materials [J]. Journal of the American Chemical Society, 2006, 128 (30): 9798-808.

[14] Eby D M, Luckarift H R, Johnson G R. Hybrid Antimicrobial Enzyme and Silver Nanoparticle Coatings for Medical Instruments [J]. ACS Applied Materials & Interfaces, 2009, 1 (7): 1553-60.

[15] Obermeier A, Schneider J, Wehner S, et al. Novel High Efficient Coatings for Anti-Microbial Surgical Sutures Using Chlorhexidine in Fatty Acid Slow-Release Carrier Systems [J]. Plos One, 2014, 9 (7): e101426.

[16] 谭才邓，朱美娟，杜淑霞，姚勇芳．抑菌试验中抑菌圈法的比较研究 [J]．食品工业，2016，37：122-125.

[17] Sadeghnejad A, Aroujalian A, Raisi A, et al. Antibacterial Nano Silver Coating on the Surface of Polyethylene Films Using Corona Discharge [J]. Surface & Coatings Technology, 2014, 245 (4): 1-8.

[18] Huo S, Jiang Y, Gupta A, et al. Fully Zwitterionic Nanoparticle Antimicrobial Agents Through Tuning of Core Size and Ligand Structure [J]. Acs Nano, 2016, 10 (9): 8732.

[19] 杨攀，何志辉．抗菌材料在建筑材料中的应用 [J]．华南预防医学，2016，42：179-182.

[20] 季君晖．抗菌纤维及织物的研究进展 [J]．纺织科学研究，2005，2：1-9．

第5章 自修复涂料

5.1 概述

涂料在使用过程中容易受到冲击而造成损伤，较为普遍的是涂料的微损伤（微裂纹），如图 5-1 所示[1,2]。这些微损伤通常是目视很难检测的，此时涂料表面可能看不出什么异常，但其强度已大大降低。微裂纹造成涂料性能下降，其完整性受到破坏，甚至导致涂料的整体破坏。将自修复技术应用于涂料领域，即产生了自修复涂料。所谓自修复涂料，即涂层遭到破坏后具有自修复功能，或者是在一定条件下具有自修复功能的涂料。近年来，涂料技术与材料科学的发展紧密相联，各种功能涂料随着材料科学的持续进步不断涌现[3,4]，在这种背景下，自修复涂料的理论研究及实际应用均得到了快速发展。

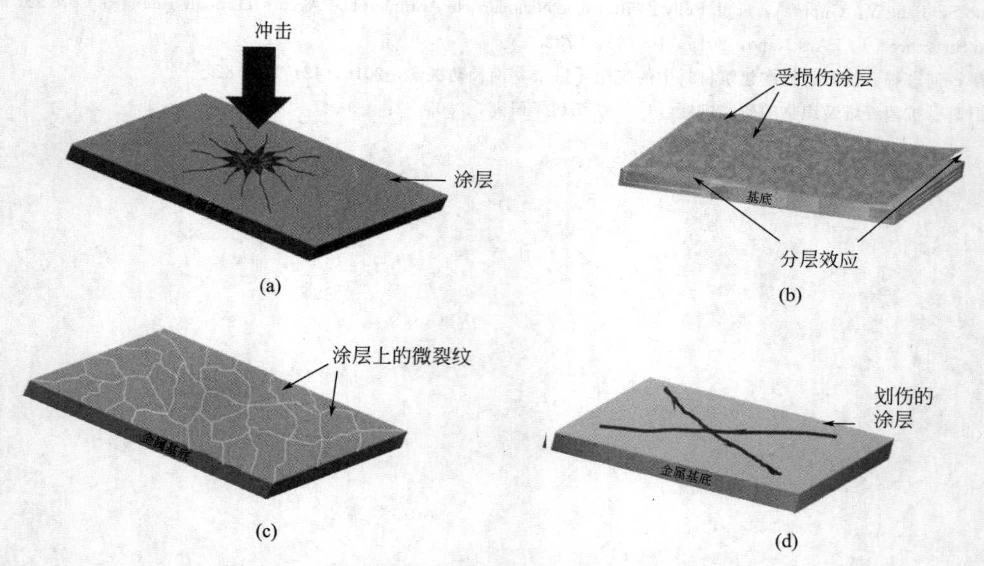

图 5-1　自修复涂料中可能存在的损伤类型示意图[2]

自修复涂料按修复类型主要可分为外援型自修复涂料和本征型自修复涂料[5]。外援型自修复涂料是指在涂料中通过引入外加组分，如含有修复剂体系的微胶囊、碳纳米管、微脉管、玻璃纤维或纳米粒子等实现自修复功能。该方法需将各种修复剂体系预先包埋，然后添加到基体中，涂料受损时，在外界刺激（力、pH 值、温度等）作用下导致损伤区域的修复剂释放，从而实现涂料的自我修复。本征型自修复不需外加修复体系，而是通过涂料本身含有的特殊化学键或其他物理化学性质，如可逆共价键、非共价键、分子扩散等实现自修复功能。该方法不依赖修复剂，省去了预先修复剂包埋技术等复杂步骤，且对涂料综合性能影响小，但对涂料基体分子的结构设计是该方法面临的最大挑战，目前已成为研究重点。

5.2 外援型自修复涂料

5.2.1 微胶囊自修复涂料

基于微胶囊技术的自修复涂料是目前发展最成熟，研究和应用最多的一种外援型自修复涂料。自2010年起，微胶囊填充型自修复涂料逐渐成为研究热点，在混凝土涂料、黏结涂料、装饰性涂料、路面涂料等领域的生产与应用中起到重要作用。微胶囊自修复技术将自修复微胶囊埋植于基体中，在基体产生裂纹后，埋植于其内部的微胶囊受外力作用破裂，释放出芯材，在虹吸作用下芯材充满裂纹处并发生化学反应，完成自修复过程[6]。

2001年，Nature杂志首次报道了基于微胶囊技术的自修复聚合物材料，其自修复原理如图5-2所示[7]。该方法主要以脲醛树脂为壁材，双环戊二烯（DCPD）为修复剂，通过原位聚合法制备微胶囊，再将其和Grubbs催化剂一起分散在环氧树脂中。当材料产生裂纹时，微胶囊破裂，释放的修复剂在Grubbs催化剂的作用下发生交联反应，在材料裂纹处完成自修复。根据修复剂的不同，目前常见的微胶囊填充型自修复体系有双环戊二烯-Grubbs固化剂体系、环氧树脂固化剂体系、干性油固化剂体系、异氰酸酯体系及其他体系。

5.2.1.1 Grubbs催化剂-双环戊二烯体系

双环戊二烯（DCPD）是自修复涂料中最早使用的修复剂，DCPD具有价格低廉、易于胶囊化、与Grubbs催化剂反应速率快、自修复效率高等优点，以DCPD为修复剂的微胶囊型自修复涂料一直是研究热点。包覆DCPD微胶囊的添加会显著影响材料的性能，微胶囊的加入使材料断裂面形貌由平整的塑性断裂转变为阶梯状的韧性断裂[8~10]。此外，微胶囊的粒径、添加量对材料自修复性能也有一定影响，小尺寸微胶囊的添加会在一定程度上降低材料的自修复效率。对于该自修复体系，微胶囊的最佳直径为180μm左右。Grubbs催化剂的质量分数会影响DCPD开环聚合的反应效率，开环聚合的反应原理如图5-3所示[11,12]。相关研究已经表明：催化剂的质量分数为5%时，DCPD的开环聚合反应效率最高。DCPD聚合反应后会有一定程度的收缩，从而降低材料自修复后的力学性能。此外，Grubbs催化剂易失活且比较昂贵，其在温度达到120℃时会发生分解，在一定程度上限制了它在自修复领域的应用。

为解决Grubbs催化剂的上述缺陷，开始尝试利用石蜡包裹Grubbs催化剂以克服其易失活的问题[13]。将石蜡包裹的Grubbs催化剂与装有DCPD单体的微胶囊埋植在材料中，石蜡的存在能够降低环氧树脂固化剂对催化剂的影响，同时提高催化剂在基体内的分散性，提高自修复效率的同时，还可降低催化剂的用量（质量分数从2.5%降到0.25%）。当催化剂质量分数为0.25%时，材料的自修复效率可高达75%。为降低该自修复体系的成本，可采用六氯化钨催化剂来替代Grubbs催化剂，但该体系的修复效率仅为20%，远低于Grubbs催化剂自修复体系[14]。

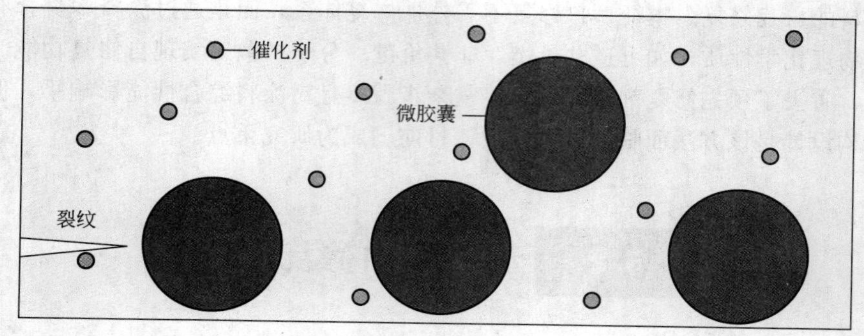

(a) 材料产生裂纹

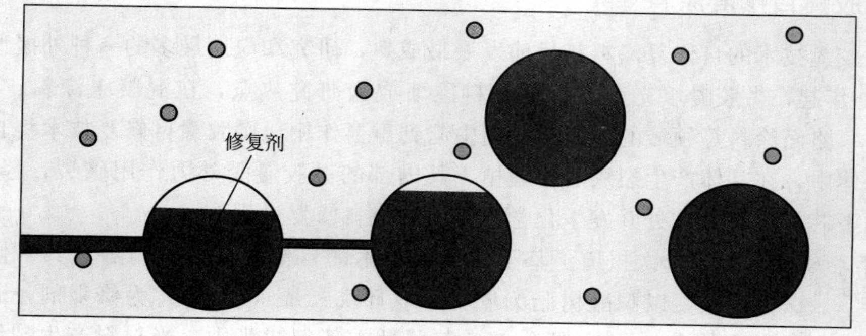

(b) 修复剂释放

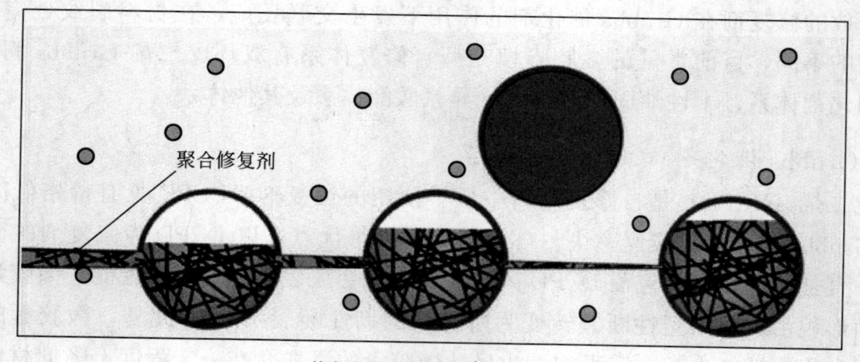

(c) 修复剂交联反应-修复材料裂纹

图 5-2 微胶囊自修复示意图[7]

图 5-3 双环戊二烯（DCPD）与 Grubbs 催化剂反应原理

5.2.1.2 干性油体系

从天然资源中提取的各种脂肪油被称为干性油，如亚麻籽油、紫苏油、桐油，这些脂肪油暴露于氧气时具有独特的成膜性。干性油快速聚合、成膜性、防水性、弹性和耐碱性等方面的优点，使其被广泛用于制备自修复涂料。亚麻油经常被作为修复剂用于替代 DCPD，将亚麻油封装在脲醛树脂壳层中制成微胶囊，添加在环氧树脂中，便可制备无催化剂的自修复涂料[15]。脲醛树脂壳由尿素与甲醛先通过碱性羟甲基化反应，再进行酸性缩合，反应原理如图 5-4 所示。制备封装亚麻油的纳米微胶囊，添加在环氧树脂中能有效地改善涂料的自修复性能、附着力和耐腐蚀性，适用于涂料的短期防腐保护[16]。此外，利用原位聚合也能制备出含有亚麻油的脲醛树脂微胶囊，亚麻油含量可达 82%，当合成温度较高时，微胶囊壳的强度和表面粗糙度较高，使其能在树脂中均匀分散且完好无损，展现出良好的自修复能力，微胶囊的粒径分布和负载量是影响自修复涂料性能的关键因素[17]。通过研究不同粒径含亚麻油的脲醛树脂微胶囊自修复体系，可确定最佳的芯壳比，从而获得最大的含油量和合适的壳强度。随着反应器中搅拌速率的增加，所制备的微胶囊粒径会减小，随着微胶囊粒径和负载量的增大，涂料的自修复性能和防腐性会提高，当微胶囊负载量为 5%（质量分数）时，自修复涂料的综合性能最优[18]。此外，利用自组装法可制备含亚麻油的氧化石墨烯微胶囊，然后将其加入水性聚氨酯基体中，然后浸涂在镀锌钢板表面，制备得到自修复涂层，氧化石墨烯的加入提高了涂层的力学性能和防腐性能，如图 5-5 所示[19]。

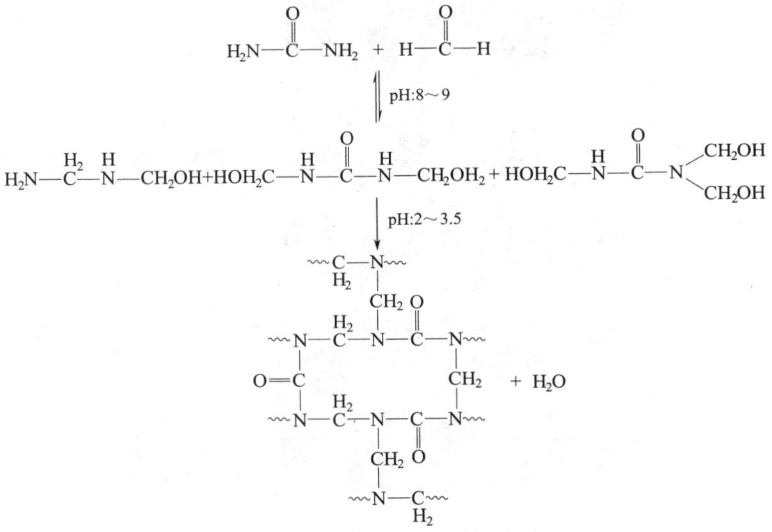

$$H_2N-C(=O)-NH_2 + H-C(=O)-H$$

$$\rightleftharpoons \quad pH:8\sim9$$

$$H_2N-\overset{H_2}{C}-\overset{H}{N}-CH_2OH + HOH_2C-\overset{H}{N}-C(=O)-\overset{H}{N}-CH_2OH_2 + HOH_2C-\overset{H}{N}-C(=O)-N(CH_2OH)_2$$

$$\downarrow \quad pH:2\sim3.5$$

$$\text{脲醛树脂（交联网络）} + H_2O$$

脲醛树脂

图 5-4　脲醛树脂微胶囊的合成原理[15]

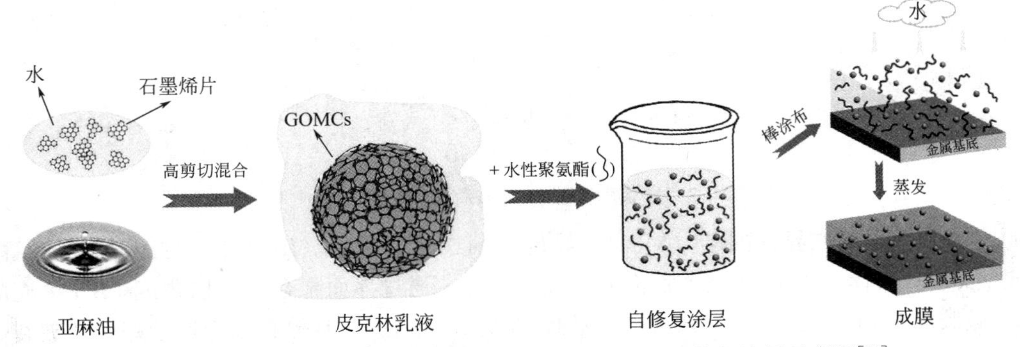

图 5-5　基于含亚麻油的氧化石墨烯微胶囊制备水性自修复涂层示意图[19]

桐油作为另外一种干性油，也常常被用于制备自修复涂料。利用原位水包油聚合可以将桐油封装在脲醛树脂中，制备表面粗糙的微胶囊，添加到环氧树脂体系中便可制备出自修复涂料[20]。采用原位聚合法可制备出以桐油为芯材，脲醛树脂为壁材的微胶囊。将微胶囊埋植入环氧树脂中，在金属基材上可制备出自修复涂料，用于金属防腐。当微胶囊芯壁比为2∶1，用量占涂料总量的10%时，涂料的耐腐蚀性能最好，自修复性能最优[21]。此外，采用溶剂挥发法和原位聚合法可制备出含桐油的聚砜微胶囊[22,23]，平均直径分别为130μm、105μm，微胶囊的致密外壳起到了隔绝桐油与空气反应的作用，并具有良好的热性能。加入环氧树脂中，可制备出具有良好防腐性能及修复性能的自修复和自润滑双重功能涂料。

5.2.1.3 异氰酸酯体系

异氰酸酯是对水较为敏感的活性基团，在潮湿环境下可作为修复剂应用于自修复涂料[24]，其自修复原理和反应式如图5-6和图5-7所示。常见的异氰酸酯类修复剂包括甲苯二异氰酸酯

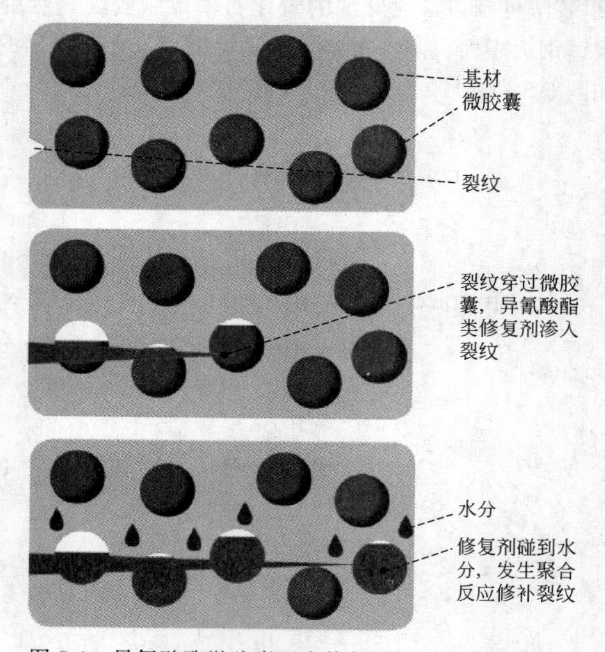

图5-6 异氰酸酯微胶囊型自修复材料的修复机理[24]

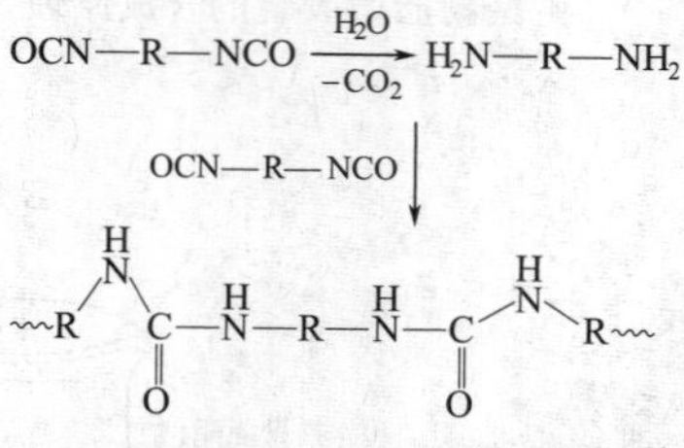

$$\mathrm{OCN{-}R{-}NCO} \xrightarrow[-\mathrm{CO_2}]{\mathrm{H_2O}} \mathrm{H_2N{-}R{-}NH_2}$$

$$\downarrow \ \mathrm{OCN{-}R{-}NCO}$$

$$\sim\mathrm{R{-}NH{-}C(=O){-}NH{-}R{-}NH{-}C(=O){-}NH{-}R}\sim$$

图5-7 异氰酸酯类修复剂的潮固化反应式[24]

(TDI)、二苯基甲烷二异氰酸酯（MDI)、异佛尔酮二异氰酸酯（IPDI)、六亚甲基二异氰酸酯(HDI）及其三聚体。以TDI预聚物作为微胶囊外壳，通过界面聚合法可以合成IPDI填充的微胶囊，微胶囊平均粒径为40～400μm，平均壁厚为2～17μm，且储存稳定性较好。从破裂微胶囊中释放出的异氰酸酯与水反应，48h后就可固化成膜[25]。制备包覆有IPDI的聚脲/脲醛(PU/PUF）双壳层微胶囊，可使其形貌更加规整，力学性能更好。将这种微胶囊（PU/PUF-

IPDI）包埋在环氧树脂中制备的自修复涂料，在水中浸泡48h后，涂层表面划痕就可消失[26]。含IPDI的微胶囊还可用于制备自修复醇酸清漆，可在Q235钢表面实现自修复[27]。利用电化学阻抗谱（EIS）技术可以分析自修复过程的不同阶段（预修复过程、自修复过程、水渗入裂缝、涂层腐蚀）以及不同金属基材对自修复过程时间的影响及规律[28]。IPDI-醇酸自修复清漆可通过IPDI遇水固化成膜修补裂纹来保护涂层，进而提高Q235钢表面的耐腐蚀性能。

HDI是一种脂肪族多异氰酸酯，其反应活性比IPDI略高。采用界面聚合的方法，也可包封HDI的微胶囊，过程与上述IPDI体系类似。利用油相中活性较高的二苯基甲烷二异氰酸酯（MDI）预聚体通过1,4-丁二醇（BDO）扩链，形成聚氨酯（PU）壳层，包封HDI可制备出微胶囊。添加10%这种微胶囊到环氧树脂中，制成自修复涂料涂在金属基材上，在10%NaCl水溶液中浸泡48h，进行耐腐蚀测试，并与未添加微胶囊的涂料进行对比。结果发现：HDI微胶囊的加入可以及时修补涂层裂纹，保护基材不被腐蚀[29]。通过电化学阻抗谱技术分析浸泡在10%NaCl水溶液中涂层的自修复过程，发现涂层电阻随浸泡时间有增长的趋势，电阻的增加可侧面反映自修复行为的进行[30]。

在合成具有自修复功能的异氰酸酯微胶囊的方法中，Pickering乳液模板法简便易行，在近年来被广泛应用。Pickering乳液模板法主要通过粒子在油水两相界面进行自组装，进而利用原位聚合或界面聚合制备出具有核-壳结构的微胶囊。利用木质素在不同pH下具有不同溶解度这一特点，可以制备出木质素纳米粒子。木质素粒子在水中乳化，包裹修复剂IPDI/MDI形成Pickering乳液，通过三聚氰胺与甲醛的原位和界面反应可制备出多层复合微胶囊，用于自修复环氧涂料。该类型自修复涂料在盐水浸泡腐蚀加速试验中展现了良好的修复性能及防腐性能，如图5-8所示[31]。除了木质素，用SiO_2纳米粒子稳定Pickering乳液，也可制备环氧微胶囊和

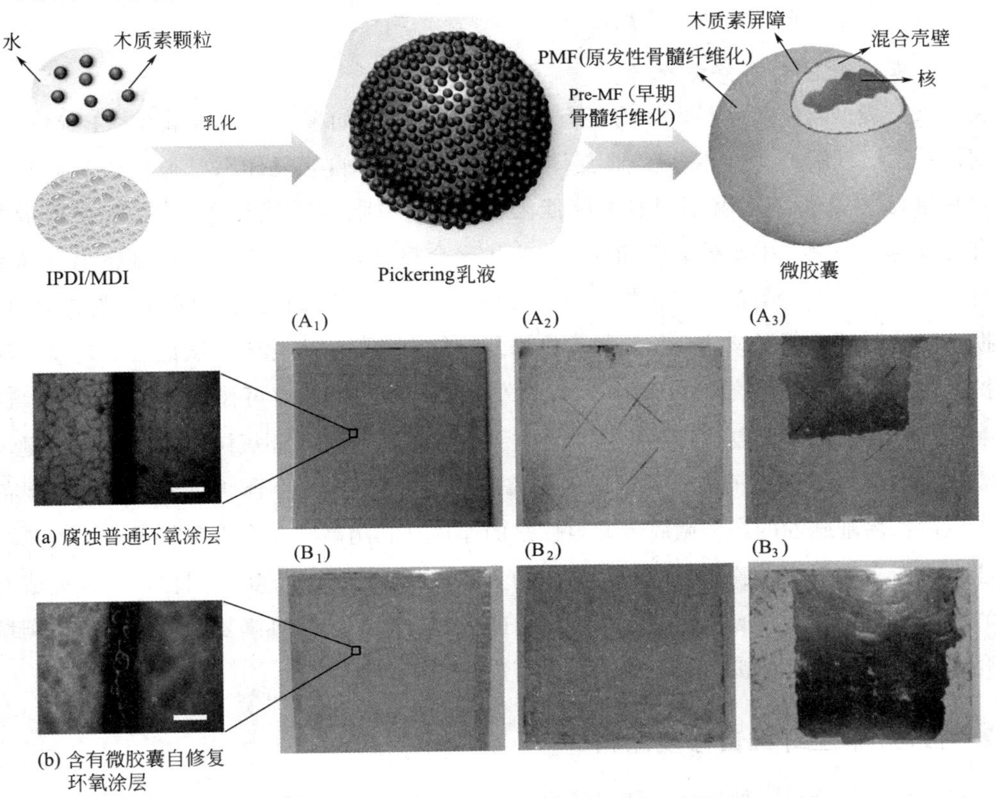

图5-8 微胶囊制备流程示意图及盐水浸泡腐蚀加速试验数据图（基材为钢板，在盐水中浸没120h）[31]

PMF—三聚氰胺甲醛聚合物；Pre-MF—三聚氰胺甲醛预聚物

胺微胶囊，进而制备出双核自修复环氧涂料[32]。这种微胶囊具有优异的耐热性，能保护聚氨酯壳。将涂料涂覆在钢板上，通过盐水加速腐蚀实验表明：这种环氧-胺双核自修复涂料表现出了良好的自修复和耐腐蚀性能。

5.2.1.4 环氧树脂/固化剂体系

环氧树脂具有耐化性好、附着力强、绝缘性优、耐磨性强、力学强度高等优点，在涂料、绝缘、防火、防腐和防辐射等领域有着广泛的应用，已逐渐取代 DCPD 成为常用的修复剂[33]。环氧树脂型微胶囊与基体材料有更好的渗透性和相容性，且固化剂可选择的种类较多，因而在自修复涂料中研究较多。利用原位聚合法可较为容易地制备出以环氧树脂为芯材的脲醛树脂微胶囊，制备工艺对微胶囊的形貌、粒径、贮存稳定性、热稳定性及结构成分等性质有影响[34,35]。有学者开发了以环氧树脂为修复剂的微胶囊-固化剂自修复涂料[36]，当填充 30%（质量分数）的微胶囊和 2%（质量分数）的固化剂时，涂料的自修复效率可达 68%。该体系中的聚酰胺固化剂在自修复涂料中能够稳定贮存 60 天以上，稳定性好。类似的，环氧树脂/聚硫醇微胶囊二元自修复体系被开发出来[37]，以硫醇等为固化剂，环氧树脂为修复剂的微胶囊的加入不会影响材料的初始力学性能，添加少量的微胶囊就可实现自修复。目前，环氧树脂微胶囊自修复涂料的研究主要集中在微胶囊的制备及自修复性能，对于自修复机理研究不多。由于体系自身的特点，往往需要二元及以上的修复体系才能较好地实现自修复，这在一定程度上会牺牲涂料的其他性能。因此，如何在保持涂料自修复性能的基础上，尽可能地提升其力学性能，将成为该自修复体系的研究热点之一。

5.2.1.5 其他微胶囊自修复体系

关于微胶囊型自修复涂料，目前还有一些其他体系，如聚二甲基硅氧烷（PDMS）/锡基催化剂体系、极性溶剂-环氧树脂自修复体系等。PDMS 基自修复体系已被报道，基体采用的是乙烯基树脂[38]。将丁基锡-甘油桂酸酯催化剂用脲醛树脂包覆形成微胶囊预埋在树脂中，采用具有羟基封端的聚二甲基硅氧烷和硅烷化衍生聚合物作为修复黏合剂，可制备出自修复乙烯基材料。在此基础上，制备了聚合物自修复涂料，在具有防腐蚀的功能同时兼具自修复功能。通过损伤腐蚀测试证明了该聚合物涂料的自修复功能，并通过电化学测试证明了自修复涂料具有保护基体材料免于环境腐蚀的作用[39]。此外，氯苯和二甲苯也可作为微胶囊芯材，这两种极性溶剂自修复体系的修复机理为该溶液渗透到裂纹处后与基体环氧树脂之间形成氢键，同时使环氧树脂继续固化，从而实现了材料的自修复[40]。采用原位聚合“两步法”也可制备出脲醛树脂包覆乙烯基硅油的新型微胶囊，自修复的原理是利用高沸点有机硅分子链上乙烯基的反应活性，添加光敏剂，微胶囊破裂后，溢出的囊芯材料在紫外光下实现固化，从而完成有机硅涂料的自修复。随着微胶囊填充型自修复涂料的快速发展，该类自修复涂料已在防腐领域被广泛研究，其在混凝土、粘接、军事等领域具有广阔应用前景。

5.2.2 液芯/中空纤维自修复涂料

微胶囊自修复涂料的种种优点使得该自修复体系得到较快发展，但是微胶囊自修复涂料也存在一定的缺点：由于包覆有修复剂的微胶囊与主体树脂或涂料为非均相体系，当加入微胶囊用量较少时，无法达到修复效果；但当微胶囊用量较大时，对自修复涂料的其他性能会有影响。因此，液芯/中空纤维自修复涂料开始受到关注。

液芯/中空纤维自修复体系的修复机理是将中空纤维埋植在基体材料中，中空纤维内装有修复剂流体，材料被破坏时通过释放中空纤维内的修复剂流体来粘接裂纹处，实现损伤区域自修复。中空纤维的直径一般在 40～200μm，在基体中排列方式可垂直交叉、平行或呈一定角度。以平行排列的中空纤维为例，依据纤维内部修复剂类型又可分为如图 5-9 所示的几种类型。图 5-9（a）中中空纤维内装有单组分修复剂，该组分可在空气等作用下不需固化剂便可实现自修复；图 5-9（b）中修复剂及固化剂分别注入不同中空纤维内，自修复过程需要修复剂与固化剂反应才能实现；图 5-9（c）中修复剂注入中空纤维内，固化剂以微胶囊形式分散在基体材料中，同样也需要两者反应后实现自修复。

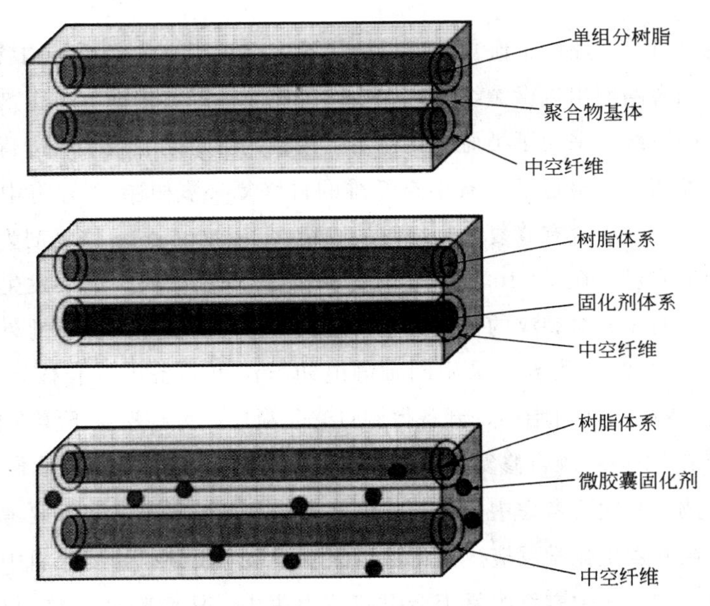

图 5-9　液芯/中空纤维自修复示意图

液芯/中空纤维自修复体系最早应用于纤维增强混凝土材料中，随后扩展到高分子材料领域[41]。在聚合物复合材料的成型过程中，把装有单组分氰基丙烯酸酯或双组分环氧树脂黏合剂的中空玻璃纤维埋植在复合材料基体内部，最终实现材料的自我修复[42]。可通过添加丙酮对修复剂进行稀释，借助真空技术将修复剂填充到较细（外径 15μm、内径 5μm）的中空玻璃纤维中，此类中空纤维的加入没有明显降低复合材料的冲击性能，但是其修复效率较低，仅为 10%左右[43]。有学者采用仿生学的方法，制备出一种含有未固化环氧树脂和固化剂的中空纤维，将这种中空纤维植埋于环氧树脂中（如图 5-10 所示），对添加中空纤维后树脂的机械强度进行了研究。修复剂中混合着紫外荧光材料，可清晰地检测到修复剂的释放和渗透。结果表明：当涂层发生破坏后，经包覆有修复剂的中空纤维实现自我修复后，可保持材料初始抗弯强度恢复 97%[44]。

有发明专利报道了一种具有多次自修复功能的沥青路面，其制备过程主要是在厚度为

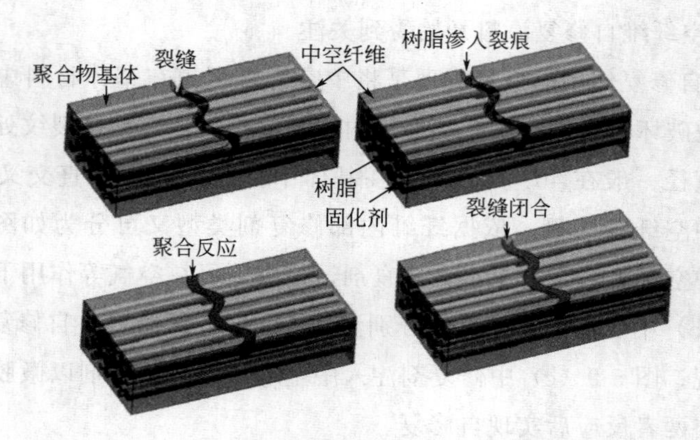

图 5-10 液芯/中空纤维自修复机制示意图[44]

3～20cm 的沥青混合料层内埋植了血管分支结构状的中空纤维，中空纤维内含沥青再生剂[45]。具有自修复功能的沥青路面出现微裂纹时，中空纤维破裂，释放出沥青再生剂，再生剂对微裂纹进行自我修复。中空纤维采用了类血管支化仿生构型，可对同一微裂纹进行多次修复，提高了修复效率。也有发明专利报道了含有中空纤维的自修复环氧树脂[46]，将中空纤维与环氧树脂共混在一起，中空纤维中含有修复剂。纤维的直径在 1～2000μm，修复剂为双环戊二烯，中空纤维和环氧树脂的质量比在 1∶100～1∶90。当材料出现裂纹时，纤维发生断裂，释放出修复剂双环戊二烯，从而完成对裂纹的自我修复，延长了材料的使用寿命。此外，以液态环氧树脂或固化剂为芯材，PS 溶液为壳，采用同轴静电纺丝法可制备出具有核壳结构的聚苯乙烯(PS) 纤维。将其嵌入丙烯酸树脂中，制备得到自修复涂层，可在室温下实现自我修复[47]。

总体来说，液芯/中空纤维自修复体系的影响因素较多，首先要考虑纤维的尺寸，如直径、壁厚、中空度等参数；其次要考虑中空纤维的浓度和修复剂的黏度；还需要考虑的是修复剂是否可以流入损伤区域并发生化学反应。要将该自修复体系应用到自修复涂料中，要考虑其对涂料其他性能的影响，如引入中空纤维是否会引起应力集中，从而降低涂料的相关性能。因此，液芯/中空纤维自修复体系还有很多影响因素需要进行系统深入的研究。

5.2.3 微脉管自修复涂料

一般来说，微胶囊自修复和液芯/中空纤维自修复只能进行单次自我修复。为解决这一问题，研究者开发了微脉管自修复体系[48～50]，实现了材料的多次自我修复。微脉管自修复体系是在复合材料中预埋含有修复剂，修复剂通过具有三维网状结构的微脉管可以实现持续补给，从而实现对同一损伤部位的多次自我修复，如图 5-11 所示。相比微胶囊型和中空纤维型自修复体系，微脉管型自修复体系有一些优点，如微脉管三维网状结构能够使材料本身增韧，修复剂可以持续补充以实现同一损伤位置的多次修复等。

微脉管自修复最早出现在环氧树脂体系中[48]，采用直写组装印刷技术制备了直径在 200μm 左右的微脉管，在微脉管内注入了 DCPD 单体，将其埋入含有 Grubbs 催化剂的环氧树脂中，制备了自修复材料，实现了材料同一损伤区域的七次自我修复。此后，双组分微脉管网

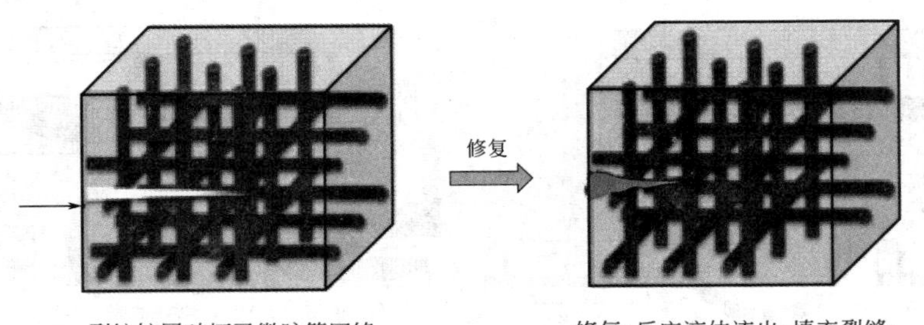

图 5-11 微脉管自修复涂料示意图[48]

络体系被开发出来[49]，如图 5-12（a）所示。将环氧树脂修复剂和胺类固化剂分别注入两组独立的微脉管中，再将该微脉管埋入环氧树脂中，所制备的自修复材料可实现同一裂纹处的 16 次自我修复，且修复效率高于 60%。在上述研究基础上，纵横交叉的微脉管网络体系被开发出来，如图 5-12（b）所示[50]。该体系可实现同一裂纹损伤区域的 30 次自修复，且 30 次自修复后，修复效率仍可达 50%。此外，将三元互穿的微脉管网络嵌入环氧树脂中，也可制备出自修复材料，如图 5-12（c）所示[51]，随着温度的升高，自修复速率更快，修复时间更短。

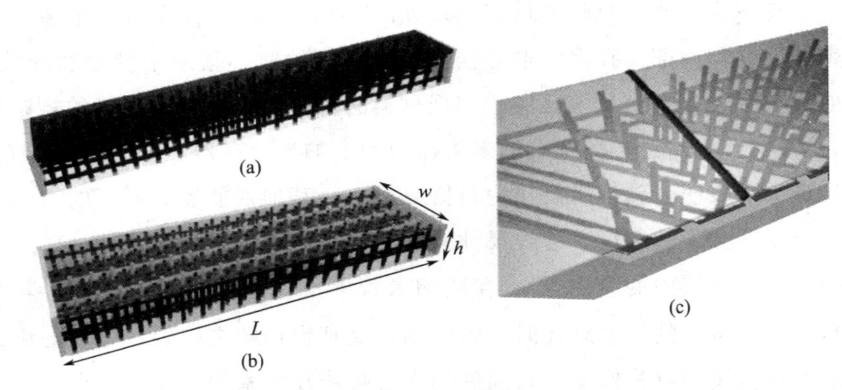

图 5-12 微脉管网络自修复材料及微脉管排列方式示意图[49]

近年来，为了应对大规模的损伤，通过在微脉管中加压传送修复剂的方法开发了环氧自修复涂层[52,53]。自修复过程同样包括触发、运输、修复三部分，如图 5-13（a）所示。但这一体系存在的问题就是不能控制修复剂额外的流出，因此他们在微脉管上添加了一个由柔性薄膜组成的体积控制元件，如图 5-13（b），从而实现涂层更为有效地修复。微脉管自修复体系可实现材料损伤的多次自我修复，从一定意义上更接近于生物体的自愈合，然而，微脉管中的三维网络结构制备过程复杂，要想达到较高的修复效率，需要降低修复剂黏度，使其容易注入和流出。此外，还要保持催化剂在基体中的反应活性，上述问题使这一自修复体系的应用受到了一定限制[54]。

5.2.4 其他外援型自修复涂料

碳纳米管被认为是理想的增强材料和分子储存器件，这是由于碳纳米管的尺寸非常小，

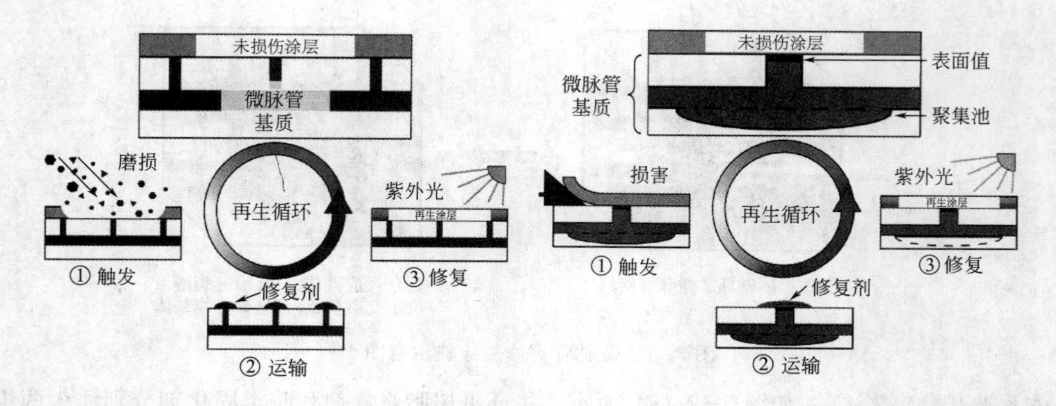

(a)涂层的再生循环过程

磨料损伤触发储存在微脉管中的液体愈合剂的释放，一部分愈合剂暴露于阳光下固化修复涂层，以此进行多个周期循环

(b) 添加柔性薄膜组成的体积控制元件后自修复涂层系统

图 5-13 环氧自修复涂层及其优化

具有一个中空管状结构，有较大的比表面积，具有较好的机械和化学性质。碳纳米管与聚合物制备复合材料已经进行了较多的研究，其作为纳米储存器用于自修复领域的研究仍处于初期阶段。碳纳米管作为自修复材料的修复机理如图 5-14 所示[55]。将埋植在基体材料内的碳纳米管充当容器，在其内部储存修复剂。当材料产生裂纹时，碳纳米管破裂释放出修复剂，吸附在裂纹处或在裂纹处发生化学反应，实现材料的自我修复。碳纳米管的自修复过程可以通过分子动力学进行模拟[55,56]。将碳纳米管作为一个纳米储存器，修复剂采用 CH_4 或者苯乙炔。模拟计算结果表明：碳纳米管作为自修复材料，其加入能提高材料的力学性能，自修复效率取决于修复剂分子的密度、裂纹尺寸及温度。有发明专利报道了一种碳纳米管自修复剂及其在抗静电粉末涂料中的应用[57]。在碳纳米管中预埋修复剂，再将碳纳米管与涂料树脂共混在一起，当涂料受到外力破坏时，碳纳米管受到损伤随之破裂，修复剂流出，在损伤处固化，完成涂料裂纹的自我修复。目前碳纳米管自修复体系的研究比较少。

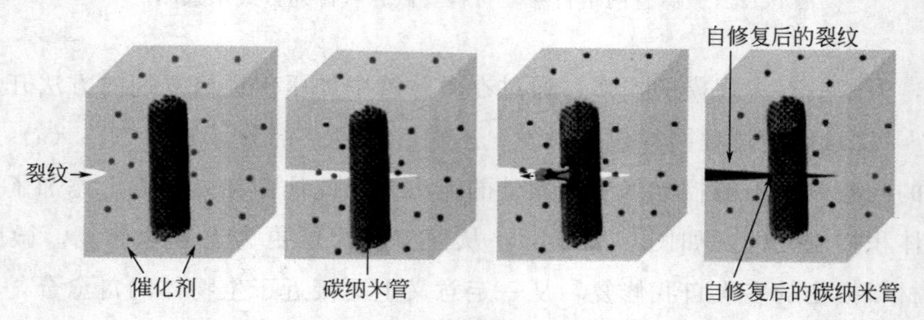

图 5-14 碳纳米管自修复体系示意图[55]

此后，随着研究的深入，可作为纳米容器的其他类型纳米管也开始被研究。有研究者开发了一种聚合物/二氧化硅混合双壁纳米管[58]，由一个多孔硅和刺激性（pH、温度、氧化还原）的高分子外层组成。作为一种新型的纳米容器系统，所制备的杂化纳米管在自修复防腐涂料中具有较好的应用前景。此外，用水热法制成 TiO_2 纳米管，再将环氧树脂预聚物封装进去，而胺类固化剂封装在平均粒径为 500nm 的介孔 SiO_2 颗粒中，加入环氧树脂中，制

备出自修复涂料[59]。当涂层受损时，纳米管会释放环氧树脂与胺类固化剂，在涂料受损处发生交联反应从而实现自修复。

5.3 本征型自修复涂料

5.3.1 基于双硫键的自修复涂料

将双硫键结构引入聚合物中可使其具有自修复性能，这主要是因为双硫键在一定的条件下具有可逆性。在较高温度或是在具有亲核性的体系中，含有双硫键的交联结构之间可以发生链交换反应，将此类聚合物作为涂料的基体树脂，可以制备出相应的自修复涂料。与此同时，在室温下，硫醇与二硫化物之间可以进行交换反应，同时，双硫键可以被还原成为硫醇，硫醇也可以再次被氧化成二硫化物，双硫键是种弱共价键，生成双硫键需要的能量较低，可以在较低温度下进行自修复[60]。

1992年，基于双硫键的自修复材料被首次报道，主要利用巯基的氧化还原反应和用水解与双硫化合物交联这两种方法合成含双硫键的聚噁唑啉水溶胶[61]。此后，研究者开始利用双硫键制备自修复涂料[62]，首先对钢板进行一系列预处理后，将其浸润在3-巯丙基三甲氧基硅烷与乙醇的混合溶液中，对钢板表面进行硅烷化处理，在110℃下热固化2h，将钢板再次浸润于聚（乙二醇）甲基丙烯酸酯（PEGMA）、双（2-甲基丙烯）乙氧基二硫（BMOD）和乙醇的混合溶液后，用紫外光照射1h，利用巯基与双键的聚合反应制备出防污自修复涂料。最后将这种涂料浸润到*N*-羟乙基丙烯酰胺（HEAA）、甲基丙烯酰氧乙基三甲基氯化铵（META）、BMOD和乙醇的混合溶液后，再次用紫外光照射1h，将季铵盐结构引入体系中，制备出了防污抗菌自修复涂料，如图5-15所示。

水性涂料所用的树脂是以水为载体合成的，具有VOC含量低、无异味、毒性低等优点，通过在聚氨酯主链中引入双硫键可以制备自修复水性涂料[63]。其制备过程为：利用聚己内酯（PCL）、异佛尔酮二异氰酸酯（IPDI）和亲水扩链剂（2,2-二羟甲基丙酸）（DMPA）在催化剂作用下进行预聚反应，生成端位含有—NCO基团的聚氨酯，再加入2-羟乙基二硫化物（HEDS）进一步扩链得到含双硫键的聚氨酯预聚体，后加入三乙胺中和，最后加水分散乳化即得到水性聚氨酯涂料，如图5-16所示。可通过改变体系中HEDS/DMPA摩尔比，调控聚氨酯水性涂料的粒径及稳定性。将涂料涂覆在基材上，涂层受到损伤时，在65℃下加热一段时间，由于聚氨酯链的形状记忆效果，划痕会逐渐靠近，同时聚合物网络中双硫键交换反应的进行，使得链段重组，从而完成自修复过程。

5.3.2 基于氢键的自修复涂料

在各种超分子相互作用中，氢键除了具有快速响应性外，还具有一定的方向性，这在一定程度上可以增强材料的力学性能。当质子受体和供体之间的距离达到一定范围时，两者之

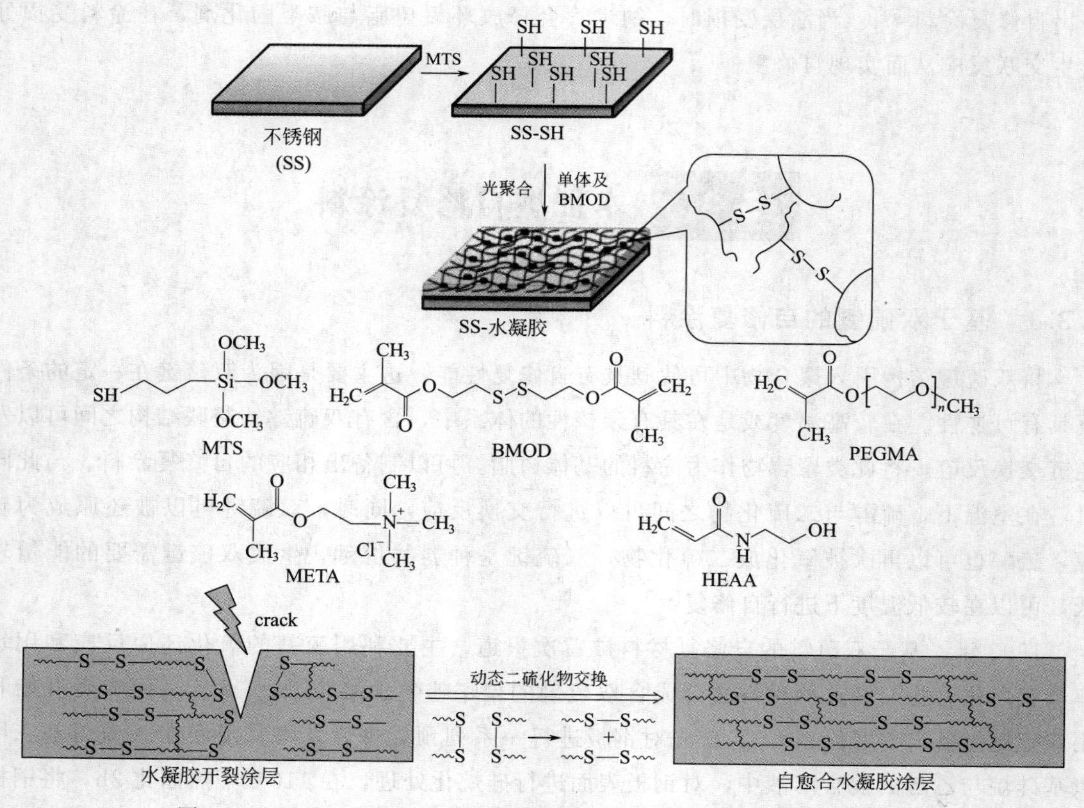

图 5-15 基于双硫键反应自修复涂料的制备及其自修复原理示意图[62]

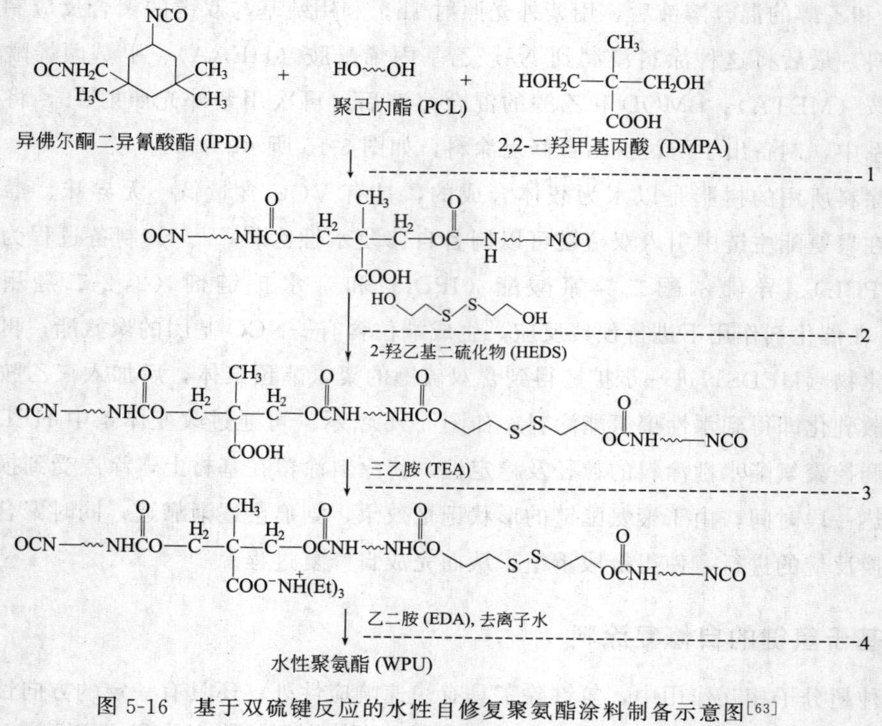

异佛尔酮二异氰酸酯 (IPDI) + 聚己内酯 (PCL) + 2,2-二羟甲基丙酸 (DMPA)

1

2-羟乙基二硫化物 (HEDS)

2

三乙胺 (TEA)

3

乙二胺 (EDA), 去离子水

4

水性聚氨酯 (WPU)

图 5-16 基于双硫键反应的水性自修复聚氨酯涂料制备示意图[63]

间便可以形成氢键。根据其强度的大小，氢键可以分为强相互作用氢键（键能一般为40kJ/mol）、一般相互作用和弱相互作用氢键（键能在20～40kJ/mol）、非常规氢键（该类氢键的受体为过渡金属）三种。氢键键能大小主要由氢键的数量和受体与供体之间的距离决定，氢键的数量越多或受体与供体之间的距离越短，两者之间的氢键作用越强[64]。根据氢键的数量可以将其分为一重、二重、三重、四重和多重氢键，具体分类如图5-17所示[65～67]。目前，基于氢键自修复的材料研究较多。

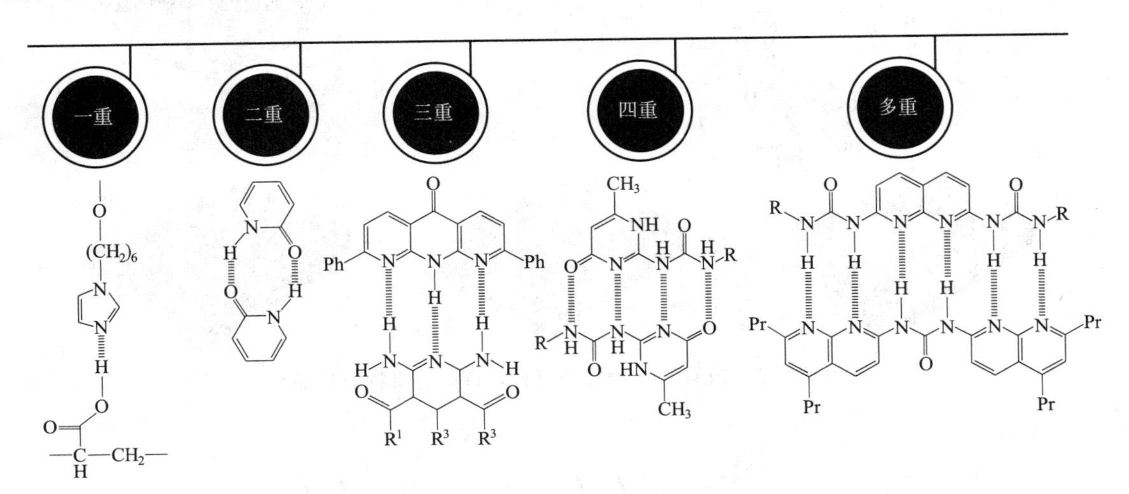

图5-17　氢键的分类及举例

鞣酸作为一种含有儿茶酚和没食子酰基的植物来源多酚，其分子结构中有许多酚羟基，这特殊的结构赋予了它特殊的物理及化学特性。鞣酸无臭，微有特殊气味，味极涩。极易溶于水、热甘油、乙醇、丙酮，不溶于苯、氯仿、乙醚、石油醚、二硫化碳、四氯化碳。鞣酸结构中的大量酚羟基之间可以形成氢键，可以利用其结构特点制备自修复涂料[68]。将鞣酸和聚乙二醇以一定的比例进行共混，将基材浸泡在共混溶液中，使鞣酸和聚乙二醇沉积到基材上，鞣酸与聚乙二醇可以通过氢键的作用形成物理交联网络，制备出一种具有较高透明性的自修复涂料。当涂料受损后，涂料在湿润的环境下能够吸水，破坏鞣酸与聚乙二醇之间的氢键作用，涂层变软而使分子链段发生移动，鞣酸与聚乙二醇之间重新形成氢键，从而完成涂料的自我修复，如图5-18所示。

近年来，光固化技术由于其独特的优势，如能耗低、固化设备占用空间小、投入资金少、挥发性有机化合物（VOC）排放量少、固化速度快、适应性广等，而备受关注。基于氢键作用去开发光固化自修复涂料，具有重要的意义[69,70]。酰脲嘧啶酮（UPy）单体可以产生强烈的四重氢键作用，将UPy单体和双键单体引入聚氨酯结构中，制备出自修复聚氨酯，并以此聚氨酯为基体树脂，通过光固化技术制备具有一定化学交联结构的光固化自修复涂料。通过加入不同种类的活性稀释剂，调控自修复涂料的硬度、光泽度、附着力等综合性能。当涂料受到损伤，升高温度可破坏涂层内部的氢键作用，使涂层内部聚合物链段具有一定的流动性，当温度冷却后，氢键重新形成，完成自修复过程，其修复机理如图5-19所示。光固化自修复涂料在金属防腐、汽车、木器等领域具有广阔的应用前景。

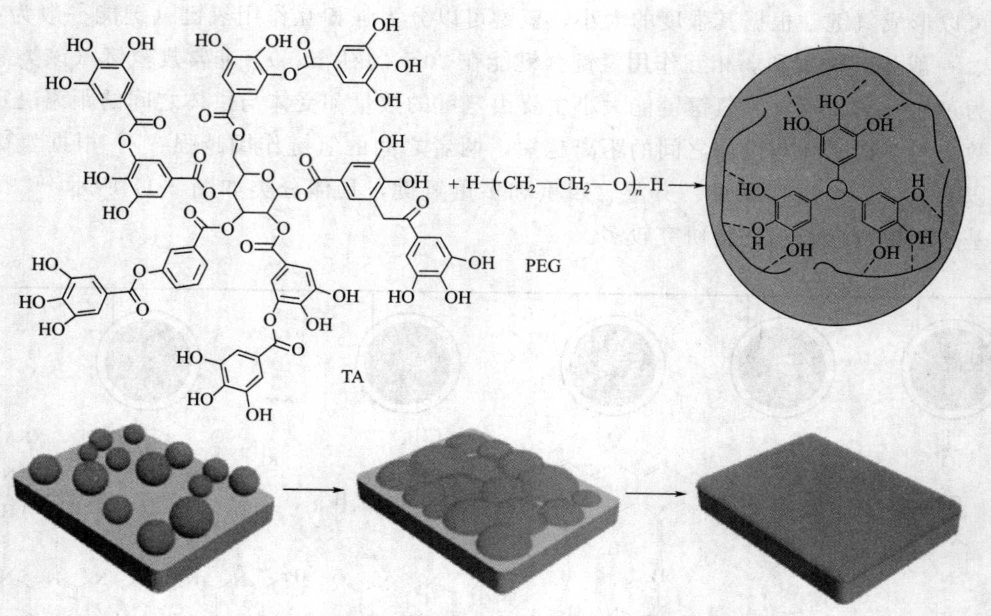

图 5-18　TA-PEG 聚合物复合材料及自修复涂料的制备[68]

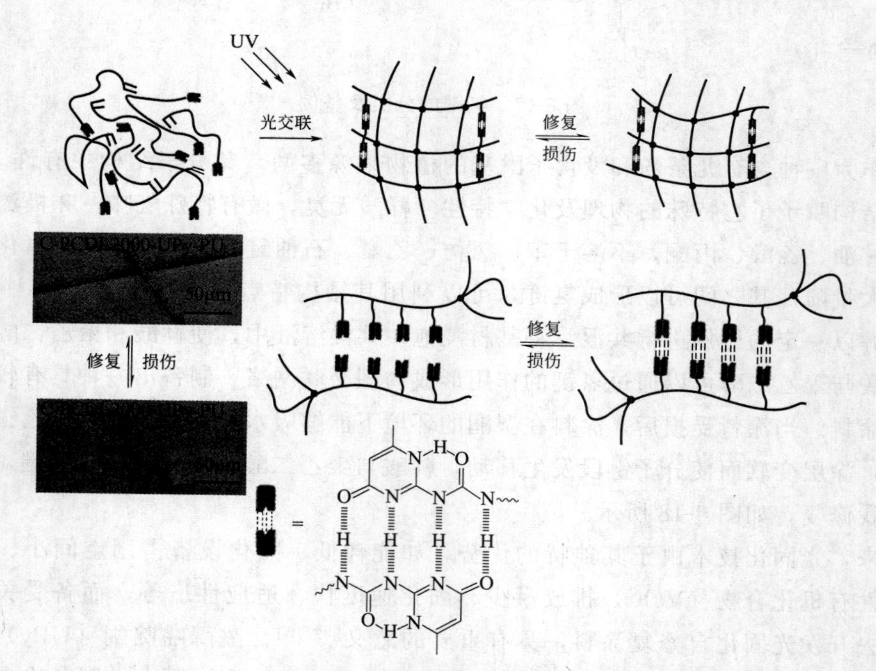

图 5-19　光固化自修复聚氨酯涂料的修复机理[69,70]

5.3.3　基于 Diels-Alder 反应的自修复涂料

Diels-Alder（D-A）反应是 1928 年由德国化学家奥托·迪尔斯和库尔特·阿尔德发现的，D-A 反应主要是通过富电子的双烯体（如环戊二烯和呋喃衍生物等）与缺电子的亲双烯体［如马来酰亚胺（MI）衍生物］等进行［4＋2］环加成反应形成稳定的六元环化合物的反应，其特点是具有优异的热可逆性，键生成和断裂的条件温和、副反应少、且无需额外添加催化剂[71]。如表5-1所示，常见的D-A反应目前大概有如下四种类型：①蒽和MI的D-A反应；②呋喃和MI的D-A反应；③二烯烃和双硫酯之间的杂原子D-A反应；④四嗪和环辛烯及其相关衍生物的D-A反应。

表5-1　常见的D-A反应[71]

反应物A	反应物B	反应条件	加成产物
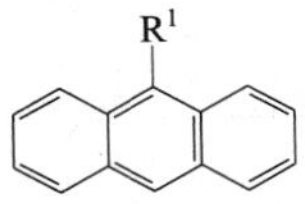 蒽衍生物	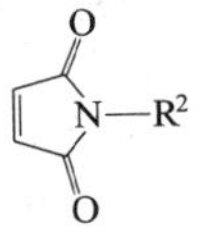 MI衍生物	无需催化剂，在甲苯中回流10h	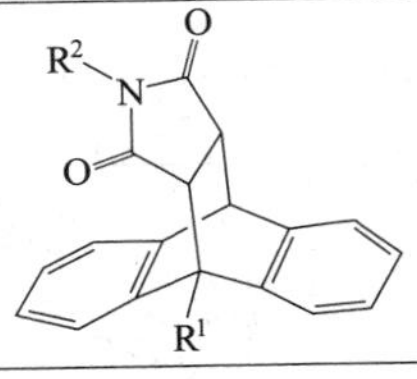
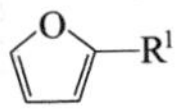 呋喃衍生物	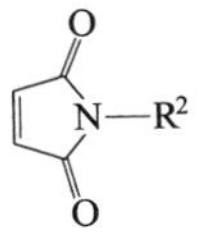 MI衍生物	无需催化剂，反应温度为100℃以下，>100℃可发生逆反应	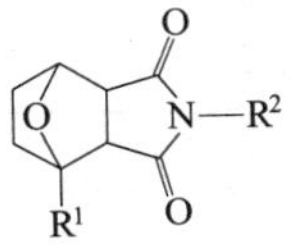
 二烯化合物	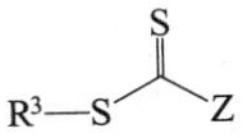 二硫酯	三氟乙酸，25℃快速反应	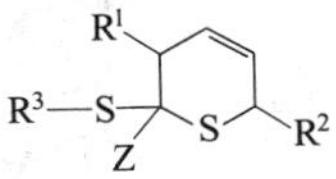
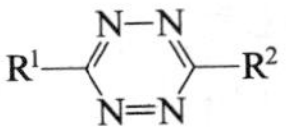 四嗪衍生物	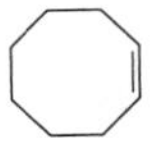 环辛烯	25℃快速反应，N_2是为唯一副产物	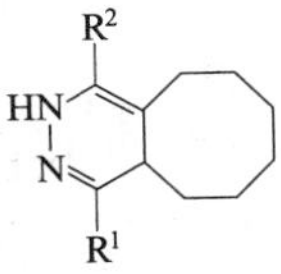

利用D-A反应制备自修复聚合物可实现多次修复，其修复原理可以简单表述为，当材料受到外力或其他作用受损后，受损的材料经过适当的热处理后，发生D-A逆反应，使得D-A化学键断裂，在较低温度下再次进行D-A反应，使得链段重组，从而使受损部位得到修复。有学者利用D-A反应合成了一种自修复环氧树脂[72]，当温度上升到120℃时，D-A键发生断裂，聚合物链段运动到材料受损处；当温度恢复到室温后，在受损处发生D-A环加成反应，形成新的交联结构，使环氧树脂完成自我修复。利用二烯（如丁二烯、环己二烯、戊二烯、四氢呋喃或其衍生物）和亲二烯体（如马来酸酐、马来酰胺、共轭羰基等）之间的D-A反应，可合成多种自修复聚合物[73]。将其与乙烯基酯树脂、环氧树脂、丙烯酸或醇酸树脂等进行共混，涂覆在基材上可制备出自修复涂料。受损涂料放置在100℃的热板上5min，当温度降低后，涂层的损伤可实现较好的自我修复。此外，利用聚倍半硅氧烷有机-无机杂化材料可制备出基于D-A反应的自修复涂料[74,75]。首先合成一种阶梯形结构的聚倍半硅氧烷，通过在侧链上引入二烯和亲双烯体，赋予聚合物自修复性能，如图5-20所示。此后，进一步在聚合物网络中引入丙烯酸或环氧基团，制备一系列基于D-A反应的高硬度光固化自修复涂料。由于交联密度较高，涂层的力学性能明显提高，硬度可达6H，弹性模量超过9GPa，同时，其具备优异的热稳定性及光学透过性。但其自修复仅可在涂层划痕深度小于10μm时才能实现，这主要是由于硬质涂层的厚度远低于同类膜材料，降低了分子链的相互作用，进而影响了其自修复效率。

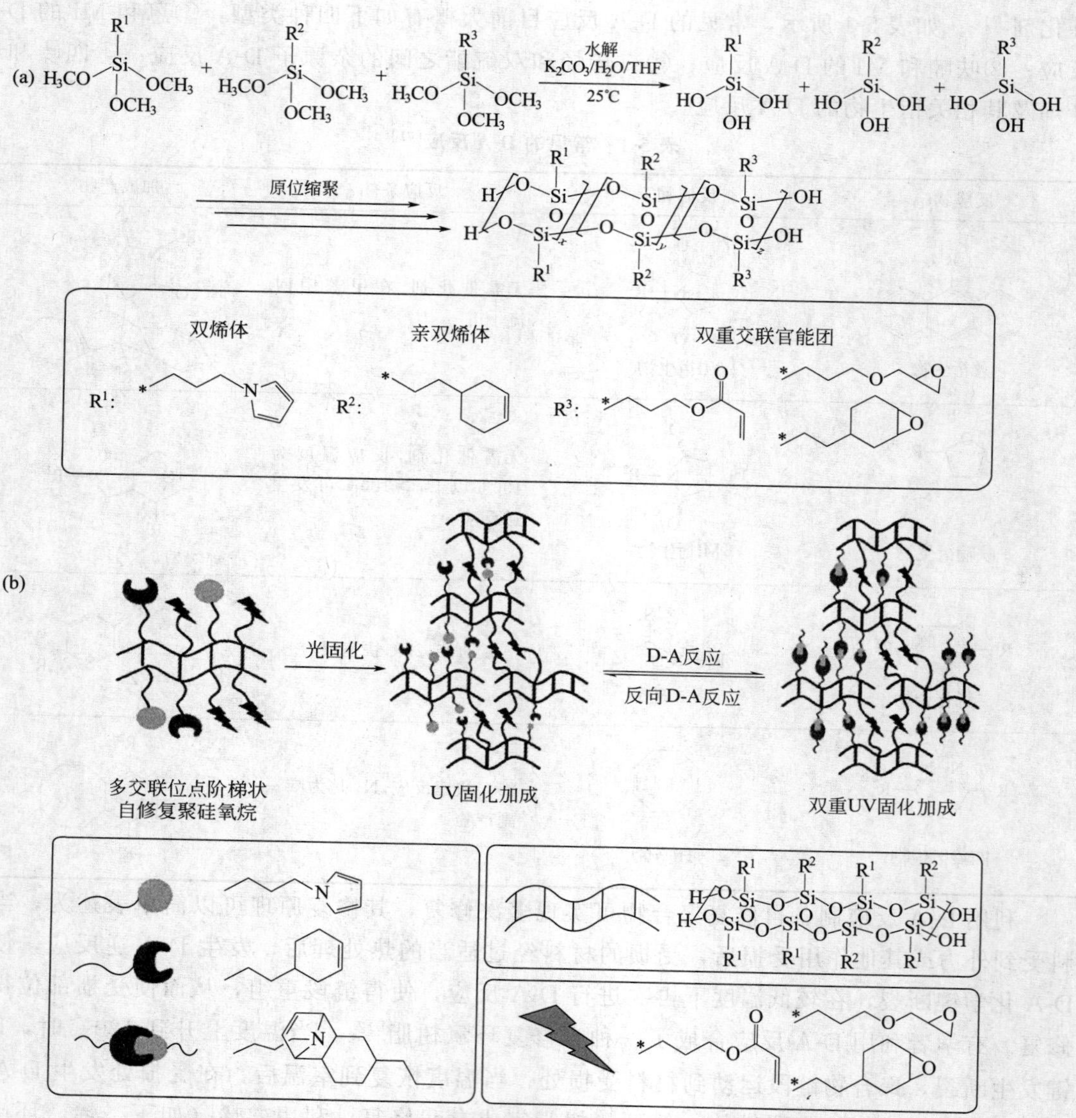

图 5-20　基于 D-A 反应的高硬度光固化自修复涂料制备示意图[75]

5.3.4　基于光致环加成反应的自修复涂料

在光的引发下具有可逆性的环加成反应（如［2＋2］、［4＋4］、［4＋2］环加成反应）被广泛应用在本征型自修复涂料的相关研究中。可发生环加成反应的基团主要包括肉桂酰基、香豆素和蒽等，反应原理如图 5-21 所示[76]。该类分子结构的总体设计在于这些特征基团可以通过上述某种环加成反应形成二聚体，使基体聚合物的链段产生交联结构；当裂纹扩散到聚合物网络中时，连接二聚体的可逆化学键的键能比其他共价键的键能低，会优先发生断裂，释放出大量可发生环加成的反应基团，在光照或加热等刺激的情况下，这些基团重新形成二聚体，使基体聚合物的结构再次交联，完成自修复过程。

香豆素可发生光二聚反应，经二聚后，产物的熔点为 262℃，远远高于香豆素本身。香豆素光照后形成的二聚体结构和光照条件（剂量、溶剂以及香豆素的浓度）有关。研究者用

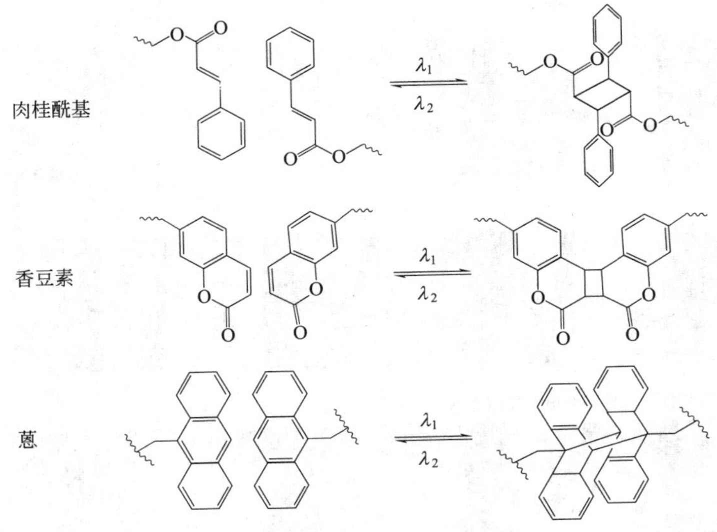

肉桂酰基

λ_1 λ_2

香豆素

λ_1 λ_2

蒽

λ_1 λ_2

图 5-21　不同基团光致环加成反应的示意图[76]

含香豆素结构的二元醇为扩链剂，制备出了一种自修复聚氨酯涂料，如图 5-22 所示[77]。在紫外光照射下，香豆素基团可发生［2+2］环加成反应，形成交联结构。将涂料产生划痕以后，将其置于 254nm 紫外光下曝光 1h，使交联的香豆素二聚体发生裂解，聚氨酯链段的流

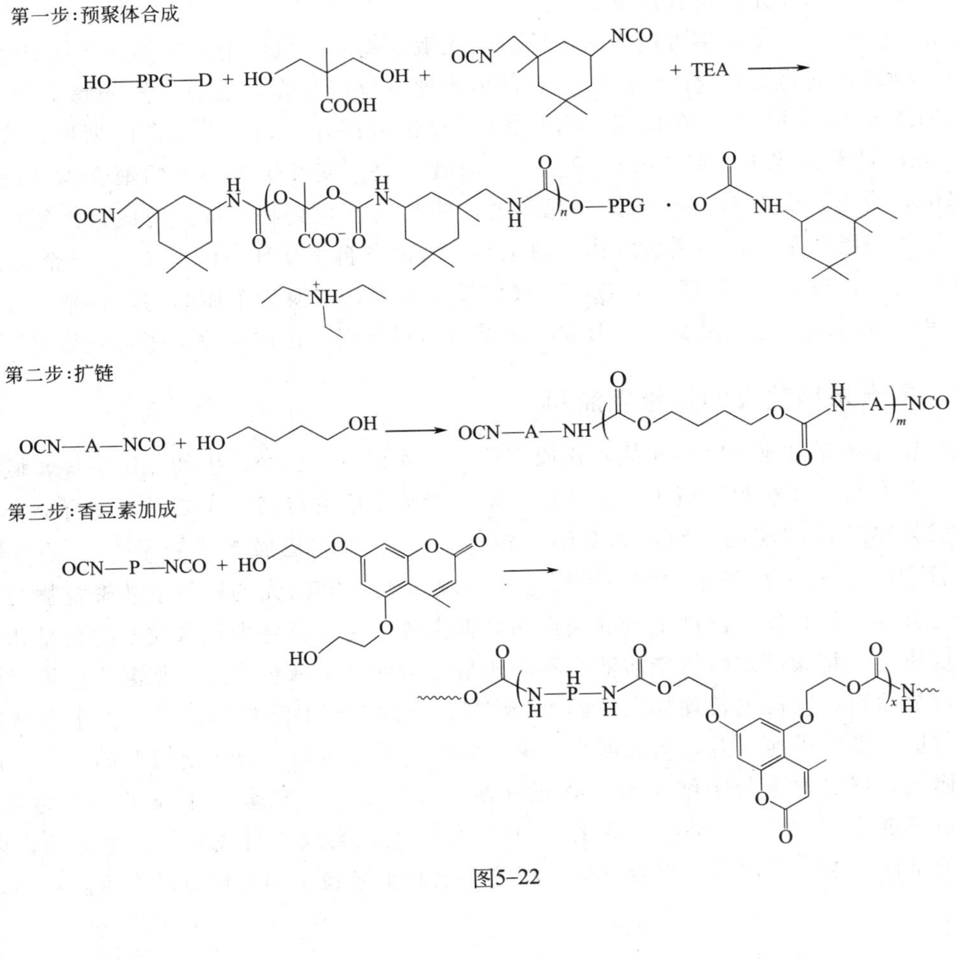

第一步：预聚体合成

HO—PPG—D + HO⋯OH(COOH) + OCN⋯NCO + TEA ⟶

OCN⋯NH⋯(O⋯COO⁻⋯O)⋯NH⋯$)_n$O—PPG · O⋯NH⋯ $\overset{+}{N}H$

第二步：扩链

OCN—A—NCO + HO⋯OH ⟶ OCN—A—NH⋯(O⋯O⋯N—A$)_m$NCO

第三步：香豆素加成

OCN—P—NCO + HO⋯O⋯(coumarin)⋯O⋯OH ⟶

⋯O⋯(N—P—N)⋯O⋯O⋯$)_x$N⋯

图5–22

未曝光

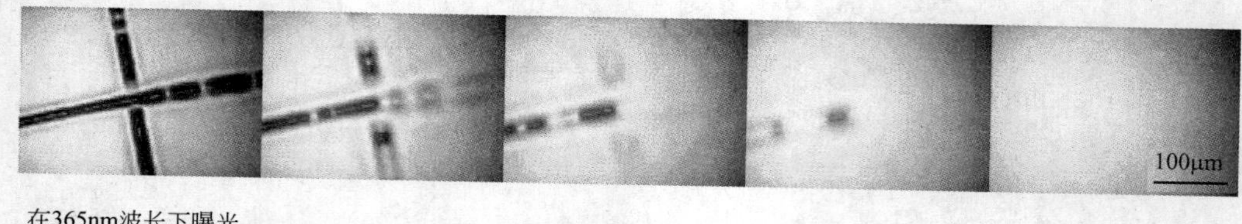

在365nm波长下曝光

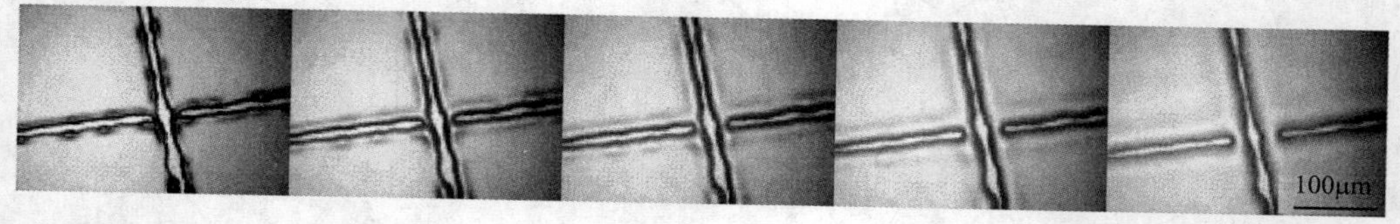

在365nm波长下曝光后再进行254nm波长曝光

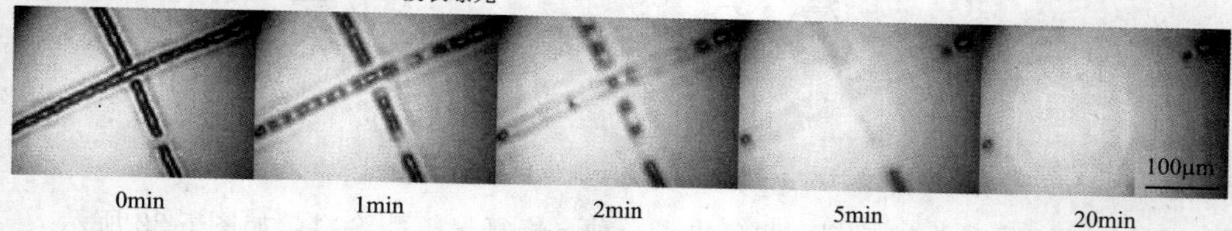

图 5-22 含有香豆素结构的自修复聚氨酯的合成及修复过程[77]

动性增加，后在 350nm 的紫外光下曝光 3h，涂料划痕区域的聚氨酯链段通过香豆素的加成反应再次交联，从而完成自我修复过程。

蒽是另外一个可以发生可逆光二聚反应的光敏性基团，也可用于制备自修复聚合物。将蒽的衍生物接枝到超支化聚丙三醇上，制备出一种可以进行光触发自修复的超支化聚合物，其结构如图 5-23 所示[78]。在该聚合物制备的涂层上切割出 $4.5\times1mm^2$ 的划痕，将其在波长为 254nm 的紫外光下照射 15min 后室温下放置一夜，使发生光裂解的聚合物链段移动到受损部位，后用波长为 366nm 的紫外光照射，使其发生光交联，从而完成自修复。将蒽结构引入环氧树脂体系中，利用酸酐作为固化剂，可制备自修复环氧涂层[79]。当涂层受损后，对其进行加热，在 130℃温度下，蒽的二聚体发生裂解，转换为单体结构，在紫外光的照射下，蒽单体重新进行光二聚反应，形成交联结构，对受损部位成功完成了自我修复。

5.3.5 基于光热效应的自修复涂料

光热转化功能材料可以将光能转化成高热而备受青睐，已经在生物、医学等领域得到广泛应用，并在自修复涂料领域进一步拓展。基于光热效应的自修复主要是在聚合物合中引入能够引发光热效应的功能材料，如金纳米粒子[80,81]、聚多巴胺纳米粒子[82]、石墨烯[83]、碳纳米管[84,85]、Fe_3O_4 纳米颗粒[86]等。金纳米粒子可以在激光的照射下使聚合物局部的温度迅速上升到一定程度，温度上升的快慢与高低主要是由聚合物中纳米粒子的含量和激光的能量密度决定。将聚丙烯酸树脂溶液与不同质量分数的金纳米粒子溶液相混合，可制备出热塑性自修复涂料，其修复机理如图 5-24 所示[81]。当激光照射涂料表面时，由于金纳米粒子的光热效应，温度迅速上升，当温度高于聚合物玻璃化温度时，分子链段开始运动，从而完成自我修复，修复效率与金纳米粒子含量和激光强度有关。当金纳米粒子含量为 0.04%，激光能量密度为 $150W/cm^2$ 时，涂料在 4s 内就可以实现高效的自我修复。类似的，以聚 ε-己内酯为基体，通过原位开环聚合反应，将聚多巴胺纳米粒子均匀地分散在聚合物中，在近

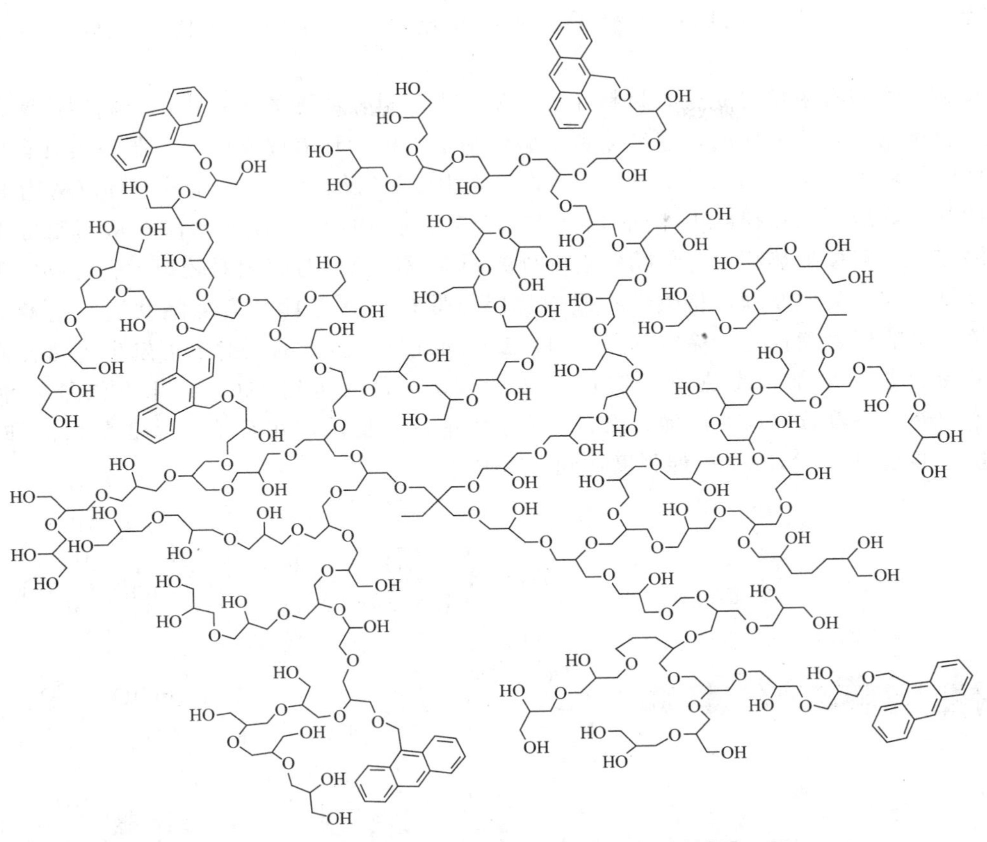

图 5-23　超支化聚缩水甘油醚蒽的化学结构[78]

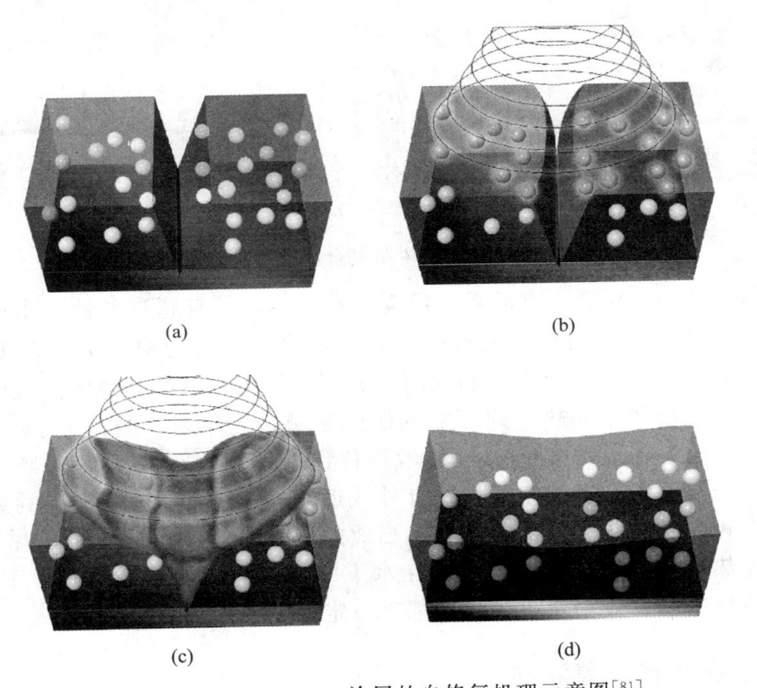

图 5-24　PAA/AuNPs 涂层的自修复机理示意图[81]

红外光的照射下，聚多巴胺纳米粒子会通过光热效应使这种聚合物复合材料实现自我修复[82]。

碳纳米管和石墨烯等先进碳材料在近年来一直是材料领域的研究热点，利用这两种碳材料也可制备基于光热效应的自修复涂料。将碳纳米管引入环氧树脂中，可制备出具有良好自修复性能的环氧涂层，如图 5-25 所示[85]。首先用氨基官能化的碳纳米管与环氧树脂 E51 反应，使其更好地分散在树脂中，同时引入具有热可逆性的 D-A 反应基团，从而制备出了自修复涂层。与直接加热相比，低功率近红外光照射下的修复时间相对较短，且能够实现局部靶向修复。利用类似原理，将改性石墨烯片层与带有 D-A 基团的聚氨酯共混，制备了不同石墨烯含量的聚氨酯自修复涂料[83]。涂料在 980nm 红外激光的照射下可发生光热转换，随着石墨烯含量的增加，光热效应增强，温度在 30s 内可达到 150℃以上，修复效率高达 96%。此外，随着石墨烯的添加，涂料的力学性能逐渐提高，在石墨烯含量为 0.5%时，杨氏模量能够达到 127MPa，拉伸强度达到 36MPa。

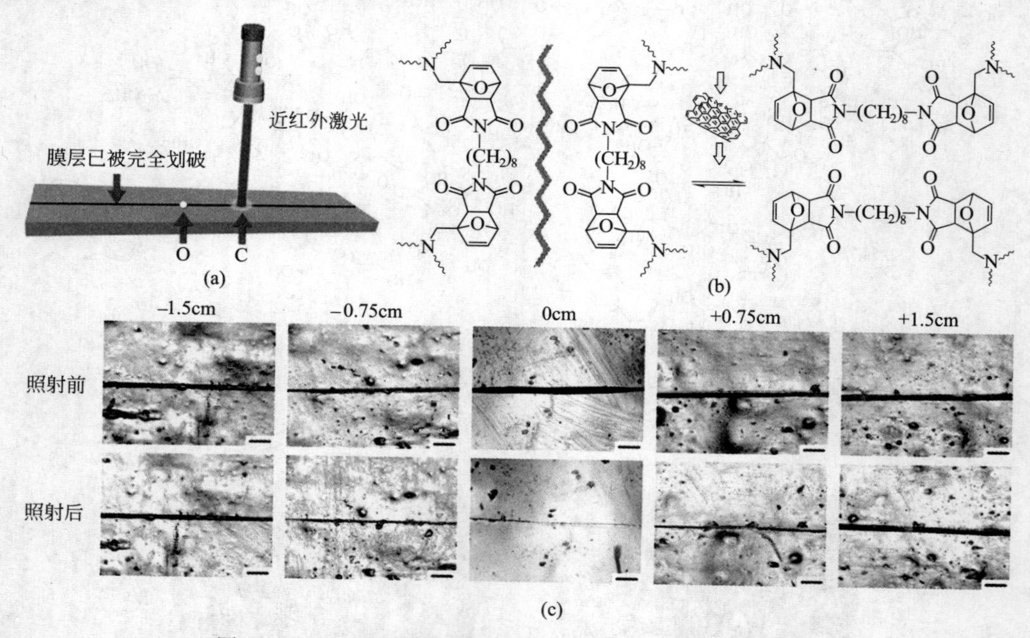

图 5-25 碳纳米管-环氧树脂复合涂层的自修复示意图[85]

四氧化三铁（Fe_3O_4）属立方晶系，反尖晶石结构，具有超顺磁性、小尺寸效应、量子隧道效应等，使其在磁存储材料、微波吸收、特种涂料、药物靶向引导、磁多功能复合材料、催化剂及生物工程等方面有重要的应用。利用四氧化三铁的光热转换效应，研究者制备了多种复合材料，主要用于光热治疗癌症的医院领域。近年来，制备 Fe_3O_4 纳米颗粒并将其掺入聚氨酯树脂中，通过改变 Fe_3O_4 纳米颗粒含量（0.2%、0.5%、1%、2%），可制备出一系列光热自修复涂料。在一定强度的红外或近红外光照射下，所制备的聚氨酯涂料在空气和水中均具有较好的光热转换能力，具备高效的自我修复能力，如图 5-26 所示[86]。利用四氧化三铁的光热效应，首次实现了涂层在水下的快速自我修复，且随着 Fe_3O_4 纳米颗粒含量的增加，涂层的修复效率及机械强度都有一定程度的提高。

5.3.6 其他本征型自修复涂料

聚电解质是带可电离基团的长链高分子，这类高分子在极性溶剂中会发生电离，使聚合

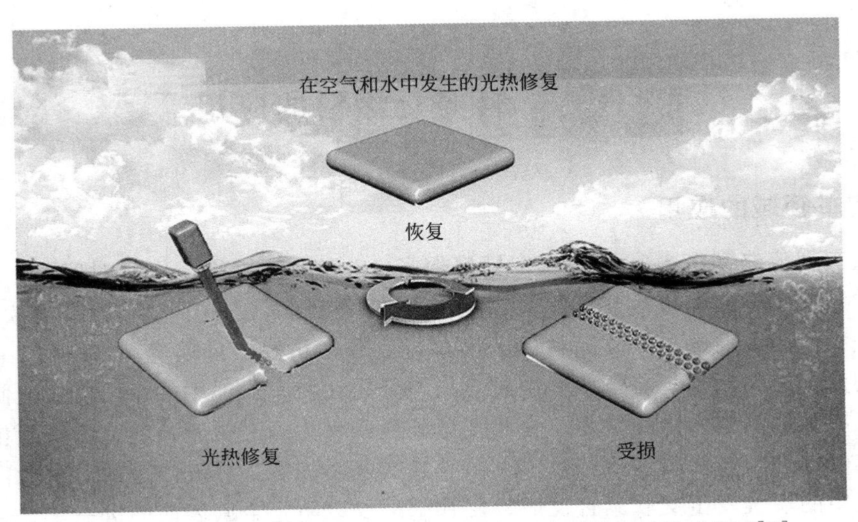

图 5-26 含 Fe_3O_4 纳米颗粒的涂层在空气和水下修复过程示意图[86]

物分子链段之间的静电相互作用降低，有利于聚合物链段的运动；当溶剂挥发后，带有不同电荷的聚电解质分子链段会相互吸引重新组合在一起。因此，利用静电相互作用的可逆性可制备出自修复涂料。利用 2-[（甲基丙烯酰氧基）乙基] 二甲基-（3-磺酸丙基）-氢氧化铵（MEDSAH）和聚乙二醇二甲基丙烯酸酯（PEGDMA）共聚，可以合成一种两性离子聚合物[87]。将聚合物溶解在水中，可制备出一定固含量的聚合物水溶液，利用旋涂或滴涂制备出一种新型的两性离子聚合物涂料，这种涂料具有良好的自修复和防腐性能。涂层被划伤后，加入水，受损区域的涂层内部聚合物链段发生运动，聚合物链段之间通过离子之间的静电相互作用重新形成超分子网络结构，完成了对受损涂层的自我修复。

主客体作用是存在于主体分子和客体分子之间的相互作用，主体一般都有空腔，由于主体分子与客体分子在多方面，如尺寸、形状、电荷或是极性等方面有相互作用，主客体相互作用是具有选择性和可逆性的。主客体体系属于超分子化学领域，具有可逆性的主客体相互作用具有较低的结合强度，利用这种可逆相互作用所制备的自修复聚合物材料很难在室温下保持固体的形态。利用光固化技术，使聚甲基丙烯酸羟乙酯（HEMA）、丙烯酸丁酯（BA）在紫外光照条件下进行光交联；利用 β-CD（β-环糊精）对二氧化钛的表面进行修饰，由于 β-CD-TiO_2 在空腔可以包覆金刚烷形成包合物，与 HEMA-Ad 自组装形成功能粒子；将这种功能粒子均匀分散在上述制备的聚合物中，将溶剂蒸发后，制备出一种自修复光固化涂料[88]。由于 β-CD-TiO_2 与 HEMA-Ad 之间的主客体作用，涂层在划伤后，β-CD-TiO_2 与 HEMA-Ad 形成的包合物发生解离，在受损区域加入水后，促进了聚合物链段的移动，扩大了涂层体积，因此，划痕表面暴露的 β-CD-TiO_2 与 HEMA-Ad 会重新聚集并发生相互作用，使涂层的损伤逐渐修复。

此外，使用双相热固性/热塑性技术也可制备自修复涂料[89]。由于涂层的特殊性，涂层不具有自由流动的性质。然而，在大部分自修复的研究中，自修复过程都会引起材料的变形，为了克服这一难题，有美国专利通过双相热固性/热塑性技术来解决这一问题。相分离的热固性/热塑性涂层显示两个玻璃化转变温度（T_g）：与热固相相似的高玻璃化转变温度和对应于热塑相的低玻璃化转变温度；高 T_g 相将提供强度和稳定性，而低 T_g 相使涂层的聚合物具有足够的迁移性，以便在需要时修复微裂纹。

5.4 自修复涂料的应用

5.4.1 汽车领域的应用

现有汽车划痕修复多半需要到汽车销售服务4S店进行重涂，修复时间长，费时费事。同时微小的划痕常常需要重涂整个相关部位，浪费涂料同时破坏了汽车原有涂膜的完整性，因此发展一种较为方便的自修复涂料用于汽车行业非常重要。鄢瑛等[90]发明了一种具有自修复功能的汽车防腐涂层，将自修复微胶囊均匀分散在汽车涂料中间漆与底漆之间，形成一种类似“三明治”结构的防腐涂膜。自修复微胶囊壁材为脲醛树脂，芯材为天然植物油。在形成微裂纹时，埋植于涂料内部的自修复微胶囊受外力破裂，释放出来的芯材无需催化剂可直接与空气中的氧气发生交联聚合反应，修补微裂纹以防止金属表面的进一步腐蚀，而广泛应用于汽车工业防腐涂层。

2015年立邦公司同样发展了两种超支化的树脂用来制备具有自修复功能的汽车涂料[91,92]，其中一种汽车清漆，由超支化球形高羟基丙烯酸树脂与氨基树脂及其他组分组成，由于形成的涂膜具有高的交联密度，同时具有相对较低的T_g值，因而具有良好的抗刮擦能力、耐擦性和耐酸性。同时高羟基树脂具有众多的端羟基官能团，与异氰酸酯反应可以形成高密度的氨酯键，氨酯键间的氢键赋予涂层划痕自修复能力。同样的一种自修复氨基烤漆组合物被研制，经涂装后所得漆膜在阳光照射时，漆膜表面温度升高，划痕消失，具有划痕自修复功能。

同时现有汽车修补涂料多为溶剂型涂料品种，使得污染环境增加，对于人身安全造成危害。因此，相对安全的水性自修复汽车涂料也成为比较重要的一类，刘娅莉等[93]发明了一种用于汽车划痕的快速自修复液，以聚酯多元醇水分散体为基础，以异氰酸酯固化。这种固化后的涂膜具有良好的自修复性能，光泽度高、硬度高，耐磨、耐腐蚀性能和老化性能优异。且与划痕周边涂料融合性好，有效解决了汽车划痕快速修复问题，省时便利。孔华英等[94]发明了一种汽车底盘用可自修复的改性水基氟碳绝热防锈涂料，该涂料通过在原料中添加纳米硅酸铝纤维、中间相炭微球以及羟基硅酸镁等原料来对氟碳乳液进行改性处理，从而达到所述的效果。在制备过程中，加入超支化聚醚乳液，提高了体系各原料间的亲和性，达到均匀稳定的填充改性效果，最终获得了具有长效防锈效果的涂料，其高效的绝热和抗磨损能力缓解了外界环境对底盘金属的侵蚀，同时其良好的自修复能力极大地延缓了锈蚀的扩展速度。

5.4.2 军事领域的应用

随着高新科技的发展，美国军方所希望研制的智能武器是一种能够模仿生命系统，同时感知环境变化并实时做出反应，从而可与变化后的战场环境高度适应的复杂武器系统，而且在这些智能武器的实际试用中，军方要求它们必须具备的一项重要功能就是自修复[95]。据美国陆军网透露，美国陆军纳蒂克士兵研究开发与工程中心、马萨诸塞大学洛厄尔分校与粹通系统公司（Triton）三家机构正在合作研发用于生化防护服的自修复技术。美国海军研究局和约翰·霍普金斯大学应用物理实验室联合开发了一种新的涂料添加剂，可使军用车辆的涂料具有类似于人体肌肤的自修复功能，从而防止车辆锈蚀[96]。这种粉末状添加剂被称为“聚成纤维原细胞”，可以添加到现有的商用底漆中，它由填满油状液体的聚合物微球组成，一旦划伤，破损包膜处的树脂便会在外露的钢材外形成蜡状防水涂层，防止锈蚀，特别适合在恶劣环境下的军用车辆上使用。海洋盐雾是军事硬件故障的首要原因，舰上运输和存放的车辆也易受海洋盐雾的影响。实验室测试表明，在充满盐雾的室内，聚纤维原细胞预防锈蚀的时间长达6周。

此外，美军还将自修复涂料应用在了武器装备中电子线路。美国科研人员发现了一种使用液态金属和特殊聚合物来制造野战被覆线的方法，他们将铟和镓的液态合金以微型胶囊的形式放置于同样具有可延展功能的聚合物之中，当金属芯因外界压力破损时，该力同样会碾破若干个载有修复材料的微型胶囊，释放出的液态金属能及时填充在破损导致的间隙之中，从而使得电流或电信号重新恢复联通。近年来，以美军为代表的西方军队开始研制自修复混凝土技术，相继出现了水泥基导电复合材料、水泥基磁性复合材料、损伤自诊断水泥基复合材料、自动调节环境温度/湿度的水泥基复合材料等，来构筑新的防御体系。美国、俄罗斯、英国等军事强国还高度重视飞行控制自修复技术，未来将成为信息化时代战斗机与无人机系统的核心技术之一，自修复涂料在军事领域具有重要的发展空间。

5.4.3 橡胶领域的应用

作为一种在人们生活中常用的高分子材料，硫化橡胶在使用寿命结束后，由于交联结构的存在，难以像热塑性高分子材料那样进行回收利用，由此产生大量的废弃物，造成环境污染。如能利用硫化橡胶自身分子的网络结构，使其遭受损伤时能够进行自我修复，无疑有利于节约资源、减轻环境负担。Klumperman 等[97]利用大分子主链含双硫键的聚硫橡胶（EPS25）作为基材，经交联固化后制得具有自修复功能的材料。作者认为由于双硫键交换反应能够不断更新双硫键的分子结构，从而使断面上的网络结构能进行跨界重组，将断面重新结合在一起，最终修复损伤。结果表明，遭受损伤的聚硫橡胶在60℃下热处理1h左右就能基本恢复其力学性能，修复效率随修复次数的增加未明显下降，但修复效率随双硫键含量的降低而急剧下降。在随后的研究中，Klumperman 等[98]修正了原来的观点，将聚硫橡胶基于双硫键的动态可逆反应归因于巯基与双硫键之间的交换反应。Lei 等[99]首先利用含双硫键的小分子和大分子物质模拟三正丁基膦（TBP）催化下的双硫键交换反应过程，研究表明该交换反应遵循二级反应动力学，交换过程属于离子反应机理。随后作者将 TBP 引入聚硫橡胶中，制备了在室温下具有多次自修复能力的弹性体材料，材料损伤后在室温下放置24h能恢复90%以上的力学性能，且修复效率并不随修复次数的增加而明显下降。此外，将该弹性体材料剪碎后，在室温下模压，即可重新制得片材，它同样具有良好的多次修复效率。Rekondo 等[100]发现芳香族双硫键无需外加任何催化剂就能在室温下进行动态交换反应，因而将其引入聚氨酯弹性体中，赋予后者室温自愈合能力。试验表明，切断的材料在室温下对接放置1h能恢复约62%的拉伸强度，2h能恢复80%，24h后基本完全恢复，但不含双硫键的对比样品也能恢复约50%的力学性能，这应是体系内氢键作用的贡献。Martin 等[101]也将芳香族型双硫键引入聚氨酯弹性体中，使已成型的聚氨酯材料通过模压改变为其他形状，或将材料粉碎为粉末后在150℃下模压20min，再生材料的性能未出现明显下降。向洪平等[102]通过小分子模拟试验和应力松弛，发现甲基丙烯酸铜（MA-Cu）比氯化铜（$CuCl_2$）更适合用作硫化天然橡胶中双硫键的交换反应催化剂，并且硫化天然橡胶中的双硫键交换反应需要在高于120℃的温度下才能高效进行，这保障了相关制品在较低温工作时的结构与性能稳定。进一步的实验结果表明，硫化天然橡胶在MA-Cu辅助作用下获得了多次自修复与固相回收加工性能，损伤自修复后的硫化天然橡胶与固相回收加工的再生硫化天然橡胶，其拉伸强度均可恢复到原始材料强度的80%左右。

在日常生活当中，车辆上的橡胶轮胎经常被扎，一部分人选择打电话求助，一部分人将备胎拿出自行更换。米其林推出了自修复轮胎，多了一种解决轮胎被扎的办法[103]。橡胶轮胎内层表面有一层自修复涂料，可在轮胎被扎瞬间将穿孔堵住，对轮胎进行自修复。橡胶轮胎所用的自修复涂料密度较高，质地柔软，且会有粘手的感觉（图5-27）。

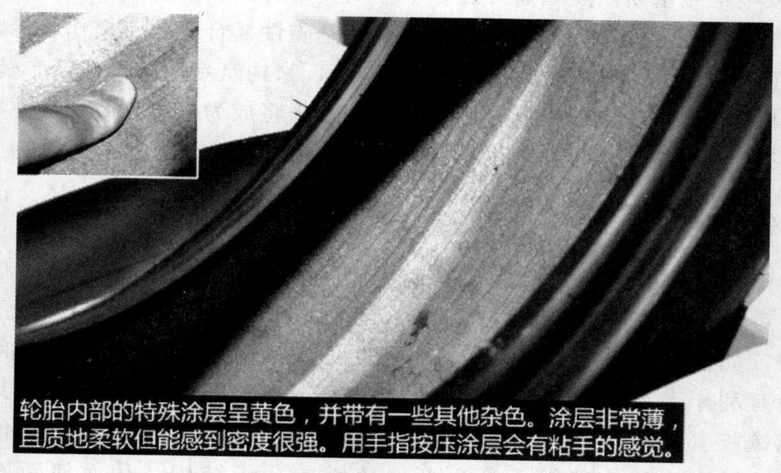

图5-27 自修复轮胎

5.4.4 防腐领域的应用

防腐涂料是人类挑战锈蚀的重要工具，然而，涂层会因受到外力的冲击而发生损伤和脱落，使金属表面不能得到有效防护。随着现代科学技术的发展，应对金属腐蚀的方法日益完善，相对于金属镀层、阴极保护法等方法[104,105]，涂覆金属防护层的方法在保持较好抗蚀性的同时，具有操作简单、成本低的特点，然而防护层无自修复能力，受外力作用损伤后，若无及时有效的修补，将逐渐丧失对金属防护功能。模仿生物体自修复功能的基本原理，使材料对内部或者外部损伤能够进行自修复，可以消除隐患，延长涂层使用寿命，实现对底材的长效防腐保护。自修复防腐涂料[106]将自修复功能添加到防腐涂层中，形成了一种在外界环境中能自主地将化学防腐与物理防腐相结合的防腐方式，是一种可长期稳定使用且在反复破坏情况下能够进行自我修补的智能防腐涂层。对于在特殊环境下的防腐需求，例如航空航天设备涂料、特种钢结构防腐涂料、风力发电塔身及叶片防腐涂料、军用车辆防锈涂料、海洋钻井平台防腐涂料、抗划伤汽车面漆、沿海灯塔防腐涂料等，自修复防腐涂料具有广泛的应用前景。刘祥萱等通过对分别负载有酚醛环氧树脂F-51的和改性固化剂DG593的微胶囊进行筛选复配，添加至防腐涂层，制备了自修复涂层试样，探讨了微胶囊含量对涂层的力学性能、耐腐蚀性能、修复性能影响，确定了合适的微胶囊添加量，并对两种微胶囊芯材的固化时间以及自修复涂层的修复时间进行了研究[107]。研究结果表明微胶囊含量对于涂层的力学性能和修复性能具有显著影响，当质量分数为15%时，涂层具有较好的修复能力的同时，保持良好的力学性能，涂层室温自修复时间为6h。缓蚀剂可以防止或减缓基材腐蚀，以氧化还原反应在防腐涂料中应用相当普遍。缓蚀剂分子中N、O、S等杂原子具有较大的电子云密度，与铁可发生相互作用形成配位键，生成一层致密的钝化膜，阻止金属离子继续进入溶液从而抑制腐蚀[108]。在自修复防腐涂料中常用缓蚀剂有硝酸铈、钼酸盐、磷酸盐、8-羟基喹啉等。在高铁装备、海洋工程、铁路与公路桥梁及大型钢构、新能源、石油化工等重点领域，开发高性能自修复防腐涂料，有利于延长涂料维修重涂周期、减少防腐涂料全部生命周期对环境的影响。开展此类研究将提升我国在重防腐高端市场的领域技术，有利于经济社会发展和国家安全重大需求。

5.4.5 木器领域的应用

木家具在使用过程中，其漆膜表面经常受到各种各样的损伤（划伤或擦伤），如办公桌上面办公用品的移动造成的划痕（划伤）等，日积月累，家具表面出现伤痕累累，严重地影响家具表面的装饰效果。随着人们物质文化和生活水平的提高，消费者对家具的装饰效果的要求越来越高，为此提高家具涂料漆膜的抗划伤性以满足消费者的需求的呼声越来越强烈。近年来，涂料行业也投入了大量的精力对漆膜抗划伤性进行研究，基本上都是以提高漆膜的硬度和增强漆膜表面的光滑度的方法来考虑。杨泽生[109]研究了一种具有自修复功能的抗划伤性木器涂料的制备方法和配方的设计原理，并就影响漆膜抗划伤、耐磨性、划伤自修复功能的影响因素进行了探讨。结果表明：基体树脂的性能是漆膜划痕自修复的决定因素；漆膜抗划伤性和耐磨性与功能性材料在漆膜表面的排布情况息息相关。功能材料的添加量占配方总量的5%～6%，漆膜具有极佳的综合性能。

5.5 总结及展望

目前，关于自修复涂料的理论研究较多，大部分工作仍停留在实验室的研究阶段，距离产业化还有一定的距离，需要进行大量的基础研究和应用研究。外援型自修复涂料需要复合修复剂来实现自修复，要考虑修复剂和涂料体系的相容性、修复效率、修复次数等问题。本征型自修复涂料主要通过氢键、π-π作用、离子作用和主客体作用等实现自我修复，但本征型自修复涂料的修复源于修复位置链段的缠结，分子链的扩散是其自我修复的主要驱动力，因此，分子链的柔性越好，越有利于自修复的发生。为了实现涂料具有较好的自修复性能，大部分工作集中于软质自修复材料，分子结构设计难以兼顾涂料的物理力学性能。

对于自修复涂料，未来需要重点关注的是：①不同自修复涂料体系的相关修复机理研究；②简便易行的自修复涂料制备方法及其产业化研发；③计算机模拟结合实验来研究自修复涂料；④高性能、高强度自修复涂料研究。国内外只有少数公司有自修复涂料相关产品问世，且没有得到推广使用。因此，一旦有性价比较高的产品研发成功，必然具有巨大的经济效益和发展空间。可以预见：通过科学技术的进步，在不久的将来，自修复涂料必将在航空航天、军事、防腐。汽车等各个领域获得广泛应用。

参考文献

[1] 许飞，凌晓飞，许海燕等．自修复智能涂料研究进展：概念、作用机理及应用［J］．中国涂料，2014，29（8）：38-73.

[2] Ulaeto S B，Rajan R，Pancrecious J K，et al. Developments in Smart Anticorrosive Coatings with Multifunctional Characteristics［J］．Progress in Organic Coatings，2017，111：294-314.

[3] 桂泰江，刘希燕．自修复材料及其在涂料中的应用［J］．现代涂料与涂装，2007，10（12）：29-31.

[4] 刘登良．自修复涂层材料-由观念创新到材料和产品创新［J］．中国涂料，2007，22（7）：7-8.

[5] 李海燕，崔业翔，王晴．自修复涂层材料研究进展［J］．高分子材料科学与工程，2016，32（10）：177-182.

[6] 童身毅．自修复涂料的研究与开发［J］．中国涂料，2012，7，28-32.

[7] White S R，Sottos N R，Geubelle P H，et al. Autonomic Healing of Polymer Composites［J］．Nature，2001，409（6822）：794.

[8] Brown E N，Sottos N R，White S R. Fracture Testing of a Self-healing Polymer Composite［J］．Experimental Mechanics，2002，42（4）：372-379.

[9] Brown E N，White S R，Sottos N R. Microcapsule Induced Toughening in a Self-healing Polymer Composite［J］．Journal of Materials Science，2004，39（5）：1703-1710.

[10] Brown E N，White S R，Sottos N R. Retardation and Repair of Fatigue Cracks in a Microcapsule Toughened Epoxy Composite—Part Ⅱ：In Situ Self-healing［J］．Composites Science and Technology，2005，65（15）：2474-2480.

[11] Kessler M R，White S R. Cure Kinetics of the Ring-opening Metathesis Polymerization of Dicyclopentadiene［J］．Journal of Polymer Science Part A：Polymer Chemistry，2002，40（14）：2373-2383.

[12] Kessler M R. Self-healing：A New Paradigm in Materials Design［J］．Proceedings of the Institution of Mechanical Engineers，Part G：Journal of Aerospace Engineering，2007，221（4）：479-495.

[13] Rule J D，Brown E N，Sottos N R，et al. Wax - protected Catalyst Microspheres for Efficient Self - healing Materials［J］．Advanced Materials，2005，17（2）：205-208.

[14] Kamphaus J M，Rule J D，Moore J S，et al. A New Self-healing Epoxy with Tungsten（Ⅵ）Chloride Catalyst［J］．Journal of the Royal Society Interface，2008，5（18）：95-103.

[15] C Suryanarayana，K C Rao，D Kumar. Preparation and Characterization of Microcapsules Containing Linseed Oil and Its Use in Self-healing Coatings［J］．Prog Org Coat，2008，63（1）：72-78.

[16] S Hatami Boura，M Peikari，A Ashrafi，M Samadzadeh. Self-healing Ability and Adhesion Strength of Capsule Embedded Coatings—micro and Nano Sized Capsules Containing Linseed Oil［J］．Prog Org Coat，2012，75（4）：292-300.

[17] Lang S，Zhou Q. Synthesis and Characterization of Poly（urea-formaldehyde）Microcapsules Containing Linseed Oil for Self-healing Coating Development［J］．Progress in Organic Coatings，2017，105：99-110.

[18] Behzadnasab M，Esfandeh M，Mirabedini S M，et al. Preparation and Characterization of Linseed Oil-filled Urea-formaldehyde Microcapsules and Their Effect on Mechanical Properties of An Epoxy-based Coating［J］．Colloids and Surfaces A：Physicochemical and Engineering Aspects，2014，457：16-26.

[19] Li，Jing，et al. Self-assembled Graphene Oxide Microcapsules in Pickering Emulsions for Self-healing Waterborne Polyurethane Coatings［J］．Composites Science and Technology，2017，151：282-290.

[20] Samadzadeh M，Boura S H，Peikari M，et al. Tung oil：An Autonomous Repairing Agent for Self-healing Epoxy Coatings［J］．Progress in Organic Coatings，2011，70（4）：383-387.

[21] 赵鹏．金属防腐涂料自修复微胶囊的合成与性能研究［D］．广州：华南理工大学，2012.

[22] Li Haiyan，et al. Preparation and Application of Polysulfone Microcapsules Containing Tung Oil in Self-healing and Self-lubricating Epoxy Coating［J］．Colloids and Surfaces A：Physicochemical and Engineering Aspects，2017，518：

181-187.

[23] Li Haiyan, et al. Fabrication of Microcapsules Containing Dual-functional Tung Oil and Properties Suitable for Self-healing and Self-lubricating Coatings [J]. Progress in Organic Coatings, 2018, 115: 164-171.

[24] 冯建中，明耀强，张宇帆等，异氰酸酯胶囊型自修复高分子材料研究进展 [J]. 化工进展，2016，35 (1): 175-181.

[25] Yang J, Keller M W, Moore J S, et al. Microencapsulation of Isocyanates for Self-healing Polymers [J]. Macromolecules, 2008, 41 (24): 9650-9655.

[26] BD Credico, M Levi, S Turri. An Efficient Method for the output of New Self-Repairing Materials through a Reactive Isocyanate Encapsulation [J]. European Polymer Journal, 2013, 49 (9): 2467-2476.

[27] Wang W, Xu L, Li X, et al. Self-healing Properties of Protective Coatings Containing Isophorone Diisocyanate Microcapsules on Carbon Steel Surfaces [J]. Corrosion Science, 2014, 80: 528-535.

[28] W Wang, L Xu, X Li, et al. Self-healing Mechanisms of Water Triggered Smart Coating in Sea Water [J]. Journal of Materials Chemistry A, 2014, 2 (6): 1914-1921.

[29] Huang M, Yang J. Facile Microencapsulation of HDI for Self-healing Anticorrosion Coatings [J]. Journal of Materials Chemistry, 2011, 21 (30): 11123-11130.

[30] Mingxing Huang, Jinglei Yang. Salt Spray and EIS Studies on HDI Microcapsule-based Self-healing Anticorrosive Coatings [J]. Progress in Organic Coatings, 2014, 77 (1): 168-175.

[31] Yi H, Yang Y, Gu X, et al. Multilayer Composite Microcapsule Synthesized by Pickering Emulsion Templates and Its Application in Self-healing Coating [J]. Journal of Materials Chemistry A, 2015, 3 (26): 13749-13757.

[32] Yi H, Deng Y, Wang C. Pickering Emulsion-based Fabrication of Epoxy and Amine Microcapsules for Dual Core Self-healing Coating [J]. Composites Science and Technology, 2016, 133: 51-59.

[33] 胡宏林. 环氧树脂微胶囊及其二元自修复材料的制备与性能研究 [D]. 哈尔滨：哈尔滨工业大学，2012.

[34] Yuan L, Liang G, Xie J Q, et al. Preparation and Characterization of Poly (urea-formaldehyde) microcapsules Filled with Epoxy Resins [J]. Polymer, 2006, 47 (15): 5338-5349.

[35] Yuan Y C, Rong M Z, Zhang M Q. Preparation and Characterization of Microencapsulated Polythiol [J]. Polymer, 2008, 49 (10): 2531-2541.

[36] Yin T, Zhou L, Rong M Z, et al. Self-healing Woven Glass Fabric/Epoxy Composites with the Healant Consisting of Micro-encapsulated Epoxy and Latent Curing Agent [J]. Smart Materials and Structures, 2007, 17 (1): 015019.

[37] Jin H, Mangun C L, Griffin A S, et al. Thermally Stable Autonomic Healing in Epoxy using a Dual-Microcapsule System [J]. Advanced Materials, 2014, 26 (2): 282-287.

[38] Cho S H, Andersson H M, White S R, Sottos N R, Braun P V. Polydimethylsiloxane-based Self-healing Materials [J]. Advanced Materials, 2006, 18 (8): 997-1000.

[39] Cho S H, White S R, Braun P V. Self-healing Polymer Coatings [J]. Advanced Materials, 2009, 21 (6): 645-649.

[40] Caruso M M, Delafuente D A, Ho V, et al. Solvent-promoted Self-healing Epoxy Materials [J]. Macromolecules, 2007, 40 (25): 8830-8832.

[41] 邢瑞英，张秋禹，艾秋实，邢瑞英等. 反应性乙烯基硅油/聚脲甲醛自修复微胶囊的制备 [J]. 材料导报，2009，23 (10): 87-89.

[42] Dry C. The Study of Self Healing Ability for Glass Micro-bead Filling Epoxy Resin Composites [J]. Computer Structure, 1996, 35: 263-269.

[43] Bleay S M, Loader C B, Hawyes V J, et al. A Smart Repair System for Polymer Matrix Composites [J]. Composites Part A: Applied Science and Manufacturing, 2001, 32 (12): 1767-1776.

[44] Pang J W C, Bond I P. A Hollow Fibre Reinforced Polymer Composite Encompassing Self-healing and Enhanced Damage Visibility [J]. Composites Science and Technology, 2005, 65 (11): 1791-1799.

[45] 刘哲，张帅，刘鹏飞. 一种具有自诊断及自修复功能的沥青路面 [P]. CN 206143560 U, 2017.

[46] 苏峻峰. 一种含有中空纤维的自修复环氧树脂复合材料 [P]. CN 103937164 A, 2014.

[47] Li P, Shang Z, Cui K, et al. Coaxial Electrospinning Core-shell Fibers for Self-healing Scratch on Coatings [J]. Chi-

nese Chemical Letters，2018.

[48] Toohey K S，Sottos N R，Lewis J A，et al. Self-healing Materials with Microvascular Networks [J]. Nature Materials，2007，6 (8)：581.

[49] Toohey K S，Hansen C J，Lewis J A，et al. Delivery of Two-part Self-healing Chemistry Via Microvascular Networks [J]. Advanced Functional Materials，2009，19 (9)：1399-1405.

[50] Hansen C J，Wu W，Toohey K S，et al. Self-Healing Materials with Interpenetrating Microvascular Networks [J]. Advanced Materials，2009，21 (41)：4143-4147.

[51] Hansen C J，White S R，Sottos N R，et al. Accelerated Self-Healing Via Ternary Interpenetrating Microvascular Networks [J]. Advanced Functional Materials，2011，21 (22)：4320-4326.

[52] Gergely R C R，Sottos N R，White S R. Regenerative Polymeric Coatings Enabled by Pressure Responsive Surface Valves [J]. Advanced Engineering Materials，2017，19 (11)：1700308.

[53] Gergely R C R，Rossol M N，Tsubaki S，et al. A Microvascular System for the Autonomous Regeneration of Large Scale Damage in Polymeric Coatings [J]. Advanced Engineering Materials，2017，19 (11)：e201700319.

[54] 李海燕，张丽冰，李杰等. 外援型自修复聚合物材料研究进展 [J]. 化工进展，2014，33 (1)：133-139.

[55] Lanzara G，Yoon Y，Liu H，et al. Carbon Nanotube Reservoirs for Self-healing Materials [J]. Nanotechnology，2009，20 (33)：335-704.

[56] Liu W，Liu Y，Wang R. MD Simulation of Single-wall Carbon Nanotubes Employed as Container in Self-healing Materials [J]. Polymers & Polymer Composites，2011，19 (4/5)：333.

[57] 陶宇，方建波，朱方，王标兵. 一种碳纳米管自修复剂及其在抗静电粉末涂料中的应用 [P]. CN 106590367 A，2017.

[58] Li G L，Zheng Z，Möhwald H，et al. Silica/Polymer Double-walled Hybrid Nanotubes：Synthesis and Application as Stimuli-responsive Nanocontainers in Self-healing Coatings [J]. ACS Nano，2013，7 (3)：2470-2478.

[59] Al-Maadeed M A S A. TiO_2 Nanotubes and Mesoporous Silica as Containers in Self-healing Epoxy Coatings [J]. Scientific Reports，2016，6：38812.

[60] 徐兴旺，沈伟，刘佳莉等. 基于双硫键自修复高分子材料研究进展 [J]. 广东化工，2017，44 (11)：124-126.

[61] Martin R，Rekondo A，de Luzuriaga A R，et al. Dynamic Sulfur Chemistry as a Key Tool in the Design of Self-healing Polymers [J]. Smart Materials and Structures，2016，25 (8)：084017.

[62] Yang W J，Tao X，Zhao T，et al. Antifouling and Antibacterial Hydrogel Coatings with Self-healing Properties based on A Dynamic Disulfide Exchange Reaction [J]. Polymer Chemistry，2015，6 (39)：7027-7035.

[63] Wan T，Chen D. Synthesis and Properties of Self-healing Waterborne Polyurethanes Containing Disulfide Bonds in the Main Chain [J]. Journal of Materials Science，2017，52 (1)：197-207.

[64] Binder W H，Zirbs R. Supramolecular Polymers and Networks with Hydrogen Bonds in the Main- and Side-Chain [J]. Advances in Polymer Science，2007，207：1-78.

[65] Zhu D，Ye Q，Lu X，et al. Self-Healing Polymers with PEG Oligomer Side Chains Based on Multiple H-Bonding and Adhesion Properties [J]. Polymer Chemistry，2015，6 (28)：5086-5092.

[66] Roy N，Tomovic Z，Buhler E，et al. An Easily Accessible Self-Healing Transparent Film Based on a 2D Supramolecular Network of Hydrogen-Bonding Interactions between Polymeric Chains [J]. Chemistry-A European Journal，2016，22 (38)：13513-13520.

[67] Sun Y，Lopez J，Lee H W，et al. A Stretchable Graphitic Carbon/Si Anode Enabled by Conformal Coating of a Self-Healing Elastic Polymer [J]. Advanced Materials，2016，28 (12)：2455-2461.

[68] Du Y，Qiu W，Wu Z L，et al. Water - Triggered Self - Healing Coatings of Hydrogen-Bonded Complexes for High Binding Affinity and Antioxidative Property [J]. Advanced Materials Interfaces，2016，3 (15).

[69] Liu R，Yang X，Yuan Y，et al. Synthesis and Properties of UV-curable Self-healing Oligomer [J]. Progress in Organic Coatings，2016，101：122-129.

[70] Fei Gao，Jiancheng Cao，Qibo Wang，et al. Properties of UV-cured Self-healing Coatings Prepared with PCDL-based Polyurethane Containing Multiple H-bonds [J]. Progress in Organic Coatings，2017，113：160-167.

[71] 熊兴泉，陈会新. Diels-Alder 环加成点击反应 [J]. 有机化学，2013，33 (7)：1437-1450.

[72] Bai N, Saito K, Simon G P. Synthesis of a Diamine Cross-linker Containing Diels-Alder Adducts to Produce Self-healing Thermosetting Epoxy Polymer from a Widely Used Epoxy Monomer [J]. Polymer Chemistry, 2013, 4 (3): 724-730.

[73] Ou R, Eberts K, Skandan G, et al. Self-healing Polymer Nanocomposite Coatings for Use on Surfaces Made of Wood [P]. US Patent 8664298, 2014-3-4.

[74] Young Yeol Jo, Albert S Lee, Kyung-Youl Baek, et al. Thermally Reversible Self-healing Polysilsesquioxane Structure-property Relationships based on Diels-Alder Chemistry [J]. Polymer, 2017, 108: 58-65.

[75] Jo, Young Yeol, et al. Multi-crosslinkable Self-healing Polysilsesquioxanes for the Smart Recovery of Anti-scratch Properties [J]. Polymer, 2017, 124: 78-87.

[76] Habault D, Zhang H, Zhao Y. Light-triggered Self-healing and Shape-Memory Polymers [J]. Chemical Society Reviews, 2013, 42 (17): 7244-7256.

[77] Aguirresarobe R H, Martin L, Aramburu N, et al. Coumarin based Light Responsive Healable Waterborne Polyurethanes [J]. Progress in Organic Coatings, 2016, 99: 314-321.

[78] Froimowicz P, Frey H, Landfester K. Towards the Generation of Self-healing Materials by Means of a Reversible Photo-induced Approach [J]. Macromolecular Rapid Communications, 2011, 32 (5): 468-473.

[79] Radl S, Kreimer M, Griesser T, et al. New Strategies towards Reversible and Mendable Epoxy Based Materials Employing [4πs + 4πs] Photocycloaddition and Thermal Cycloreversion of Pendant Anthracene Groups [J]. Polymer, 2015, 80: 76-87.

[80] Cao Z X, Wang R G, Yang F, Hao L F, Jiao W C, Liu W B, Zhang B Y. Photothermal Healing of a Glass Fiber Reinforced Composite interface by Gold Nanoparticles [J]. RSC Advances, 2015, 5 (124): 102167-102172.

[81] Peng P, Zhang B, Cao Z, et al. Photothermally Induced Scratch Healing Effects of Thermoplastic Nanocomposites with Gold Nanoparticles [J]. Composites Science & Technology, 2016, 133: 165-172.

[82] Xiong S, Wang Y, Zhu J, Yu J R, Hu Z M. Poly (ε-caprolactone) -grafted Polydopamine Particles for Biocomposites with Near-infrared Light Triggered Self-healing Ability [J]. Polymer, 2016, 84: 328-335.

[83] Kim J T, Kim B K, Kim E Y, Kwon S H, Jeong H M. Synthesis and Properties of Near IR Induced Self-healable Polyurethane/Graphene Nanocomposites [J]. European Polymer Journal, 2013, 49 (12): 3889-3896.

[84] Yang Y, Pei Z, Zhang X, Tao L, Wei Y, Ji Y. Carbon Nanotube-vitrimer Composite for Facile and Efficient Photo-welding of Epoxy [J]. Chemical Science, 2014, 5 (9): 3486-3492.

[85] Li Q T, Jiang M J, Wu G, et al. Photothermal Conversion Triggered Precisely Targeted Healing of Epoxy Resin Based on Thermoreversible Diels-Alder Network and Amino-Functionalized Carbon Nanotubes [J]. ACS Applied Materials & Interfaces, 2017, 9 (24): 20797-20807.

[86] Yin X, Zhang Y, Lin P, et al. Highly Efficient Thermogenesis from Fe_3O_4 Nanoparticles for Thermoplastic Material Repair Both in Air and Underwater [J]. Journal of Materials Chemistry A, 2017, 5 (3): 1221-1232.

[87] Wang Z, Van Andel E, Pujari S P, et al. Water-repairable Zwitter Ionic Polymer Coatings for Anti-biofouling Surfaces [J]. Journal of Materials Chemistry B, 2017, 5 (33): 6728-6733.

[88] Liang X Y, Wang L, Wang Y M, et al. UV-Blocking Coating with Self-healing Capacity [J]. Macromolecular Chemistry and Physics, 2017, 218 (19): 1700213-1700220.

[89] Kumar A, Veedu V P, Kamavaram V, et al. Reconfigurable Polymeric Self-healing Coating [P]. US Patent 8802801, 2014-8-12.

[90] 张会平，梅燕，鄢瑛．一种具有自修复功能的汽车防腐涂膜及其应用 [P]．CN 102390147 A，2012.

[91] 果建军，邱绍义，王东月．一种耐擦洗和防御外来异物划伤损害及高耐酸的汽车清漆及包含该清漆的汽车涂料 [P]．CN 104927524 A，2015.

[92] 马永强，张浩，孙达．一种具有划痕自修复功能的氨基烤漆组合物及制备方法 [P]．CN 104610868 A，2015.

[93] 刘娅莉，王潇华，秦立．一种聚酯多元醇水分散体及其汽车划痕快速自修复液 [P]．CN 102816318 A，2012.

[94] 孔华英．一种汽车底盘用可自修复的改性水基氟碳绝热防锈涂料及其制备方法 [P]．CN 106543846A，2016.

[95] 赵志宏，郭志潘，洪岩．揭秘美军武器装备自修复技术 [J]．军事文摘，2016 (9)：43-46.

[96] 佚名．汽车“疤痕”可自动愈合的自修复防锈涂料问世 [J]．表面工程与再制造，2014，14 (3)：17-17.

[97] Canadell J, Han G, Klumperman B. Self-healing Materials Based on Disulfide Links [J]. Macromolecules, 2011, 44 (8): 2536-2541.

[98] Pepels M, Filot I, Klumperman B, et al. Self-healing Systems based on Disulfide-thiol Exchange Reactions [J]. Polymer Chemistry, 2013, 4 (18): 4955-4965.

[99] Lei Z Q, Xiang H P, Yuan Y J, et al. Room-Temperature Self-healable and Remoldable Cross-linked Polymer Based on the Dynamic Exchange of Disulfide Bonds [J]. Chemistry of Materials, 2014, 26 (6): 2038-2046.

[100] Rekondo A, Martin R, Ruizdeluzuriaga A, et al. Catalyst-free Room-temperature Self-healing Elastomers based on Aromatic Disulfide Metathesis [J]. Materials Horizons, 2014, 1 (2): 237-240.

[101] Martin R, Rekondo A, Ruizdeluzuriaga A, et al. The Processability of a Poly (urea-urethane) Elastomer Reversibly Crosslinked with Aromatic Disulfide Bridges [J]. Journal of Materials Chemistry A, 2014, 2 (16): 5710-5715.

[102] 向洪平，容敏智，章明秋．硫化天然橡胶的本征自修复与固相回收加工［J］．高分子学报，2017（7）：1130-1140.

[103] 周楚然．轮胎被扎不可怕，体验米其林自修复技术［EB/OL］．汽车之家［2014-11-1］．https://www.autohome.com.cn/tech/201411/851295.html.

[104] 朱力华，张大全，高立新．智能防腐涂层的研究进展［J］．腐蚀科学与防护技术，2015，27（2）：203-206.

[105] 曲爱兰．仿生自修复防腐涂层的研究进展［J］．涂料工业，2012，42（4）：71-75.

[106] 孔凡厚，胥维昌，张磊等．特种自修复防腐涂层体系介绍及发展趋势［J］．涂料技术与文摘，2017（7）：49-53.

[107] 柴云，刘祥萱，王煊军等．室温固化的二元自修复防腐涂层制备与性能研究［J］．装备环境工程，2017，14（3）：117-122.

[108] 胡桢，张春华，梁岩．新型高分子合成与制备工艺［M］．哈尔滨：哈尔滨工业大学出版社，2014.

[109] 杨泽生．具有划痕自修复功能的抗划伤木器涂料的研究［J］．广州化工，2009，37（1）：79-83.

第6章 海洋防污涂料

6.1 概述

6.1.1 海洋生物污损

广袤的海洋占了地球表面积的70%以上，且蕴含着难以估量的资源，开发和利用海洋资源成为许多国家的发展战略。但是，在开发利用海洋资源的过程中，船舶、核电站和采油平台等海洋工程装备不可避免地会遇到海洋生物污损的问题，即海洋微生物、植物和动物在海洋设施表面吸附、生长和繁殖，从而形成的生物垢。它在海洋环境中无处不在，给海洋运输业、海洋资源的开放利用以及海洋生态环境带来不利的影响[1,2]。例如：海洋生物污损会增加船体重量和表面粗糙度、增大航行阻力，使得燃油消耗大为增长，造成每年数十亿美元的经济损失，同时还增加了二氧化碳的排放量，加剧温室效应。海洋生物污损不仅会破坏海洋设施表面的涂层，加剧金属表面的腐蚀，从而缩短设备服役期。而且它们还会堵塞输送海水的管道，严重影响核电站、潮汐发电机组和海水蓄能电站等大型设施的正常运行。此外，附着在远洋船舶上的生物还会进入不同海域，造成潜在的"物种入侵"，影响海洋生态平衡。因此，海洋防污对海洋资源的利用和开发意义重大。

然而，海洋环境极其复杂，海洋污损生物又具有多样性，目前全球海域中已被确定的污损生物多达4000多种，其中有细菌、硅藻和藻类孢子等常见的微生物；也有藤壶、管虫、苔藓虫、贻贝和藻类等常见的大型污损生物。通常认为海洋生物污损的形成（图6-1）会经历以下几个关键阶段[3]：①蛋白质和多糖等营养物质的吸附形成基膜；②单细胞生物在其基膜上附着形成生物膜；③硅藻孢子等多细胞生物附着繁殖形成黏液层；④最后藤壶等大型生物附着形成复杂的污损层。整个过程只需要数天就可初步完成，一般未经保护的设施表面在几个月内便会完全被海洋生物覆盖。需要指出的是，并不是所有的海洋污损生物都按部就班地遵循这个典型的附着繁殖过程。例如，生物膜的构建一般会在次级聚集发生前完成，但是一些多细胞生物在没有生物膜的条件下也能够附着。实际上，海洋污损生物的种类以及其繁殖生长的过程还受到周围环境影响，包括海水的温度、盐度、深度、酸碱性、营养程度、流速以及附着基底的表面等。因此，由于海洋环境的复杂性和海洋污损生物的多样性，解决海洋生物污损问题是一个全球性的挑战。

6.1.2 海洋防污技术发展历史

自人类开始探索海洋以来，海洋生物污损带来的问题一直困扰着我们。相应地也发展了

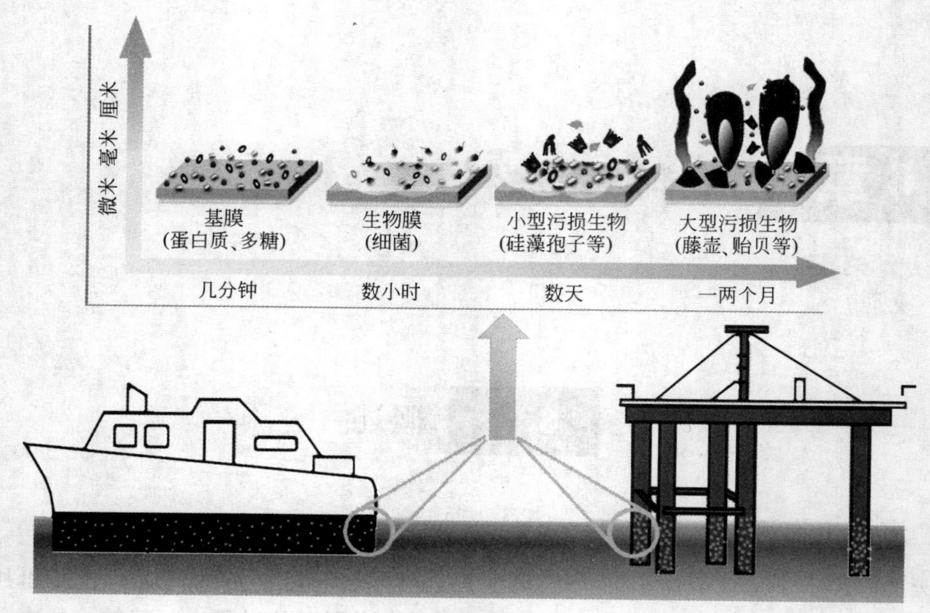

图 6-1 海洋生物污损形成过程与其危害示意图[4]

一系列海洋防污技术[5,6]（图 6-2）。公元前 7 世纪，人类开始探索将蜡、焦油和沥青涂在船底或者用铜皮覆盖船底来防污。公元前 5 世纪，人们将砷和硫黄混入油中涂在船底以阻止海生物的附着。之后，主要的防污手段是利用金属（铜、铅）的延展性来包裹木船表面以达到防污的效果。19 世纪中期以后，随着铁船的出现，金属包裹防污技术慢慢被舍弃，这是由于铜会加速钢铁的腐蚀。但人们在研究铜腐蚀的过程中发现了铜离子的防污作用，因此铜化合物被作为防污剂添加到涂料中，先后出现了以氧化亚铜或硫酸铜为毒性材料，松香、乙烯树脂和氯化橡胶为基料的防污涂料。

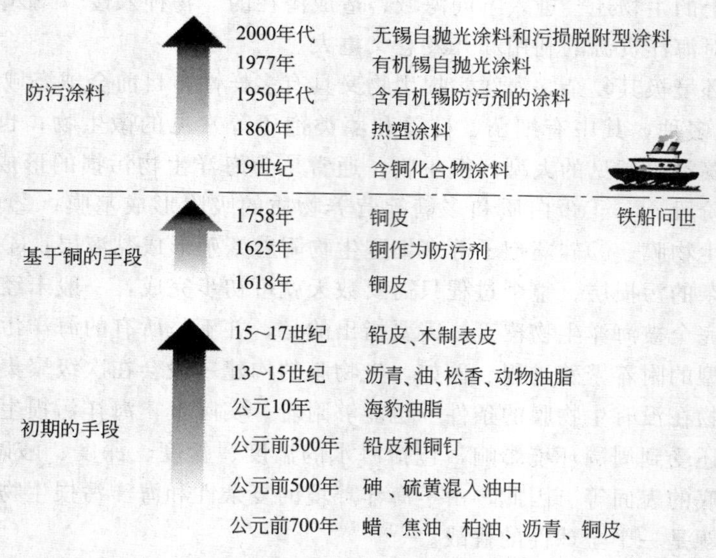

图 6-2 海洋防污技术的发展历史

20 世纪 50 年代，具有广谱性和高效性的有机锡类防污剂开始出现，它逐渐取代了铜化合物成为普遍使用的防污剂。尤其是 20 世纪 70 年代出现了接枝有机锡基团的丙烯酸树脂，通过复配氧化亚铜，开发出有机锡自抛光防污涂料（TBT-SPC）。该类防污涂料在弱碱性海水的作用下，基料树脂可通过酯键的水解释放出具有防污功能的有机锡，同时填充在涂膜中的 Cu_2O 也释放出 Cu^+，在涂膜表面形成有效的防污薄层。同时，基体树脂水解后产生的亲水性基团增强了基料树脂的水溶性，在船的运动和海水冲刷作用下发生溶解、脱落从而达到表面的自更新，即“自抛光”。由于这种涂层能持续而稳定地释放防污剂，且涂层表面粗糙度在有效期内较其他材料要低，因此具有防污和减阻双重效果，防污期效可达5年之久。它曾占据了70%以上的防污涂层市场份额，被誉为划时代的防污技术。然而随着有机锡防污涂料的广泛使用，有机锡化合物对海洋生物的危害也逐渐显现，研究发现，有机锡会在多种鱼类、贝类及海洋植物内长期累积，导致遗传变异，并进入食物链，严重破坏海洋生态系统。20世纪80年代后期，各国开始限制有机锡类涂料的使用，2008年，国际海事组织IMO在全球范围内禁止使用有机锡类涂料。在此之后，出现了许多相对环境友好的防污材料，包括杀生型防污涂料、污损脱附型防污涂料、生物降解高分子基防污涂料和仿生防污涂料等[7]，下文将逐一展开。

6.2 杀生型防污涂料

杀生型防污涂料（antifouling coatings）施工简便，性价比高，目前占据了全球90%以上的防污涂料市场。它主要由高分子树脂、防污剂、颜填料、助剂和溶剂等组成，其中最为关键的成分是高分子树脂和防污剂。树脂是防污涂料的基体，提供力学强度、粘接性和控制防污剂释放等作用，而防污剂则发挥驱散、杀灭污损生物的功能。防污涂料可依据其高分子树脂的种类分为基体不溶型、基体可溶型以及自抛光防污涂料[4,8]。

6.2.1 基体不溶型防污涂料

该类涂料的基体树脂不溶于海水，常用的有乙烯树脂、环氧树脂、丙烯酸树脂或氯化橡胶。如图6-3所示，涂料中的可溶性填料溶解后形成连续贯穿的孔洞，防污剂经过这些孔洞形成的通道扩散到涂层表面，毒死污损生物。这类涂料刚开始防污剂释放量很大，使用一段时间后，由于基体不溶，涂层的逸出层（leached layer）变厚，防污剂的扩散路径变长，防污剂的释放速率迅速下降而失去防污能力。此类涂料机械强度高，不易开裂，具有良好的抗氧化性和抗光降解性能，但防污寿命短，只有12～18个月，多应用于小型渔船。

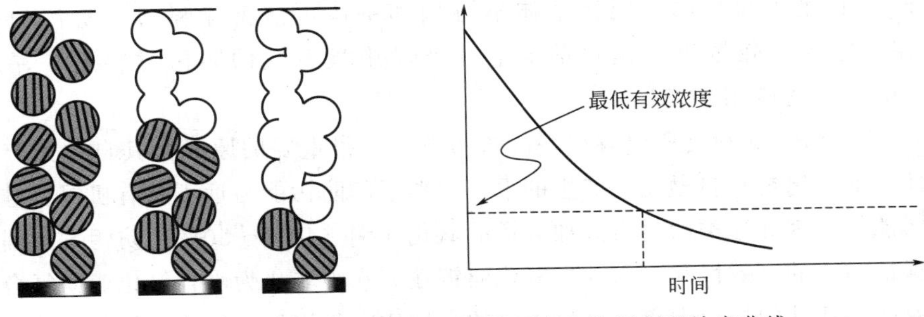

图6-3 基体不溶型防污涂料工作原理和防污剂释放率曲线

6.2.2 基体可溶型防污涂料

该类涂料主要以松香为树脂，松香本身含有羧基，微溶于海水，因此在海水中具有一定的溶蚀速率。基体可溶使得涂层的厚度随时间的推移逐渐变薄，相比于基体不溶型涂料来说，逸出层的厚度不会明显变大，因此防污剂前期释放量大，而后期下降不会太快。这种涂料一定程度上解决了基体不溶型防污涂料期效短的问题，防污有效期最长可达 3 年（图 6-4）。但是松香性脆，且不能够有效阻止海水渗透到涂层内部，需添加各种增塑剂和填料来改善涂层的力学性能。当松香含量过大时，涂膜力学性能变差；含量过小，溶蚀速率和防污剂释放速率则不能满足防污要求，因此松香含量的调控是此类涂料的关键因素。这类涂料的溶蚀速率依赖于船的航行速率且不可控，防污效果不稳定，在静态环境中防污效果差。另外，松香基的涂料不耐氧化，涂覆涂层后的船在使用前或进船坞后，要进行涂层的密封保护，若是暴露在空气阳光中，涂层的性能会发生不可预测的变化从而影响防污效果。再者，松香的溶蚀导致表面粗糙度上升，会增大船行阻力。

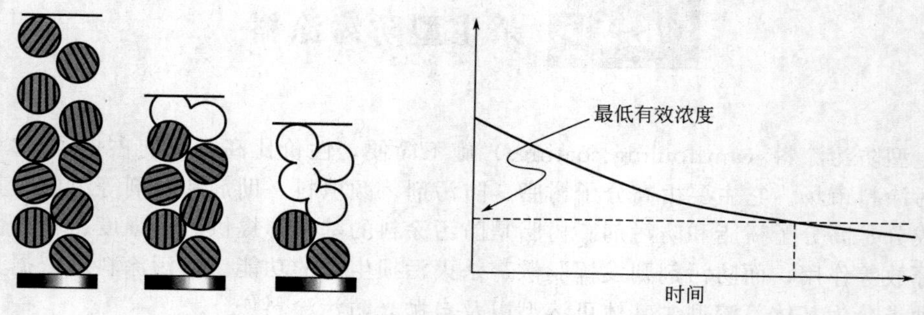

图 6-4 基体可溶型防污涂料的工作原理和防污剂释放率曲线

6.2.3 自抛光防污涂料

有关有机锡自抛光防污涂料（TBT-SPC）已在上文论述，并已被全球禁止使用。这里主要介绍无锡自抛光防污涂料。其防污机理与 TBT-SPC 涂料一致，只是将三丁基锡基团换成环境危害较小的其他基团，如含铜基团、含锌基团、含钛基团、含硅基团等。这些基团以离子键或共价键的形式连接到主链上，在海水的作用下，通过离子交换或水解作用脱离主链，从而使涂层表面具有一定的水溶性，可在水流冲刷下脱落抛光（图 6-5）。自抛光涂料逸出层比基体不溶型和基体可溶型涂料薄，防污剂可持续释放并维持在一定的有效浓度，是目前商业化产品中最有效的防污材料之一，防污期效可达 3～5 年，广泛应用于商船。

然而，TBT-SPC 涂料之所以有很好的防污效果，很重要的原因是其自抛光产生的高毒性含锡基团，而无锡材料自抛光后产生的铜、锌离子的防污能力远不及有机锡，硅烷酯基团不具备防污能力，因此这类涂料需添加大量的氧化亚铜（40%～50%）防污剂和辅助有机防污剂，以保证防污的高效性和广谱性。氧化亚铜在海水中转化为水合氯化亚铜复合物，然后氧化为具有防污活性的二价铜离子，尽管它的毒性比有机锡低，但使用氧化亚铜并非一劳永逸的方法，研究已证明铜离子同样会在海洋中积聚（尤其是临港的海泥中），带来严重的环

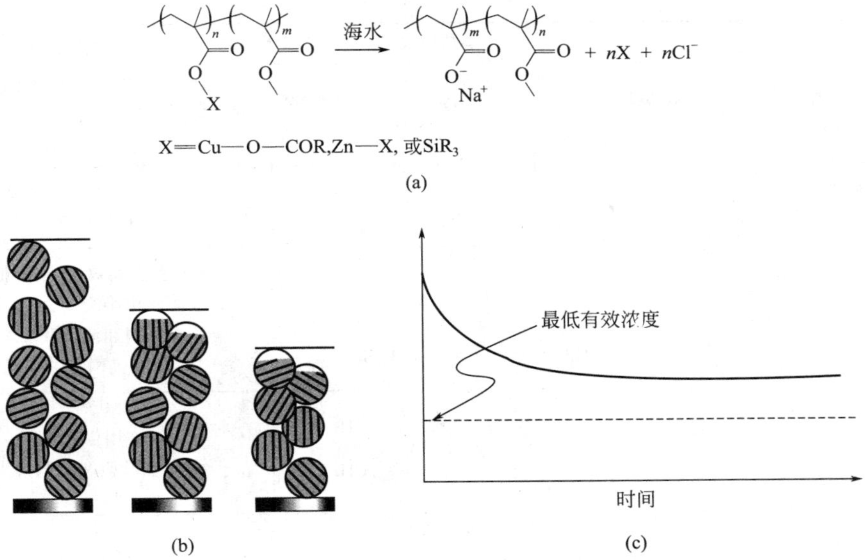

$$X{=}Cu{-}O{-}COR,\ Zn{-}X,\ 或\ SiR_3$$

(a)

(b)　　(c)

图 6-5　自抛光树脂在海水中的离子交换或水解反应（a）、
自抛光防污涂料工作原理（b）和防污剂释放率曲线（c）

境问题。含氧化亚铜防污涂料已被我国列入“高污染，高环境风险”名单，随着人们环保意识的日益提高和环保法规的不断完善，发展环境友好防污涂料至关重要。另外，现有的自抛光防污涂料主要适用于远洋船舶，其性能的发挥对停航比和航速都有一定的要求。在静态或低航速时，聚合物水解后不能及时溶解，表面更新速度慢，导致防污效果不理想，使得现有涂料很难满足低航速的船舶、潜艇以及海上采油平台的防污要求。实际上，静止状态下的长效防污一直是世界性的难题。此外，自抛光树脂的主链结构是稳定的 C—C 结构，在海水中难以降解，树脂将长期存在于海洋环境中，造成海洋微塑料污染。海洋生物误食微塑料后可能会出现体内物理损伤、进食行为改变、繁殖能力下降等问题。

需要指出的是，尽管目前自抛光防污涂料效果最好，发展速度最快，我国在这一领域的发展却较为缓慢，其主要原因是海洋防污涂料中的关键成分（即树脂）的合成和应用技术长期被国外跨国公司所垄断。树脂作为涂层的基体以及防污剂的载体，可直接影响涂层的性能并控制防污剂的释放，是海洋防污涂料的重要原材料。因此，国内防污技术要想获得突破，必须在新概念、新理论、新材料、新工艺的源头上取得创新，特别是在防污涂料关键基础材料方面寻找突破口。

在自抛光防污涂料中，除了核心的高分子树脂外，防污剂也是非常重要的关键组成。有机锡被禁用后，目前被广泛使用的人工合成的防污剂是氧化亚铜，但是它对藻类的防污效果并不好，也要复配其他防污剂以达到良好防污效果。另外，含铜防污剂会在海洋环境中富集，危及非目标生物的生存，例如会导致贝类海生物的呼吸频率下降，影响其生长繁殖。因此，从长远看，开发能够完全代替氧化亚铜，且高效、环境友好的防污剂是防污剂研究的重点。表 6-1 列出了目前主要的防污剂的使用情况。从表中信息不难看出，随着环保意识的加强和环境检测技术的发展，防污剂的使用必然是要经过筛选、淘汰、再筛选的过程，最终向低毒或无毒、高效、环保化的方向发展。

表 6-1 主要防污剂及其使用情况

名称	化学结构式	性质及使用情况
氧化亚铜 (cuprous oxide)	Cu—O—Cu	对藤壶、苔藓虫等硬体动物高效， 对藻类、水螅等软体动物低效； 毒性远低于三正丁基锡
硫氰酸亚铜 (cuprous thiocyanate)	Cu—S—C≡N	毒性与氧化亚铜接近， 有效铜含量低
4-*N*-叔丁基-2-*N*-环丙基-6-甲硫基-1，3,5-三嗪-2,4-二胺 (Irgarol 1051)	$S-CH_3$；$(H_3C)_3CHN$；$NHCH(CH_2)_2$	对藻类高效，对动物低效； 海水中半衰期为 100 天； 在英国和澳大利亚禁用； 已在美国和欧盟登记
3-(3,4-二氯苯基)-1,1-二甲基脲 (diuron)	Cl；Cl；H；N；O；CH_3；CH_3	亦用作除草剂； 在欧盟和英国禁用
4,5-二氯-*N*-辛基-4-异噻唑啉-3-酮 (DCOIT)	Cl；Cl；S；N；O；C_8H_{17}	对藻类高效； 已在美国和欧盟登记； 海水中半衰期小于 1 天
吡啶硫酮铜/吡啶硫酮锌 (copper pyrithione/ zinc pyrithione)	Zn；Cu；N；S；O	对软体动物高效； 吡啶硫酮铜:在欧盟登记； 吡啶硫酮锌:在美国和欧盟登记
亚乙基双(二硫代氨基甲酸锌) (zineb)	^{-}S；S；H；N；S^{-}；Zn^{2+}	易分解出二硫化碳和硫化氢； 已在欧盟登记
吡啶三苯基硼 (pyridine-triphenylborane)	B；N	对藻类和动物皆有效； 与吡啶硫酮铜/锌配合效果好； 海水中半衰期小于 3h； 未在美国或欧盟登记
4-溴-2-(4-氯苯基)-5-三氟甲基-1*H*-吡咯-3-甲腈 (Econea)	Br；N；F；F；F；N；H；Cl	对无脊椎动物高效； 海水中半衰期 3～15h； 在美国和欧盟登记

6.3 污损脱附型防污涂料

污损脱附型防污涂料（fouling release coatings，FRC）是指与污损生物间的黏附强度较弱的材料，通过水流冲刷或机械清除可使污损生物脱离表面（图 6-6），不需释放有毒的防污剂[9]。1977年，第一个与FRC有关的专利问世，当时有机锡防污体系效果很好，因此FRC并未受到重视，直到有机锡的环境危害暴露出来后，FRC才发展起来并商品化。这类材料防污机理的关键在于其低表面能和低弹性模量，通常由低表面能的有机硅或含氟聚合物制备。

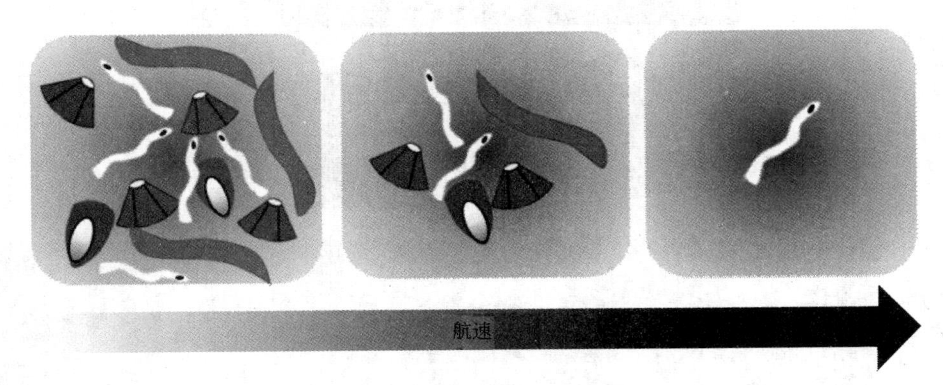

图6-6　污损脱附型涂料的防污作用示意图

6.3.1　有机硅材料

有机硅材料具有低临界表面自由能、几乎可以忽略的微小表面粗糙度和极低的玻璃化转变温度和低弹性模量等优势，是目前主要的污损脱附型防污材料。然而，任何事物都有两面性，对于污损生物不粘的同时，如何解决其对于基底的黏附力是一个首要的问题。目前的有机硅防污材料的黏附强度和力学性能较弱，往往需要连接漆来增加与底漆的黏结强度，另一方面，较差的力学性能会导致涂层在船舶的常规处理和航行期间容易损坏，从而降低其性能和使用寿命。因此，通过物理或者化学改性提升其性能是一个重要的研究方向。例如通过添加少量纳米海泡石纤维、碳纳米管等，可在不影响有机硅污损脱除能力的同时提高其拉伸强度[10]。此外，通过化学方法引入极性基团也可提高机械强度，如利用环氧树脂改性聚二甲基硅氧烷(PDMS)，环氧基团的极性使涂层有较好的附着力，但材料的弹性模量随之增大，因此防污能力会比传统有机硅稍弱[11]。通过在有机硅体系中引入可逆键，例如有机硅-聚脲材料（图6-7），也为解决有机硅基FRC受损后无法修复、重涂的问题提供了一个新的思路[12]。

为了提高有机硅材料对细菌、硅藻的防污能力，通常是引入防污基团[13]，主要分化学结合和物理结合两种方法。化学结合方法主要是通过接枝或共聚的方法将防污基团引入有机硅材料。例如将两性离子接枝到PDMS中，由于两性离子的污损阻抗作用，材料有良好的抑制细菌和藤壶幼虫附着能力，但该材料在浸泡海水后表面会发生部分重构，表面性能不够稳定。季铵盐功能化的PDMS也有类似的防污能力，但这些亲水性基团含量过多时，材料的表面能会变高，不利于污损生物的脱除，还有可能带来涂层溶胀的问题。通过接枝或共聚的方法将防污基团［三氯苯氧氯酚（三氯生）、三氯苯基马来酰亚胺等］引入有机硅聚合物中是一种有效解决力学性能和防污性能的途径。物理方法则是直接共混加入防污剂等活性物质，例如将具有防污效果的天然活性物质（大叶藻酸等）添加到有机硅中以提高防污性能。

除了以上方法外，目前报道的另外一类提高有机硅涂层防污效率的方法是添加水凝胶或者液体的低表面能添加剂[14,15]。例如Hempel公司开发的X3，据称是在传统的有机硅弹性体中引入亲水性的水凝胶分子，能够延缓硅藻黏膜的附着。在PDMS中加入低黏度的硅油

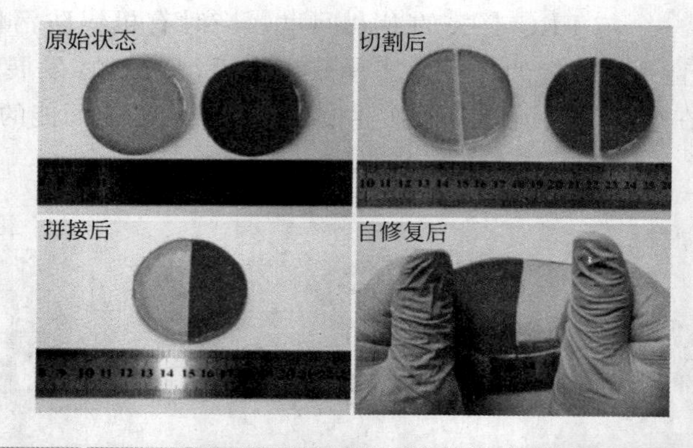

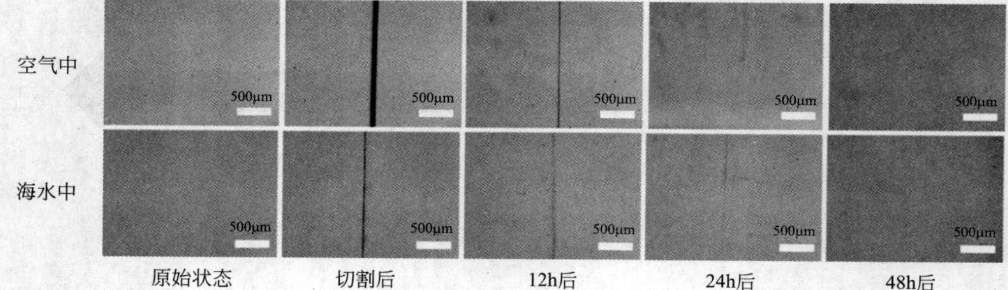

图 6-7　具有优异自修复性能 PDMS 基聚脲材料[12]

其实在防污涂料配方中早已探索，这些具有低表面能的液体能够迁移到材料表面与空气的界面处，并逐渐渗出，从而在材料的表面产生一层非常薄的“油”层（或膜）。事实上，污损生物首先接触到的是这层“油”的表面，只能产生弱的黏附，因此，有助于污损生物从材料表面轻易地脱除。然而，在许多情况下，这些添加剂甚至会降低材料的使用寿命，因为低表面能添加剂会使得涂层变脆，从而降低涂层的力学性能，导致涂层容易开裂，添加剂流失过快甚至流尽，最终涂层完全被污损生物覆盖。此外，有机硅油的释放是否会对海洋生物的生长繁殖产生影响，是否会破坏海洋生态环境，目前，关于这方面的环境评估的报道还较少，尚缺乏有效的证据，因此，对有机硅油等的使用还存在争议。

6.3.2　有机氟材料

有机氟是另一类低表面能材料，其低黏附特性源于在界面处聚集的 CF_3 基团[16]。临界表面自由能大小与在表面聚集的化学基团有关，并按以下顺序依次减小：CH_2（36mJ/m^2）＞CH_3（30mJ/m^2）＞CF_2（23mJ/m^2）＞CF_3（15mJ/m^2）。一般情况下，全氟烷基链在涂层的成膜过程中会向表面富集，在表面形成紧密堆积状态，从而使得表面的自由能最小化。由于氟原子的极性较大，导致含氟链段的刚度增加，柔性下降，阻碍了其围绕主链的旋转，表面分子重排受到一定程度的限制，因此会有更少的污损。与有机硅弹性体相比，含氟聚合物具有更高的本体模量，需要更高的临界去除应力才能使生物胶黏剂失效。因此，附着在含氟聚合物涂层表面上的污损生物并不容易清除掉。聚四氟乙烯（PTFE）或氟化乙烯-丙烯共聚物具有耐酸碱、耐盐、耐紫外线、耐高温、耐有机溶剂、耐油等优良的特性，是开发防污材料良好的候选材料，不过，对用于制备涂料的有机溶剂也提出了挑战。此外，由于表面的非均一性，往往还有微孔，会导致污损生物的附着。

为了进一步改进有机氟树脂低表面能防污涂料性能，美国海军实验室采用氟化聚氨酯为基料，在涂料中大量添加聚四氟乙烯粉来研制氟化聚氨酯防污涂料，表面能可低至 12mJ/m^2，但由于漆膜中存在大量非低表面能的聚氨酯基团，防污效果仍然不够理想。该类防污涂料曾在美国海军“鹦鹉号”舰艇上应用，但每半年必须上坞用高压水清洗船壳底部。此外，全氟聚醚、含氟丙烯酸酯共聚物等也是近年来有机氟低表面能防污涂料的研究热点。例如可利用 UV 辐射固化技术来制备交联的氟化聚氨酯丙烯酸酯涂层和全氟聚醚弹性体，该技术具有涂膜制备简单、环境友好、生产效率高等特点，结合全氟聚醚的本体和表面性能的可调节性以及本身的惰性和无毒性能，这种系统有望作为未来海洋污损脱附型防污涂层。

6.3.3 氟硅聚合物材料

在污损脱附型防污材料中，氟硅聚合物材料综合了有机硅和有机氟的各自优点：有机硅材料的低临界表面张力和有机氟化合物链的刚性和密集堆积能力，既保证低表面能又可减少表面重排的概率。因此以硅氧链为主链，在侧链中引入一定量的 CF_3 基团，利用该基团超低表面能特性趋于取向于表面，而整个大分子保持了线型聚硅氧烷的高弹性特性，使之兼有有机硅和有机氟防污涂料的特点。这种以氟代聚硅氧烷为基料的新型低表面能防污涂料，具有优异的防污性能。除了有机硅和氟共聚外，在有机硅中物理共混惰性的低分子量有机氟化合物（全氟聚醚、含氟丙烯酸酯共聚物等），也能够提高涂层的防污性能。

6.4 生物降解高分子基防污涂料

自抛光防污涂料是目前性能较好的防污材料，但其水解后的亲水性表层的溶解依赖于强水流的冲刷，且其稳定的聚丙烯酸酯主链结构使之长期存在于海洋环境中，形成海洋微塑料污染。生物降解高分子可在水或生物酶进攻下降解为小分子并被环境所吸收，常见有聚己内酯（PCL）、聚乳酸（PLA）、聚丁二酸丁二醇酯（PBS）等聚酯。在海水中，它们可以通过主链的断裂而形成不断更新的动态表面，使海洋微生物不易附着，同时材料降解为无毒的小分子，是环境友好的防污材料（图 6-8）。尤为重要的是，生物降解高分子在海水中降解形成的亲水性小分子或小分子片段很容易分散在海水中，涂膜表面没有残留的树脂骨架层，因此具有更好的表面更新性和防污剂控释性，更适合于静态和低速船的应用[17]。然而未经改性的可降解聚酯通常为高度结晶的高分子，在海水中的降解速度既慢又无法调控，同时在基材上的成膜性能也较差，容易脱落。这些问题限制了其在海洋防污材料领域的应用。

采用化学共聚法制备生物降解型聚氨酯材料是一种有效解决上述问题的途径[18～22]。例如，华南理工大学海洋工程材料团队通过丙交酯（GA）与己内酯（CL）的开环共聚制备出端羟基的低聚物，再将该低聚物与异氰酸酯反应制备了降解速率可调的聚氨酯。聚己内酯、聚（己二酸乙二醇酯）或聚乳酸等也可以作为可降解聚氨酯的软段，通过酯键密度及结晶度的调控，可制备出不同降解速率的防污材料。此外，还可以在生物降解聚氨酯中引入可水解侧基制备“主链降解-侧链水解”型聚氨酯材料，该材料可有效结合主链降解性和传统自抛光材料的侧链水解性，而且自更新速率可以通过调控主、侧链含量来实现，因此该材料即使在静态条件下也具有较高的自更新速度，克服了以往自抛光防污聚合物对航速的依赖。与只依靠侧链水解性的聚丙烯酸类自抛光材料相比，该材料在海洋挂板实验中展现出更好的防污

图 6-8　传统自抛光防污涂层与生物降解高分子涂层的作用机理对比

性能。同时，材料浸入海水后，表面由于水解作用变得亲水，并能长期保持，有利于减阻。另外，利用巯基-烯反应和加成聚合反应，将环境友好有机防污剂通过共价键接枝到 PCL 基的聚氨酯中，可制备具有防污功能的生物降解高分子材料。研究表明防污剂会随着聚氨酯的主链降解而释放出来，同时，该材料的水解和降解速率会随着防污基团含量的增加而降低，这有利于提高降解防污材料的长效性和持久性。表面自更新作用与防污剂的稳定释放赋予材料优异的防污能力，提高了防污材料的广谱性和长效性。如图 6-9 所示。

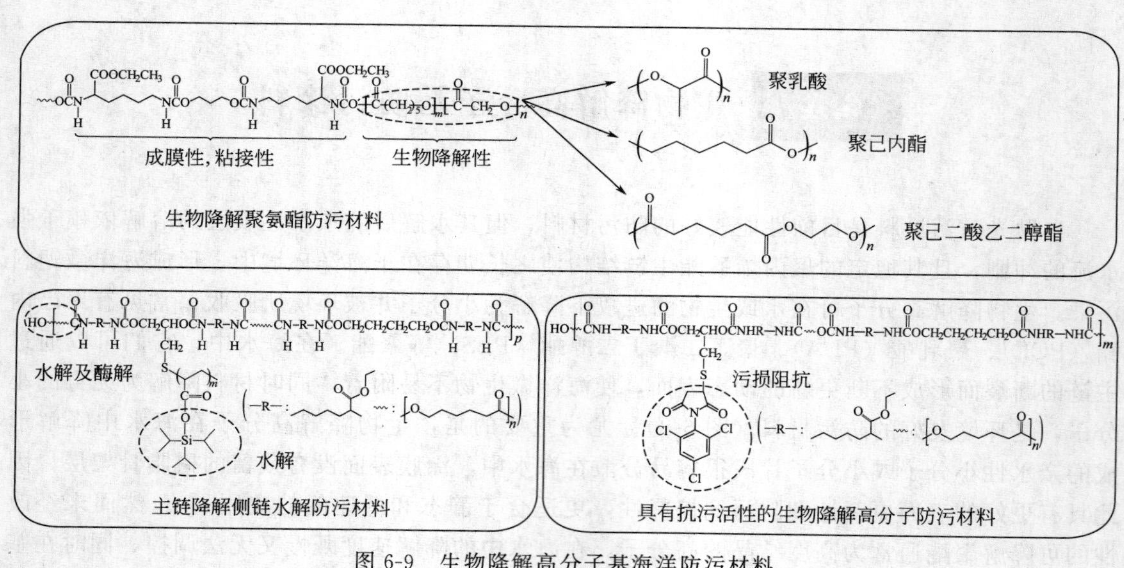

图 6-9　生物降解高分子基海洋防污材料

物理共混法也是一种简便直接的改性方法[23,24]。例如通过生物可降解聚己内酯（PCL）与黏土（高岭土、蒙脱土）的共混，制备了生物降解高分子/黏土/环境友好防污剂复合体系，黏土的加入改善了PCL 的降解性能和力学性能，并且对防污剂的释放起到了控释作用。通过共混不同生物降解高分子 PCL 和聚丁二酸丁二醇酯（PBS），并将共混物作为环境友好防污剂的载体，得到防污剂释放速率恒定、可控的防污体系。

生物降解高分子材料的来源广泛，成本较低，改性方法简单，适合大规模工业化生产。改性后的材料在海洋环境中有优异的降解自更新性能，能稳定、可控地释放环境友好防污剂。更重要的是，生物降解高分子材料（图 6-10）得益于其主链可在海水中降解成无毒的小分子，不会对海洋生态产生影响。这些优势都是传统自抛光防污树脂所不具备的，主链降解高分子已成为新一代海洋防污材料。特别是，生物降解高分子还可用于改性传统自抛光防污材料，例如华南理工大学海洋工程材料团队在国际上首次通过2-亚甲基-1,3-二氧杂环庚烷、甲基丙烯酸三正丁基硅烷酯和甲基丙烯酸甲酯的自由基开环聚合制备了主链降解型自抛光树脂（degradable self-polishing copolymer，DSPC），该树脂不仅具备传统自抛光树脂的水解性侧基，还具有可降解的主链结构，能有效地协调侧基的水解性和聚合物的溶解性，成功突破现有技术抛光速率调控性差、静态防污能力弱的局限[25~28]。特别是，该树脂可通过主链降解成小分子，不会造成海洋微塑料污染。该树脂技术具有环境生态友好、动静态防污性能优异等优势，是对传统自抛光树脂的重要革新。此外，通过选择合适的硅烷酯、锌/铜或自生两性离子单体可开发出系列降解、水解速率可调的主链降解型自抛光树脂，以适应不同使用场合。

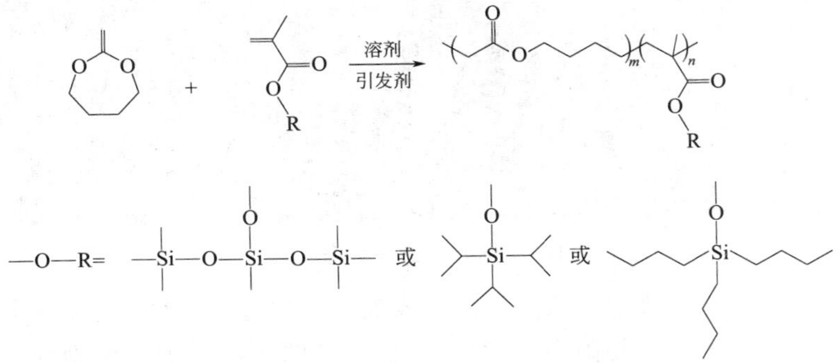

图6-10 主链降解型自抛光树脂的合成[26]

6.5 仿生防污涂料

奇妙的大自然是人类最好的导师，许多海洋生物（鲨鱼、海豚和部分软体动物等）的表面几乎不被其他生物寄生，其确切机理目前还不清楚，一般认为其防污性与这些生物体的表面微结构、分泌生物活性分子，表层自脱落、分泌黏液和水解酶等有关[29]。目前主要有两个活跃的研究分支：一是通过设计具有特殊表面的材料，模仿生物体表面特性，使其具有防污功能；二是从生物体内提取具有防污功能的活性物质，用于开发含防污活性物质的防污涂料，源于自然而用于自然，解决传统防污剂对海洋环境污染的问题。

6.5.1 仿生微结构防污涂料

具有微形貌的表面在自然界中是常见的，如荷叶、鲨鱼皮、壁虎脚、蚊子眼睛、海蟹和贻贝壳层等（图6-11）。这种微形貌表面赋予了它们独特的性能，如鲨鱼皮的减阻、蚊子复眼的防雾等。因此，人们期望通过仿生微观结构实现防污。制备微观形貌表面最常见的方法有激光刻蚀、电子束光刻、反应性离子刻蚀、热压花或模具和铸造，使用的材料主要是聚二甲基硅氧烷（PDMS)、聚氯乙烯（PVC)、聚碳酸酯或聚酰亚胺[30]。尽管仿生微形貌表面防污具有无毒、环境友好的特征，防污损生物的效果也展现出了一定的乐观前景。但是在船体或其他大型海洋设备表面涂覆或制备微结构化表面并不容易，其成本较高，长效性也难以保证。

6.5.2 天然产物基防污涂料

天然防污剂主要基于在海洋环境中，许多海洋微生物或藻类植物表面可以通过分泌活性

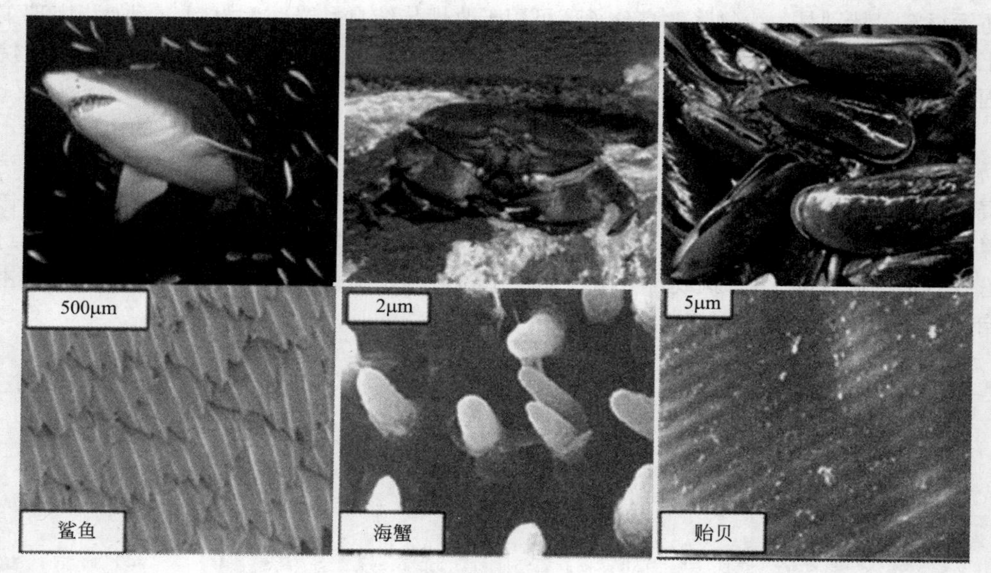

图 6-11　自然界中的表面微观结构[29]

物质，避忌或抑制污损生物吸附生长这一原理发展的。通过提取这些具有防污活性的天然产物作为防污剂，可防止海洋生物附着[31,32]。例如，来源于海绵的萜配糖和三萜烯糖、来源于红藻的卤代呋喃酮类等都具有优异的防污效果。此外，提取自陆生植物（如辣椒、胡椒等）的辣椒素和胡椒碱也可抑制海洋生物附着。但上述活性物质在植物体内的含量很低，而且提取、纯化步骤繁琐，大规模制备的成本非常高。通过化学合成制备出具有类似或优于天然活性物结构的防污剂，是更为高效、更适合应用的方法。目前，通过这种途径实现商品化的绿色防污剂有 2-（对-氯苯基）-3-氰基-4-溴基-5-三氟甲基-吡咯（ECONEA）和 4,5-二氯-2-辛基-4-异噻唑啉酮（DCOIT）。香港科技大学钱培元教授课题组在天然防污剂领域进行了深入的探索，通过对海洋链霉菌代谢物的结构改性，开发出丁烯酸内酯防污剂（图 6-12）。该化合物具有优异的防污活性与很低的毒性，且容易降解，不在海洋生态中累积，有着广阔的应用前景。但需注意到，要发挥天然防污剂的污损阻抗功能，必须搭配高性能的基体树脂

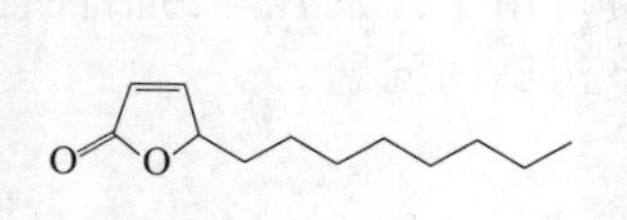

污损生物幼虫	半数效应浓度/(μg/mL)	半数致死浓度/(μg/mL)	半数致死浓度/半数效应浓度
藤壶	0.52	>50	>97
管虫	0.017	>2.0	>119
苔藓虫	0.2	>50	>250

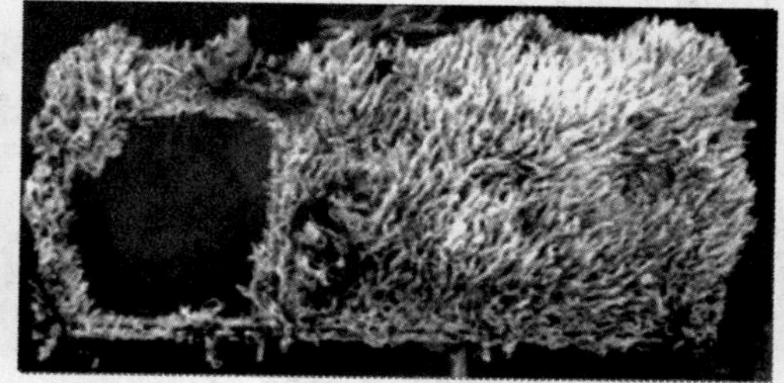

图 6-12　天然防污剂丁烯酸内酯的结构式、活性评价及海洋挂板实验

使用，保证天然防污剂在海水中的稳定、可控释放是实现长效防污效果的关键[33]。

6.6 其他新型海洋防污涂料

6.6.1 污损阻抗型防污涂料

污损阻抗型（fouling resistant）防污涂料指可抑制、阻止海生物附着生长的涂料，通常为亲水性的高分子，它们与水之间的界面能很低，它的表面可形成一层水化层，当生物靠近时要突破水化层才能与基体表面黏结，需要更多能量，因此降低了黏附的可能性。这类材料主要包括聚乙二醇、两性离子聚合物和水凝胶等，对蛋白质、海洋细菌、绿藻孢子和藤壶幼虫等的阻抗能力良好。

聚乙二醇（PEG）因具有较大的排除体积、水化链的强活动性和空间位阻效应，能有效地减少细胞的附着生长和蛋白质的吸附，且当聚合度较高时防污效果更好[34]。研究表明，与低聚合度的PEG相比，长链PEG能更高效地阻止舟形藻和石莼孢子的黏附。此外，PEG能被接枝到多种基底上，赋予基材优异的防污能力。两性离子聚合物（zwitterionic polymer）如磺基甜菜碱、羧基甜菜碱和磷酸胆碱等，结构中同时含有阳离子和阴离子，与非离子性的亲水聚合物（如PEG）通过氢键形成水化层不同，两性离子聚合物通过静电相互作用来诱导水化，这使得它能与水紧密结合，因此防污效果很好[35]。研究表明，两性离子聚合物能有效抑制藤壶幼虫和硅藻的附着，石莼孢子在其表面的附着也不牢固，在弱水流的冲洗下就能脱除。水凝胶涂层由亲水性的高分子链交联而成，体系中含有大量的水，这类材料通常由PEG或甲基丙烯酸羟乙酯（HEMA）制备。HEMA的分子链可高度伸展与取向从而排斥海洋生物，因此HEMA具有与PEG接近的防污能力。例如，通过紫外光引发的自由基聚合合成的含甲基丙烯酸聚乙二醇酯和聚甲基丙烯酸羟乙酯的材料，具有优秀广谱防污性，对多种海洋细菌、硅藻、石莼孢子、藤壶幼虫有显著的防附着能力。

尽管污损阻抗型材料在室内防污实验中展现出对多种海生物幼虫的防污能力，但目前未见成功的海洋挂板实验报道。事实上，由于海洋环境的复杂性和污损生物的多样性，污损阻抗型材料欠缺防污的广谱性，例如对一些大型海洋污损生物无效；再者，海洋中有大量的海泥、生物腐烂物，一旦覆盖了材料表面，防污性能便无法体现。因此，单纯地依靠污损阻抗有其局限性。

6.6.2 两亲性聚合物防污涂料

两亲性聚合物防污涂料的设计思路主要受血管内壁微相分离结构的启发。含有亲水和疏水链段的两亲性聚合物，由于相分离，形成纳米尺度上的“不均匀”表面，从而阻止或减少污损物的附着。Wooley等用超支化含氟聚合物和PEG交联固化，形成不同尺度的相分离结构，据称对污损生物如石莼的附着阶段有阻碍作用，同时减少了蛋白质和脂多糖的吸附[36]。Ober等合成了主链是聚苯乙烯，侧链含有PEG和氟碳链的两亲性梳状嵌段共聚物[37]。表面和频光谱检测表明，在水中该聚合物形成的涂膜表面亲水部分（PEG）和疏水部分（含氟基团）共存，即表面本身是两亲性的。室内防污实验表明，与低表面能PDMSe相比，该两亲性表面对石莼和舟形藻呈现出弱黏附。虽然两亲性聚合物具有很好的防污应用前景，但是如何确保这种材料在海水中维持长久的稳定性，不因溶胀而破坏力学性能，是发展该材料的一个技术难点。另外，这种材料是否具有广谱的抗污性有待进一步验证。

6.6.3 生物酶防污涂料

酶广泛存在于自然界中，是一类具有化学活性的蛋白质。酶的固定化已经在医疗、植入牙齿和食品包装材料领域得到了广泛应用。基于生物酶的防污涂料在20世纪80年代被首次提出，近年来随着环境保护意识的提高重新得到重视[38]。按照作用机理，具有防污作用的酶分为直接酶和间接酶。直接酶的作用机理是酶直接降解污损生物或者其产生的生物胶黏剂；而间接酶则通过产生趋避化合物如过氧化氢等发挥防污作用。最常用的可以降解生物胶黏剂的酶是蛋白酶（proteases）和糖基酶（glycosylases）。由于大部分生物酶是蛋白质，具有无毒、生态友好等特点，因此是其他防污剂潜在的替代品[39,40]。然而生物酶防污涂料的有效使用还需解决以下问题：①酶在与涂料其他成分混合后必须仍能保持活性；②酶的存在不能影响涂料的其他性能；③所选用的酶防污剂应具有广谱的防污作用；④在涂层干燥期间及浸入海水后，酶能够保持长期的活性及稳定性。

因此，目前酶防污大部分是理论研究，发表的一般仅是短期测试的结果，它是否具有长效性和广谱性有待验证。而且根据欧盟等国家和地区的相关条例，酶防污剂必须要跟传统的防污剂一样经过注册方能使用，因此商业化酶防污涂料仍然还有很长的道路要走。

6.7 总结与展望

海洋生物污损是一个涉及能源、环境、国防等国家重大需求相关的全球性问题。随着航运事业的发展和海洋资源开发步伐的加快，海洋防污越来越重要。发展有效的海洋防污涂料体系具有重大的经济意义和战略意义。然而，海洋环境极其复杂，生物多样性十分丰富，而且污损生物就像投机主义者一样，一旦遇到机会黏附上海洋设施便绝不“放手”，这是对海洋防污的一个巨大挑战。因此，海洋防污不能仅依靠单一途径，综合防污才是未来研究的重点。例如将生物降解高分子和天然防污剂结合，构筑多功能协同海洋防污涂料体系等。从目前防污涂料的发展来看，完全摒弃防污剂是不现实的。由于传统防污剂对附着生物有毒杀作用，破坏海洋生态平衡，使用环境友好的天然和人工合成有机防污剂已成必然。然而，如何解决新型防污剂与高分子树脂的相容性和可控释放性，实现低含量有效是关键点。未来发展的重点应该关注在新型高分子树脂的设计和控释系统的构建。此外，目前对海洋防污性能的评价主要基于室内试验和实海实验，室内实验评价快速、高效，但由于海洋环境的复杂性和海洋污损生物的多样性，往往不够全面。实海实验评价准确，但其周期长、耗费高。因此，发展高通量、快速的防污性能评价技术以及服役寿命预测模型至关重要。

参考文献

[1] Yebra D M, Kiil S, Dam-Johansen K. Antifouling Technology-Past, Present and Future Steps towards Efficient and Environmentally Friendly Antifouling Coatings [J]. Prog Org Coat, 2004, 50: 75-104.
[2] Schultz M P, Bendick J A, Holm E R, Hertel W M. Economic Impact of Biofouling on a Naval Surface Ship [J]. Biofouling, 2011, 27: 87-98.

[3] Chambers L D，Stokes K R，Walsh F C. Modern Approaches to Marine Antifouling Coatings [J]. Surf Coating Tech，2006，201：3642-3652.

[4] 谢庆宜，马春风，张广照. 海洋防污材料 [J]. 科学（上海），2017，69：27-31.

[5] Almeida E，Diamantiono T C，de Sousa O. Marine Paints：The Particular Case of Antifouling Paints [J]. Prog Org Coat，2007，59：2-20.

[6] Hellio C，Yebra D M. Advances in Marine Antifouling Coatings and Technologies [M]. Cambridge，UK：Woodshead Publishing，2009.

[7] Callow J A，Callow M E. Trends in The Development of Environmentally Friendly Fouling-resistant Marine Coatings [J]. Nat Commun，2011，2：244.

[8] 马春风，吴博，徐文涛，张广照. 海洋防污高分子材料的进展 [J]. 高分子通报，2013，9：87-95.

[9] Lejars M，Margaillan A，Bressy C. Fouling Release Coatings：A Nontoxic Alternative to Biocidal Antifouling Coatings [J]. Chem Rev，2012，112：4347-4390.

[10] Beigbeder A，Degee P，Conlan S L，Mutton R J，Clare A S，Pettitt M E，Callow M E，Callow J A，Dubois P. Preparation and Characterisation of Silicone-based Coatings Filled with Carbon Nanotubes and Natural Sepiolite and their Application as Marine Fouling-release Coatings [J]. Biofouling，2008，24：291-302.

[11] Rath S K，Chavan J G，Sasane S，Jagannath，Patri M，Samui A B，Chakraborty B C. Two Componet Silicone Modified Epoxy Foul Release Coatings：Effect of Modulus，Surface Energy and Surface Restructring on Pseudobarnacle and Macro Fouling behaviour [J]. Appl Surf Sci，2010，256：2440-2446.

[12] Liu C，Ma C F，Xie Q Y，Zhang G Z. Self-repairing Silicone Coating for Marine Anti-biofouling [J]. J Mater Chem A，2017，5：15855-15861.

[13] Xie Q Y，Ma C F，Liu C，Ma J L，Zhang G Z. Poly（dimethylsiloxane）-Based Polyurethane with Chemically Attached Antifoulants for Durable Marine Antibiofouling [J]. ACS Appl Mater Interfaces，2015，7：21030-21037

[14] Thorlaksen P，Yebra D M，Catala P. Hydrogel-based Third Generation Fouling Release Coatings [R]. Royal Belgian Institute of Marine Engineers，2009.

[15] Xiao L L，Li J S，Mieszkin S，Di Fino A，Clare A S，Callow M E，Callow J A，Grunze M，Rosenhahn A，Levkin P A. Slippery Liquid-infused Porous Surfaces Showing Marine Antibiofouling Properties [J]. ACS Appl Mater Interfaces，2013，5：10074-10080.

[16] Corbett J J，Winebrake J J，Comer B，Green E. Energy and GHG Emissions Savings Analysis of Fluoropolymer Foul Release Hull Coating [J]. Energy and Environmental Research Associates，2011.

[17] 马春风，刘光明，张广照. 环境友好海洋防污体系的研究进展 [J]. 大学化学，2016，31：1-5.

[18] Ma C F，Xu L G，Xu W T，Zhang G Z. Degradable Polyurethane for Marine Anti-biofouling [J]. J Mater Chem B，2013，1：3099-3106.

[19] Chen S S，Ma C F，Zhang G Z. Biodegradable Polymer as Controlled Release System of Organic Antifoulant to Prevent Marine Biofouling [J]. Prog Org Coat，2017，104：58-63.

[20] Ma C F，Xu W T，Pan J S，Xie Q Y，Zhang G Z. Degradable Polymers for Marine Antibiofouling：Optimizing Structure To Improve Performance [J]. Ind Eng Chem Res，2016，55：11495-11501.

[21] Xu W T，Ma C F，Ma J L，Gan T S，Zhang G Z. Marine Biofouling Resistance of Polyurethane with Biodegradation and Hydrolyzation [J]. ACS Appl Mater Interfaces，2014，6：4017-4024.

[22] Ma J L，Ma C F，Yang Y，Zhang G Z. Biodegradable Polyurethane Carrying Antifoulants for Inhibitionof Marine Biofouling [J]. Ind Eng Chem Res，2014，53：12753-12759.

[23] Yao J H，Chen S S，Ma C F，Zhang G Z. Marine Anti-biofouling System with Poly（ε-caprolactone）/clay Composite as Carrier of Organic Antifoulant [J]. J Mater Chem. B，2014，2：5100-5106.

[24] Chen S S，Ma C F，Zhang G Z. Biodegradable Polymers for Marine Antibiofouling：Poly（ε-caprolactone）/poly（butylene succinate）Blend as Controlled Release System of Organicantifoulant [J]. Polymer，2016，90：215-221.

[25] Zhou X，Xie Q Y，Ma C F，Chen Z J，Zhang G Z. Inhibition of Marine Biofouling by Use of Degradable and Hydrolyzable Silyl Acrylate Copolymer [J]. Ind Eng Chem Res，2015，54：9559-9565.

[26] Xie Q Y，Ma C F，Zhang G Z，Bressy C. Poly（ester）-poly（silyl methacrylate）Copolymers：Synthesis and Hydrolytic Degradation Kinetics [J]. Polym Chem，2018，9：1448-1454.

[27] Xie Q Y，Xie Q N，Pan J S，Ma C F，Zhang G Z. Biodegradable Polymer with Hydrolysis Induced Zwitterions for Antibiofouling [J]. ACS Appl Mater Interfaces，2018，10：11213-11220.

[28] Zhang G Z, Ma C F. Method for Preparing Main Chain Scission-type Polysilyl (meth) acrylate Resin and Application thereof [P]. US Patent 9701794 B2, 2017.
[29] Magin C M, Cooper S P, Brennan A B. Non-toxic antifouling strategies [J]. Mater Today, 2010, 13: 36-44.
[30] Schumacher J F, Aldred N, Callow M E, Finlay J A, Callow J A, Clare A S, Brennan A B. Species-specific Engineered Antifouling Topographies: Correlations between the Settlement of Algal Zoospores and Barnacles Cypris [J]. Biofouling, 2007, 23: 307-317.
[31] Qian P Y, Xu Y, Fusetani N. Natural Products as Antifouling Compounds: Recent Progress and Future Perspectives [J]. Biofouling, 2010, 26: 223-234.
[32] Qian P Y, Li Z R, Xu Y, Li Y X, Fusetani N. Marine Natural Products and Their Synthetic Analogs as Antifouling Compounds: 2009-2014 [J]. Biofouling, 2015, 31: 101.
[33] Ma C F, Zhang W P, Zhang G Z, Qian P Y. Environmentally Friendly Antifouling Coatings Based on Biodegradable Polymer and Natural Antifoulant [J]. ACS Sustainable Chem Eng, 2017, 5: 6304-6309.
[34] Ekblad T, Bergström G, Ederth T, Conlan S L, Mutton R, Clare A S, Wang S, Liu Y L, Zhao Q, D' Souza F, Donnelly G T, Willemsen P R, Pettitt M E, Callow M E, Callow J A, Liedberg B. Poly (ethylene glycol) -Containing Hydrogel Surfaces for Antifouling Applications in Marine and Freshwater Environments [J]. Biomacromolecules, 2008, 9: 2775-2783.
[35] Zhang Z, Finlay J A, Wang L F, Gao Y, Callow J A, Callow M E, Jiang S Y. Polysulfobetaine-grafted Surfaces as Environmentally Benign Ultralow Fouling Marine Coatings [J]. Langmuir, 2009, 25: 13516-13521.
[36] Brown G O, Bergquist C, Ferm P, Wooley K L. Unusual, Promoted Release of Guests from Amphiphilic Cross-Linked Polymer Networks [J]. J Am Chem Soc, 2005, 127: 11238-11239.
[37] Krishnan S, Weinman C J, Ober C K. Advances in Polymers for Anti-biofouling Surfaces [J]. J Mater Chem, 2008, 18: 3405-3413.
[38] Kristensen J B, Meyer R L, Laursen B S, Shipovskov S, Besenbacher F, Poulsen C H. Antifouling Enzymes and the Biochemistry of Marine Settlement [J]. Biotechnology Advances, 2008, 26: 471-481.
[39] Dobretsov S., Xiong H R, Xu Y, Levin L A, Qian P Y. Novel Antifoulants: Inhibition of Larval Attachment by Proteases [J]. Marine Biotechnology, 2007, 9: 388-397.
[40] Pettitt M E, Henry S L, Callow M E, Callow J A, Clare A S. Activity of Commercial Enzymes on Settlement and Adhesion of Cypris Larvae of the Barnacle Balanus Amphitrite, Spores of the Green Alga Ulva Linza, and the Diatom Navicula Perminuta [J]. Biofouling, 2004, 20: 299-311.

第7章 导电涂料

7.1 概述

7.1.1 定义及分类

导电涂料是随着近代电子技术进步而飞速发展起来的一种特种功能涂料，指涂覆于绝缘基材表面，具有传导电流或者耗散静电电荷能力的涂料[1]。

导电涂料最早出现于20世纪40年代。1948年，美国公布了将银和环氧树脂制成导电胶的专利。随后其他各国也开始了导电涂料的研发，我国也早在50年代就开展了相关研究，如天津油漆厂生产的以石墨作为导电填料的导电涂料、原武汉化工中心生产的以银粉作为导电填料的环氧银系导电涂料[2]。

按照导电涂料的作用机理一般将其分为两大类：本征型导电涂料与复合型导电涂料。本征型导电涂料是指以导电高分子为基本成膜物质，利用高分子本身的导电性使涂层导电；而复合型导电涂料是以绝缘的高分子聚合物为基料，加入导电填料，利用导电填料在高分子基料中形成导电通路使涂层导电。

导电涂料的初期研发着重于复合型导电涂料，因为其制备工艺简便，导电填料选择性广，高分子基料各项性能优异。导电填料主要有金属系、碳系和导电高分子系三大类。其中在金属系导电填料中，铜具有导电性能优异、价格低廉的优势，但是由于铜表面易氧化造成电导率的下降，所以要对其表面进行改性处理。由日本朝禾集团研发的复合型导电涂料是以丙烯酸树脂作为基体材料，以表面抗氧化处理的铜粉作为导电填料。铜粉添加量仅为镍粉添加量一半的情况下，表现出更为优异的导电性能[3]。而随着碳系材料的发展，除了最初的炭黑和导电石墨外，还出现了碳纳米管、石墨烯、足球烯（富勒烯）等新型材料，尤其是2004年首次发现的石墨烯，除了具有优越的导电性外，同时也具有超薄、超轻、超高强度、透光性和高的比表面积（$2600m^2/g$）等特点[4]，成为导电填料的一个新选择。在树脂基体中掺入少量的碳纳米管或石墨烯即可产生明显的渗流现象，在导电涂料领域具有非常大的应用潜力[5]。

随着科技的发展，尤其是1974年导电聚乙炔的发现，科学家开始了对本征型导电涂料的研发。本征型导电涂料所使用的导电高分子均为具有共轭大π键的聚合物，如聚苯胺、聚吡咯、聚噻吩、聚对亚苯基和聚对亚苯基乙烯等经过掺杂后，电导率可达到半导体甚至金属导电的水平。其中聚3，4-乙烯二氧噻吩：聚对苯乙烯磺酸钠（PEDOT：PSS）是一类水溶性的聚噻吩衍生物，在1990年由德国Bayer[6]首次合成，命名为Baytron® P，具有较高的电导率、优异的环境稳定性以及高透光率等特点。PEDOT：PSS成功解决了传统本征型导电高分子的加工问题，已在太阳能电池、透明导电膜、OLED显示器、电子射频标签等领域获得广泛应用。

7.1.2 导电涂料的导电机理

7.1.2.1 本征型导电涂料的导电机理

众所周知，常规的高分子材料都是绝缘材料，但是1974年日本科学家白川英树（H. Shirakawa）研究室在合成聚乙炔时，加入了高浓度的催化剂（约为普通催化剂量的上千倍），意外获得了具有银灰色金属光泽的高顺式聚乙炔薄膜，白川英树受到启发，提出了高分子导电的可能性。从此以后，导电高分子的研究引起了众多科学家的关注，导电高分子材料也获得了巨大的应用。2000年10月，瑞典皇家科学院将2000年度的诺贝尔化学奖授予了艾伦·麦克迪尔米德、艾伦·黑格尔和白川英树，表彰他们在导电高分子材料领域的杰出贡献，此发现也为现代飞速发展的微电子信息技术领域提供了技术支持。

（1）导电高分子的结构特征　导电高分子中涉及一个重要的概念：载流子。在电学中，载流子指可以自由移动的带有电荷的物质微粒。导电的类型和难易程度与载流子的类型和多寡有关。根据导电载流子种类可将导电高分子分为两类：电子导电和离子导电。离子型导电高分子一般指的是高分子固体电解质，例如：聚环氧乙烷，聚乙二醇亚胺等。此类导电高分子本身不具有离子，但是能够溶解或者络合离子型化合物，从而通过离子型载流子的迁移而导电。

而本书中讨论的本征型导电高分子是以电子导电为主，导电时的载流子主要是电子或空穴。此类高分子的主体结构为共轭体系（至少是不饱和键体系），长共轭链中π电子具有强烈的离域性，容易从轨道上逃逸出来形成自由电子。而高分子链上的π电子轨道互相重叠可形成导电能带，为载流子的迁移提供通道。所以，共轭体系满足了电子导电的两大条件：①逸出电子作为载流子；②重叠轨道形成导电通路。所以，在发现聚乙炔为导电高分子的后几年，科学家们相继发现一批具有共轭大π键的聚合物，如聚苯胺、聚吡咯、聚噻吩、聚对亚苯基和聚苯硫醚等，它们经过掺杂后，电导率可达到半导体甚至金属导电的水平，如表7-1所示。

表7-1　常见导电高分子结构与电导率

聚合物名称	英文名及缩写	结构式	室温电导率/(S/cm)
聚乙炔	Polyacetylene(PA)	[zigzag chain]	$10^{-10}\sim10^{5}$
聚亚苯基	Polyphenylene(PPE)	[benzene ring]$_n$	$10^{-15}\sim10^{2}$
聚吡咯	Polypyrrole(PPy)	[pyrrole ring, N–R]$_n$	$10^{-8}\sim10^{2}$
聚噻吩	Polythiophene(PTH)	[thiophene ring, S]$_n$	$10^{-8}\sim10^{2}$

续表

聚合物名称	英文名及缩写	结构式	室温电导率/(S/cm)
聚呋喃	Polyfuran(PFA)	$-\!\!\left(\text{C}_4\text{H}_2\text{O}\right)\!\!-_n$	$10^{-8}\sim10^{2}$
聚苯胺	Polyaniline(PANI)	$-\!\!\left(\text{C}_6\text{H}_4\text{—NH}\right)\!\!-_n$	$10^{-10}\sim10^{2}$
聚亚苯基乙烯	Polyphenylene Vinylene(PPV)	$-\!\!\left(\text{C}_6\text{H}_4\text{—CH═CH}\right)\!\!-_n$	$10^{-10}\sim10^{2}$

（2）共轭体系的自由电子模型　有机化合物中的电子主要为 σ 电子和 π 电子，σ 电子是成键电子，键能较高，离域性较小，被称为定域电子；π 电子是由两个成键原子中的 p 电子互相重叠后产生的。当 π 电子孤立存在时具有有限的离域性，电子可以在两个原子核周围运行。随着 π 电子共轭链长的增加，离域区域增大，π 电子可以在整条共轭链上流动。

以聚乙炔为例，聚乙炔具有最简单的共轭双键结构，链上单双键交替，组成了 $(CH)_x$ 主链的碳原子有四个价电子，其中三个为 σ 电子（sp^2）杂化轨道，两个与相邻的碳原子连结，一个与氢原子键合，余下的一个价电子为 π（p_z 轨道）电子，与聚合物链所组成的平面相垂直，如图 7-1 所示。随着 π 电子体系的扩大，出现被电子占据的 π 成键态和空的 π^* 反键态。随分子链的进一步增长，形成能带，其中 π 成键态形成价带，而 π^* 反键态则形成导带。如果 π 电子在链上完全离域，并且相邻的碳原子间的链长相等，则 π-π^* 能带间的能隙（或称禁带）消失，形成与金属相同的半满能带而变为导体。

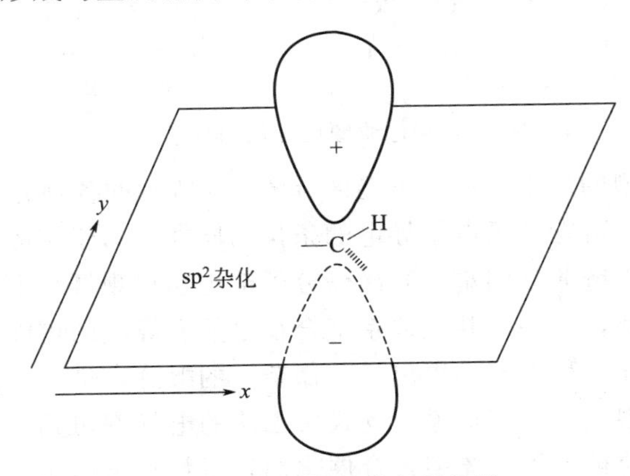

图 7-1　聚乙炔的价电子轨道

简单来说，价带和导带之间在能量上存在着一个差值，而导电状态 p 电子离域运动必须越过这个能级差才能成为自由电子，这个能量的最小值就是禁带宽度（E_G）。对于线性共轭体系聚合物，π 电子从其最高占有轨道（基态）向最低空轨道（激发态）跃迁的能量 ΔE（电子活化能）必须大于 E_G。而研究表明，线型共轭体系的电子活化能 ΔE 与 π 电子数 N 的关系为：

$$\Delta E=19.08\frac{N+1}{N^2}\ (\text{eV}) \tag{7-1}$$

反式聚乙炔的禁带宽度推测值为 1.35eV，若用公式（7-1）推算，$N=16$，由于一个聚

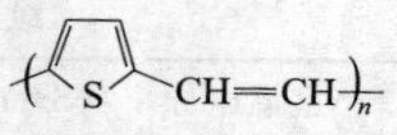

乙炔单元（—CH ═）有两个π电子，可计算聚合度为8时即有自由电子导电。而对于聚噻吩乙炔（图7-2），经过计算，其在室温下激发载流子必须满足聚合度约为370。

图7-2 聚噻吩乙炔化学结构

由此引出了两个问题：①聚合度达到8的聚乙炔可以通过自由电子导电，为何白川英树研究室在1974年合成的聚乙炔导电效果不佳？②聚噻吩乙炔的聚合度需达到370，即分子量接近4万，这样的聚合物是否容易合成？

这就涉及共轭体系自由电子模型的局限性，自由电子模型其实是把各个碳原子的π电子看成只能在一维共轭聚合物链上自由移动的电子。而双键的π电子与分子平面正交，双键无法自由旋转，因此存在有顺式和反式立体构型的区别。对于聚乙炔来说，就可以有图7-3所示的几种异构体。

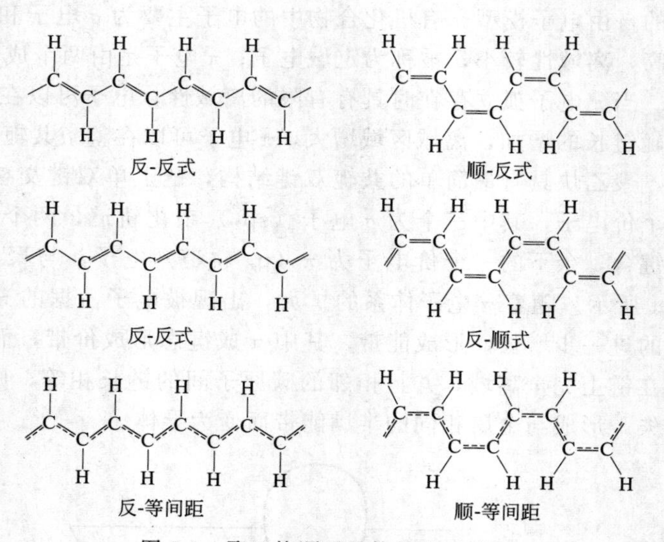

图7-3 聚乙炔顺反异构的分子结构

而一维自由电子模型的局限就在于不能区分图7-3所示的各种异构体，而按照自由电子理论只有反式的结构才有可能满足电子导电的条件。同样，对于聚噻吩乙炔，首先要合成分子量接近4万的完整共轭链非常困难，其次，分子链也会出现链长不均，侧链立体障碍，共轭双键异构等问题。由此，单一的共轭体系聚合物虽然有导电的可能性，但是真实电导率很低，甚至并不导电。由此，科学家们提出了“掺杂”的概念，进一步提高其电导率。

(3) 导电高分子的掺杂 已有报道，反式聚乙炔的电导率可达到10^{-4}～10^{-6}S/cm，研究发现，这是由于聚乙炔被电子受体型聚合催化剂残留物掺杂形成p型半导体的缘故，如果不含任何掺杂剂，其也是处于绝缘体的状态。共轭聚合物的能隙较小，而电子的亲和力非常大，这表明它很容易和适当的电子受体或电子给体发生电荷转移。例如，白川英树等在聚乙炔薄膜中掺杂AsF_5或者I_2等电子受体，聚乙炔的π电子会向受体转移，电导率可增至10^4S/cm，达到金属导电的水平。也可向聚乙炔中加入碱金属的电子给体，使其接收电子而使电导率提高。

这种向导电高分子中添加电子受体或电子给体，使得高分子的电荷发生转移而提高其电导率的方法称为掺杂。掺杂的作用是在聚合物的空轨道中加入电子，或从占有轨道中拉出电子，进而改变现有π电子能带的能级，出现能量居中的半充满能带，减小能带间的能量差，使得自由电子或空穴移动的阻碍力减小，从而大大提高导电能力。

如果用 P_x 表示共轭聚合物，P 表示共轭聚合物的基本结构单元（如聚乙炔分子链中的—CH ═），A 和 D 分别表示电子受体和电子给予体，则掺杂可用电荷如图 7-4 所示转移反应式来表示。

$$P_x + xyA \longrightarrow (P^{+x}A_y^-)_x$$
$$P_x + xyD \longrightarrow (P^{-y}A_y^+)_x$$

图 7-4　掺杂电荷转移反应式

电子受体或电子给体分别接受或给出一个电子变成负离子 A^- 或正离子 D^+，但共轭聚合物中每个基本结构单元（P）却仅有 y（$y \leqslant 0.1$）个电子发生了迁移。这种部分电荷转移是共轭聚合物出现高导电性的极重要因素。同样以聚乙炔为例，当 y 从 0 增加到 0.01 时，电导率增加约 10 个数量级，电导活化能急剧减小，呈现出金属的特性。如图 7-5 所示。

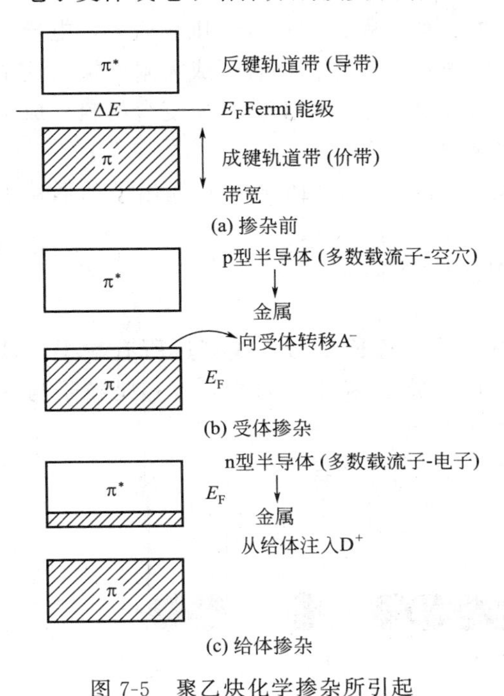

图 7-5　聚乙炔化学掺杂所引起的能带变化模型示意图

掺杂的方法主要可以分为化学法和物理法，前者有气相掺杂、液相掺杂、电化学掺杂、光引发掺杂等，后者有离子注入法等。最初的导电聚乙炔是通过化学掺杂实现的。化学掺杂包括 n 型掺杂：给电子的物质（如 Na），又称还原掺杂；以及 p 型掺杂：接受电子的物质（如 I_2），又称氧化掺杂。电化学掺杂是通过电化学反应来实现的，包括高电位区发生的 p 型掺杂和低电位区发生的 n 型掺杂。发生电化学 p 型掺杂时，共轭链被氧化，价带失去电子并伴随对阴离子的掺杂；发生电化学 n 型掺杂时，共轭链被还原，导带得到电子并伴随对阳离子的掺杂。

掺杂剂有很多种类，主要类型见表 7-2。

表 7-2　主要掺杂剂类型

电子受体		电子给体
卤素	Cl_2, Br_2, I_2, ICl, ICl_3, IBr, IF_5	碱金属：Li, Na, K, Rb, Cs
路易斯酸	PF_5, As, SbF_5, BF_3, BCl_3, BBr_3, SO_3	
质子酸	HF, HCl, HNO_3, H_2SO_4, $HClO_4$, FSO_3H, $ClSO_3H$, $CFSO_3H$	
过渡金属卤化物	TaF_5, WFs, BiF_5, $TiCl_4$, $ZrCl_4$, $MoCl_5$, $FeCl_3$	电化学掺杂剂：R_4N^+, R_4P^+（R ＝ CH_3, C_6H_5 等）
过渡金属化合物	$AgClO_3$, $AgBF_4$, H_2IrCl_6, $La(NO_3)_3$, $Ce(NO_3)_3$	
有机化合物	四氰基乙烯（TCNE），四氰代二次甲基苯醌（TCNQ），四氯对苯醌、二氯二氰代苯醌（DDQ）	

7.1.2.2　复合型导电涂料的导电机理

复合型导电涂料与本征型导电涂料一样，需要达到两个条件：①导电通路的形成；②载流子在导电通路里的迁移。前者取决于导电填料的添加量和分散情况，两者共同影响形成导电网络的宏观过程；后者是指导电的载流子在网络里迁移的微观过程。导电通路的形成中，科学家们提出了很多理论模型，其中最常用的是渗滤理论。

（1）渗滤理论　渗滤理论指的是导电填料的体积分数对复合材料电导率的影响。用电子显微镜技术观察导电材料的结构发现，当导电填料浓度较低时，填料颗粒分散在聚合物中，互相接触很少，故电导率很低。随着填料浓度增加，填料颗粒相互接触机会增多，电导率逐步上升。当填料浓度达到某一临界值时，体系内的填料颗粒相互接触形成无限网链。这个网链就像金属网贯穿于聚合物中，形成导电通道，造成电导率急剧上升，使复合材料变成了导体。电导率发生突变的临界导电填料浓度称为“渗滤阈值”。

渗滤理论里有个重要的概念称为粒子接触数 m，Gurland（1966 年）提出了球形粒子的 m 公式：

$$m=\frac{8}{\pi^2}\left(\frac{M_s}{N_s}\right)^2\frac{N_{AB}+2N_{BB}}{N_{BB}} \tag{7-2}$$

如图 7-6 中所示，黑线表示在粒子截面上画一条任意长度的直线穿过所有粒子，其中 N_s 是单位面积出现的粒子数，M_s 是单位面积出现的粒子-粒子接触数，N_{AB}是粒子与基质（黑线）的接触数，N_{BB}是指直线上粒子与粒子的接触数。

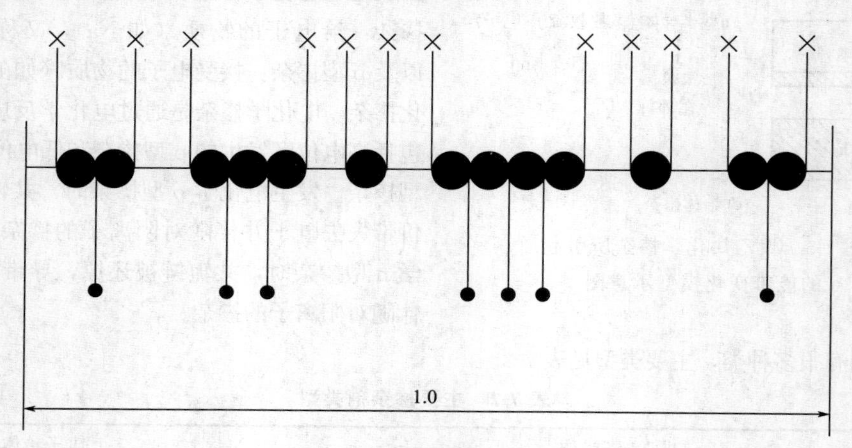

图 7-6　球型粒子接触导电示意图

× AB；● BB

用电阻来解释渗滤理论的示意图如图 7-7 所示。渗滤理论认为导电粒子相互接触或者粒子间隙在 1nm 以内才可以形成导电网络。在渗滤阈值附近，复合材料的电导率和导电填料体积分数的关系如下：

$$\sigma_m=\sigma_h\ (\Phi-\Phi_c)^t \tag{7-3}$$

式中，σ_m 是复合材料的电导率；σ_h 是导电填料的电导率；Φ 是导电填料的体积分数；Φ_c 是渗滤阈值；t 是指数，与材料的维度和导电填料的尺寸形态相关。

（2）粒子导电机制　导电通路形成后，材料导电主要取决于载流子的迁移方式。载流子的迁移方式通常可以分为粒子导电和隧道导电机制。粒子导电机制指的是导电填料粒子在复合物中达到一定量时，形成了完全接触的导电链，导致复合涂料的导电。

粒子导电机制认为形成复合材料时，由于导电填料与基体的晶体结构不同，所以导电粒子只能停留在基体中结构比较疏松的界面上。当镶嵌在界面上的导电粒子相互接触或间隙很

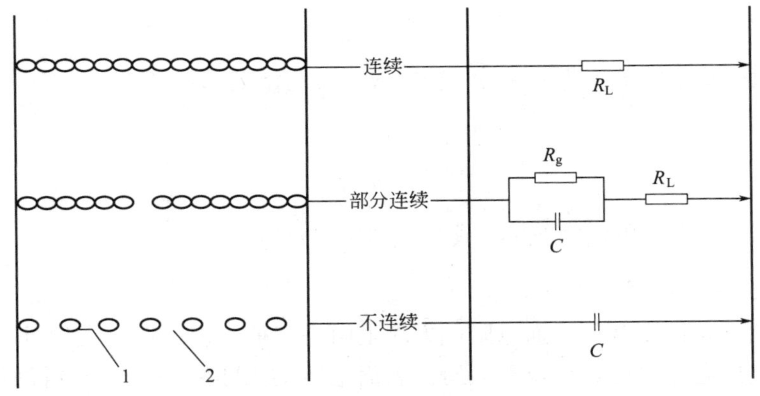

图 7-7 渗滤理论示意图

1—导电颗粒；2—导电颗粒隔离层

小时，在绝缘相中会形成一部分导电能力很强的导电通道。导电粒子之间为欧姆接触，接触面上没有势垒，减小了电子在迁移过程中受到的阻力，从而提高了电子在试样中的迁移速率。处于接触状态的导电粒子越多，网络越密，导电粒子的间隙越小，材料的电导率就越高。

(3) 隧道导电机制 隧道导电机制指的是，电子在被绝缘的聚合物分隔开的导电粒子之间的隧道跃迁从而导电。把非常薄（1000nm 以下）的非导体夹在导体中时，在电场作用下，电子仅需越过非常低的势垒而移动，隧道理论认为这是热振动引起电子在粒子间跃迁造成的。

隧道导电理论的理论值与实验值基本吻合，是分析复合材料导电行为的有力工具。但该理论所涉及的各物理量（如电流密度、材料电导率等）均与导电粒子的间隙宽度及分布状况有关。当导电填料浓度过低时，导电粒子会由于间隙过大而无法发生电子的跃迁，因而无明显的隧道效应；当填料浓度过高时，大部分导电粒子相互接触，此时决定导电行为的主要是粒子导电机制。因此，隧道导电理论只适于在某一导电填料的浓度范围内分析不同复合材料的导电行为。

7.1.3 导电涂料表征手段

7.1.3.1 导电材料常用表征手段

导电材料常用电阻率和电导率来表征，两者都与材料的尺寸无关，只取决于它们的本身性质，因此是物质的本征参数，都可作为表征材料导电性的尺度。在讨论材料的导电性时，更习惯采用电导率来表示。材料的电导率是一个跨度很大的指标。从绝缘体到超导体，电导率可相差 40 个数量级以上。根据材料的电导率大小，通常可分为绝缘体、半导体、导体和超导体四大类。具体电导率范围请见表 7-3。

表 7-3 常见材料电导率范围及划分

材料	电导率/(S/cm)	典型代表
绝缘体	$<10^{-10}$	石英、聚乙烯、聚苯乙烯、聚四氟乙烯
半导体	$10^{-10}\sim10^{2}$	硅、锗、聚乙炔
导体	$10^{2}\sim10^{8}$	汞、银、铜、石墨
超导体	$>10^{8}$	铌(9.2K)、铌铝锗合金(23.3K)、聚氮硫(0.26K)

其中，电阻公式为：

$$R=\rho\frac{d}{S} \tag{7-4}$$

式中，ρ 为体积电阻率，单位为 Ω·cm 或 Ω·m（Ω 为欧姆）。

电导公式为：

$$G=\sigma\frac{S}{d} \tag{7-5}$$

式中，σ 为体积电导率，单位为 S/cm 或 S/m（S 为西门子）。

7.1.3.2　导电涂层常用表征手段

导电涂层的导电性则常用表面电阻或方块电阻来表征，表面电阻指材料表面上两点间的直流电压与通过的电流之比，单位是欧姆。表面电阻的大小除决定于材料的结构和组成外，还与电压、温度、材料的表面状况、处理条件和环境湿度有关。

涂层的导电性也可采用方块电阻（简称方阻）表征，方块电阻的大小与样品尺寸无关，任意大小的正方形测量值都是一样的，不管边长是 1m 还是 0.1m，所以方阻仅与导电层的厚度等因素有关，其单位为 S/sq 或 Ω/sq。需要用四探针测试仪进行测量。四根探针由四根导线连接到方阻测试仪上，当探头压在导电薄膜材料上面时，方阻计就能立即显示出材料的方阻值，具体原理是外端的两根探针产生电流场，内端上两根探针测试电流场在这两个探点上形成的电势（图 7-8）。

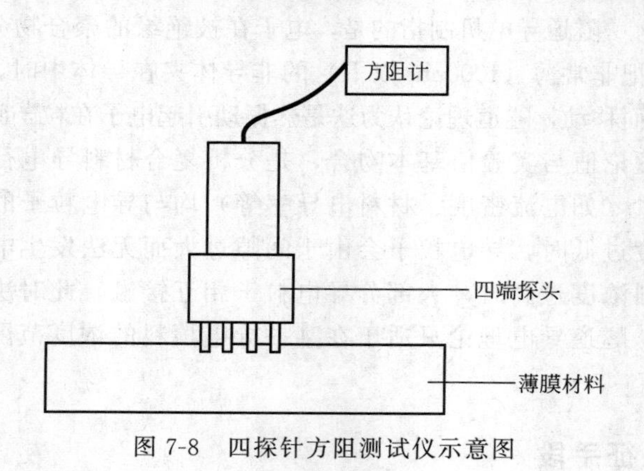

图 7-8　四探针方阻测试仪示意图

7.2　本征型导电高分子类导电涂料

导电高分子类导电涂料一般可以分为三大类：①合成导电高分子，直接进行涂装；②将传统的导电高分子与树脂基体进行复合，旨在利用树脂基体的优良性能提高涂料的加工性能和力学性能，同时保留导电高分子的导电性；③为了进一步提高电导率，将导电高分子与其他导电填料复合。第三种属于复合导电涂料的范畴，本书会在后续内容中详细介绍，此处主要介绍前两种。

7.2.1　导电高分子的合成

导电高分子的合成方法主要有化学聚合法、电化学聚合法、乳液聚合法、可溶性前体聚合法等。其中最常用的是化学聚合法和电化学聚合法，下面会着重介绍这两者。

7.2.1.1 化学聚合法

化学聚合法又称为化学氧化聚合法，即在有机溶剂或水溶液中加入氧化剂，使单体发生氧化聚合。在聚合过程中，单体分子在氧化剂的作用下发生氧化偶联聚合，生成高分子化合物。反应首先生成二聚体，二聚体再生成三聚体，以此类推，直到形成长链聚合物，反应过程中会生成活性阳离子自由基。常用的氧化剂有双氧水、过硫酸盐、高氯酸盐、重铬酸盐等；水溶液一般需加入高氯酸、盐酸、氟硼酸或硫酸调节成酸性溶液。单体的浓度、氧化剂的性质、氧化剂与单体的比例、聚合温度、聚合气氛、掺杂剂的性质及掺杂程度等诸多因素都会影响导电高分子的物理和化学性质。化学聚合法的优点是制备方法简单，获得的产物为粉末状，适合大批量工业化生产。下面以最经典的聚苯胺的化学聚合为例，详细说明聚合过程。

聚苯胺的化学聚合一般在酸性水溶液中进行，所用的氧化剂一般为过硫酸铵、重铬酸钾、双氧水和高碘酸钾，并且要求在较低的反应温度下进行，所得的产物一般为墨绿色粉末，电导率为1～10S/cm，产率为30%～70%[7]。在聚合过程中，氧化剂引发苯胺聚合，质子酸掺杂使聚苯胺分子链间发生氧化还原反应而生成苯醌阳离子自由基，部分削弱了共轭键，使电荷能在分子链上振动导电[8]。所以在聚苯胺中，苯式（还原单元）-醌式（氧化单元）结构共存，苯胺的聚合是一种阳离子自由基氧化沉淀聚合反应，反应首先生成二聚物、三聚物到低聚物，伴随活性阳离子自由基的产生从而引发反应。苯胺低聚物溶于水，所以初始反应为溶液反应。链增长阶段反应发生自加速，高分子量的聚苯胺不溶于水，随着反应沉淀析出，反应在聚胺沉淀物与水的界面进行，为界面反应，具体反应机理见图7-9。由于聚合过程后期的自加速效应，导致整个反应过程难以控制，分子量分布变宽，缺陷增多，严重影响了产物的导电性和稳定性。

7.2.1.2 电化学聚合法

电化学聚合法是在电场作用下电解含有单体的溶液，可在电极表面获得导电高分子的方法。在聚合过程中，单体分子在阳极的氧化作用下，发生氧化偶联聚合反应，生成沉积在电极表面的聚苯胺薄膜或者粉末。此方法采用外加电位作为聚合反应的驱动力，可在聚合过程中定量控制掺杂剂的量，所得产物可以直接进行化学研究。聚苯胺的电聚合是一种电化学缩合聚合反应。一般情况下，在苯胺的硫酸水溶液中进行电解，可以在阳极表面得到聚苯胺薄膜。苯胺的电聚合过程可描述为一个双分子的电化学反应，如图7-10所示。

由于反应介质呈酸性，电聚合反应得到的聚苯胺实际上已被质子酸掺杂，因而所得的聚苯胺本身具有导电性。这使得苯胺电聚合反应能够连续不断地进行下去，最终得到具有一定厚度的聚苯胺膜。这种方法类似于金属的电镀过程。但是当聚苯胺膜的厚度超过一定值时，由于溶剂分子的渗透，聚苯胺膜将变得疏松，部分脱附。总而言之，苯胺的电聚合反应是一个界面反应，并不需要氧化剂，较之于化学聚合法，其获得聚苯胺纯度更高，反应条件也简单易控，实验重现性好。

7.2.1.3 其他方法

化学聚合法与电化学聚合法均有利弊，因此新型的合成方法不断被开发，在改进聚合条件和设备的同时，提高导电高分子的导电性能。除此以外，共轭系导电高分子由于极强的刚性结构，存在着“不溶不熔”的问题，为其后续加工和材料制备带来困难。为了解决上述问

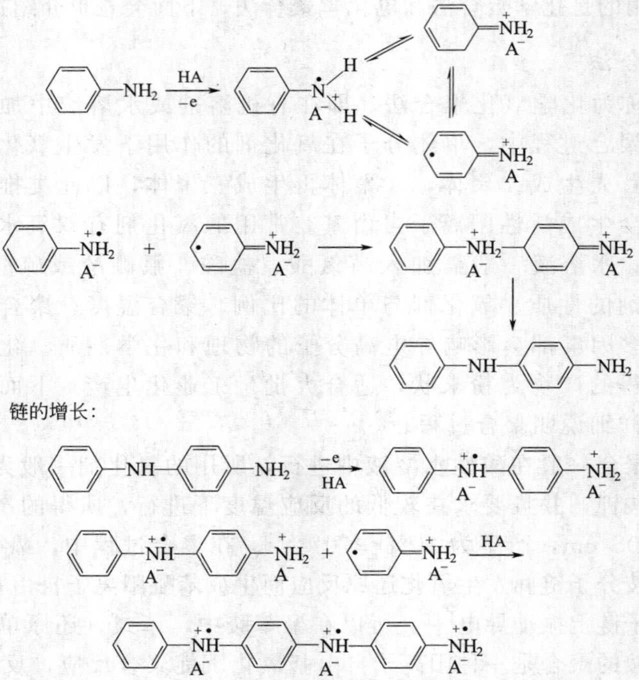

链的增长：

图 7-9　化学聚合法制备聚苯胺反应机理

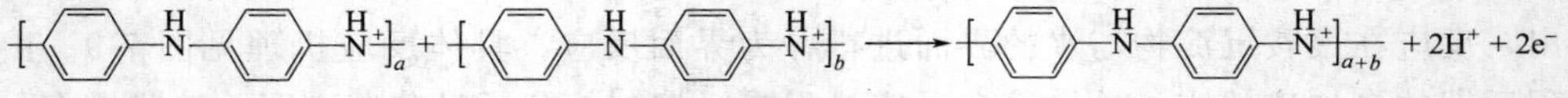

图 7-10　苯胺电聚合过程

题，乳液（微乳液）法和可溶性前体合成法被提出。

（1）乳液法（微乳液法）　导电高分子聚合的乳液法（微乳液法）是经典高分子聚合中的乳液法（微乳液法）和化学聚合法的结合。特别之处在于采用的乳化剂一般为小分子或者大分子的酸类，如十二烷基磺酸、十二烷基硫酸、聚乙烯磺酸等。采用这类表面活性剂一方面可以将不溶于水溶液的高聚物稳定分散在水相中，另一方面其也可以充当质子酸一步完成反应和掺杂过程，得到导电高分子。尤其在微乳液聚合法中，单体的聚合发生在高浓度的乳液滴中，反应速率快，产率高，电导率好。可采用十二烷基苯磺酸（DBSA）同时作为表活剂和掺杂剂，用乳液法合成具有层状结构的聚苯胺。产物的掺杂程度非常高，粒径很小只有20～30nm，电导率可达24S/cm，乳液模型和聚合机理如图 7-11 所示[9]。

（2）PEDOT 与模板法　上文提到的 PEDOT：PSS 的合成就是典型的模板法。这种方法采用水溶性高分子 PSS 作为 EDOT 的软模板，过硫酸铵作为氧化剂来进行化学聚合反应。EDOT 被分散在 PSS 水溶液中，之后在氧化剂作用下引发氧化聚合反应，反应得到 PEDOT：PSS 水分散体[10]。如图 7-12 所示，PEDOT 在 PSS 聚合物链上聚合分散，PEDOT：PSS 链互相缠绕，形成了空间网状结构并固定了大量的水分子，形成了类似于微凝胶的胶体粒子的结构，从而使 PEDOT 能稳定分散在水中。

模板法其实是乳液法的一类分支，可以分为硬模板法和软模板法。硬模板在聚合物 PEDOT 的生长过程中起着支撑作用，可以作为支架使聚合物 PEDOT 生长为特定的形状。常用的几种硬模板有多孔氧化铝（AAO）、无机氧化物粒子、高聚物粒子（如苯乙烯）和介孔

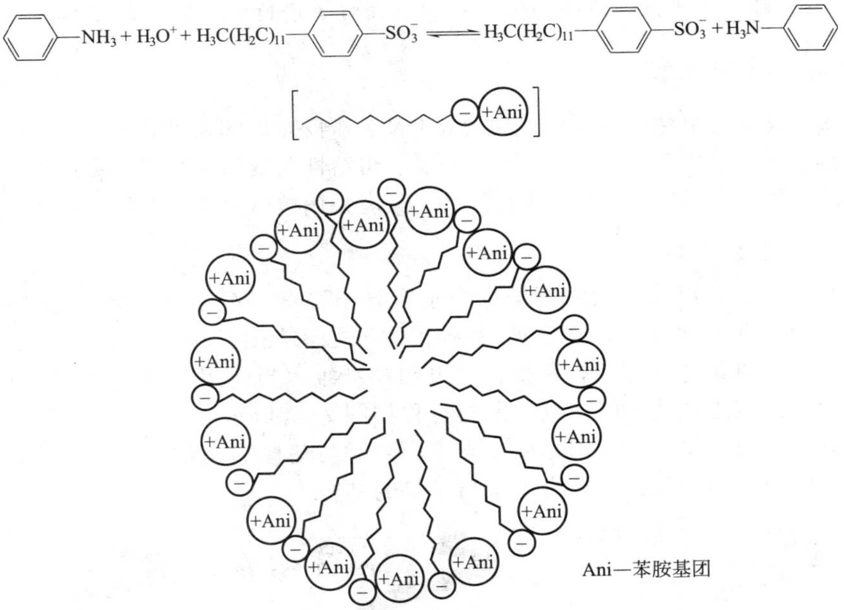

$$C_6H_5-NH_3 + H_3O^+ + H_3C(H_2C)_{11}-C_6H_4-SO_3^- \rightleftharpoons H_3C(H_2C)_{11}-C_6H_4-SO_3^- + H_3N-C_6H_5$$

图 7-11 PANI/DBSA 乳液模型和聚合机理

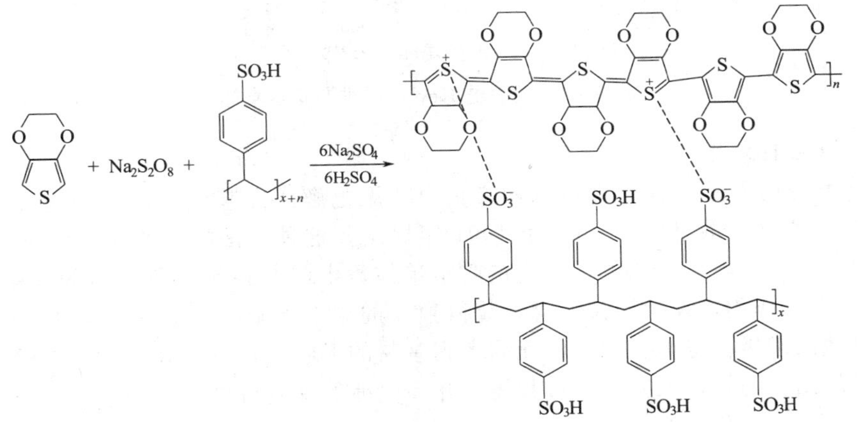

图 7-12 PEDOT：PSS 合成反应式

二氧化硅等[11]。在反应后，硬模板可以去除形成多孔、中空以及管状结构，也可将硬模板保留形成复合材料。硬模板法的优势是微纳米结构高度可控，通过改变模板的形貌即可得到不同尺寸和形貌的微纳米粒子[12]。

软模板法也叫做自组装法，反应物与作为模板的表面活性剂分子在溶液中发生自组装，形成胶束或微乳液，构成微反应器，反应单体在微反应器内完成反应，成为纳米材料。对于聚合物纳米材料的制备，可将软模板分为三大类：①无模板（自模板）法；②微乳液法；③反向微乳液法。它们的区别仅仅是形成的微乳液方法的差别。所形成的微乳液为水包油型，称为微乳液聚合；所形成的微乳液为油包水型，则称为反向微乳液聚合。常用的作为软模板的表面活性剂包括十二烷基磺酸钠（SDS）、十二烷基苯磺酸钠（DBSA）、聚苯乙烯磺酸盐（PSS）、癸基三甲基溴化铵（DeTAB）和二甲基十六烷基溴化铵（CTAB），PEDOT：PSS 就是采用软模板法。表面活性剂不仅可以将单体充分均匀地分散在水溶剂中生成稳定的胶体，而且部分阴离子型表面活性剂可以对导电高分子进行掺杂，进而提高电导率。

7.2.2 导电高分子涂装

采用传统的化学和电化学聚合所得到的导电高分子既难溶解又难熔融，加工性能差，难以直接对其进行涂装。采用新型合成方法（乳液法、可溶性前聚体法和模板法）获得的导电高分子，在特定溶剂中可形成均一分散液进行涂装，或者采用单体原位聚合的方式进行涂装。

7.2.2.1 传统涂装方法

传统的涂装方式如浸涂、旋涂等同样也适合导电高分子分散液，将商品化的PEDOT：PSS分散液与强极性溶剂混合，随后通过浸涂的方式涂装在Kevlar（聚对苯二甲酰对苯二胺）纤维的表面，再经过酸掺杂，获得抗静电织物纤维。当使用DMSO为溶剂时，浸涂10次时，纤维的表面电阻低达39Ω。具体制备过程如图7-13所示[13]。利用传统的涂装方式获得的导电高分子涂料简单易得，但是由于导电高分子与基材结合力较差，涂层易剥落，所以科学家采用一些新型的涂装方式提高涂层与基材的结合力。

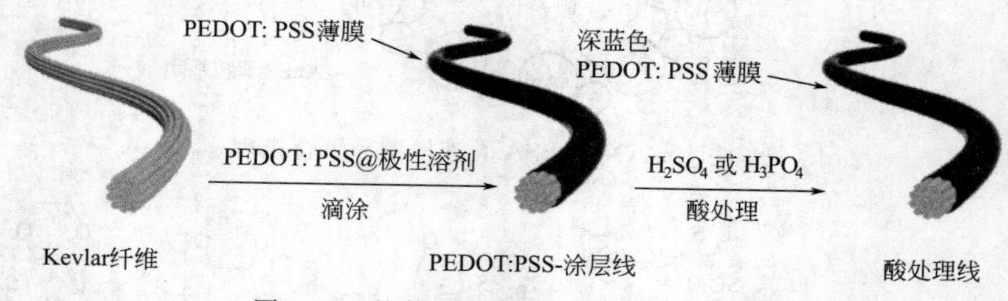

图7-13 抗静电Kevlar纤维制备示意图

7.2.2.2 静电自组装

静电自组装技术是一种将带正电和带负电的聚电解质在基底上逐步浸泡沉积成膜的方法，如图7-14所示，最早由Decher于1991年提出。这种方法操作简单，不需要复杂的设备，对基材无要求。将溶于水的荷正电的吡咯单体静电组装在带有负电荷的细菌细胞表面，然后在Fe^{3+}引发作用下发生原位聚合，获得独立的导电聚吡咯涂装的细菌细胞，可作为微生物燃料电池的阳极。静电自组装法无需考虑基材的形状，且可以利用静电作用提高导电高分子与基材的结合力，但是其制备过程需用相反电荷的聚电解质，对导电高分子结构限制较大，不适合大型工业化生产[14]。

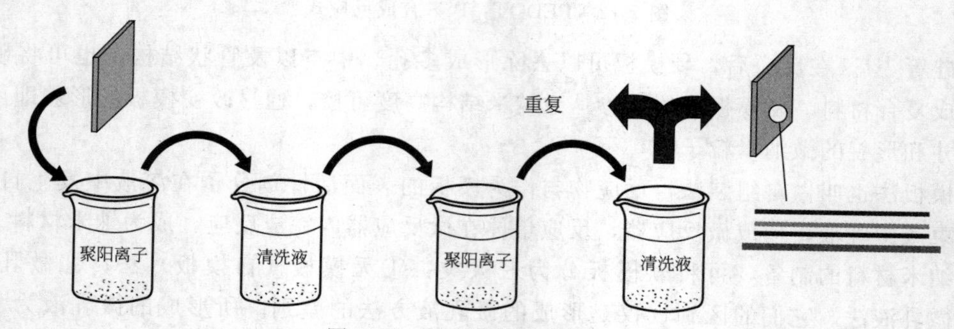

图7-14 静电自组装沉积方式

7.2.2.3 印刷电子法

印刷电子法是一项融合创新了三项技术领域——微电子、化学、印刷技术的新兴学科。通过印刷技术将功能性油墨在基材上进行沉积，快速、大面积、低成本地制造各类电子器件。其中的喷墨打印技术（inkjet printing）是在计算机控制下，通过非接触的方式使连续的微小墨滴打印到基底上形成薄膜的印刷技术。这种技术非常适合水溶性或油溶性导电高分子的涂层制备。以PEDOT：PSS、葡萄糖氧化酶（GOD）和辣根过氧化酶（HRP）制备成生物墨水，将其喷印在PET膜上，经过乙烯纤维素膜覆盖，得到PEDOT：PSS/GOD/HRP生物传感器，可用于检测葡萄糖，具有快速的响应及较高的灵敏度[15]。也可用于制备可穿戴器件[16]，在聚丙烯腈（PAN）和聚（对苯二甲酸乙二醇酯）（PET）织物上喷印添加了硝酸铁的EDOT墨水，并通过高温加热使EDOT在织物表面聚合为PEDOT，PEDOT可以很好地黏附在织物的表面上，同时可提供约150Ω/sq的表面电阻，为织物提供良好的电性能。这种方法制备速度快，基材选择广泛，现在已经被用作大批量生产柔性化电子器件。另外，PEDOT：PSS透明易加工的特性可在电致发光器件中能够替代氧化铟锡透明导电膜（ITO），虽然PEDOT的电导率与ITO玻璃相比较差，但是其柔性更好（ITO为脆性材料）。PEDOT：PSS还被广泛应用在聚合物发光二极管（PLED）器件、太阳能电池、导电线路、电致变色器件、气流监测等领域。

7.2.3 导电高分子/树脂复合涂料

本征态高分子虽然具有导电性，然而其本身的力学性能还不够理想，因而所制备的导电高分子涂层存在着界面结合力弱、涂层综合性能差等缺点，所以通常需要将导电高分子与树脂进行复合，提高涂层性能。比如前文提到的聚苯胺（PANI），具有良好的环境稳定性和优异的电化学性能，原料便宜、易于合成，是目前导电高分子的研究热点。最初人们用电化学沉积法在金属阳极上得到PANI涂层，或者将PANI与溶剂形成共溶物涂覆于金属基体上，待溶剂挥发后形成涂层。但是，单一的PANI涂层综合性能上都不理想。所以通常将其与环氧树脂、丙烯酸树脂、聚氨酯、氟碳树脂等具有较强耐化学性、黏结性和良好成膜性的树脂混合成膜。

7.2.3.1 物理共混法

常用的物理共混法一般首先合成掺杂型PANI，一般无机酸掺杂的PANI电导率可达10S/m左右，再将其与树脂机械共混制备了掺杂PANI/树脂复合涂料，但是此类涂料的电导率一般10^{-8}～10^{-5}S/m范围，可用作防腐涂料或抗静电涂料。这种PANI/树脂复合涂料虽然在力学性能上得到了改善，然而由于绝缘性树脂的引入使得复合涂料的电导率比导电高分子低5～8个数量级，大大降低其导电性能。为了提高复合涂料电导率，有研究者采用加入强极性溶剂或者熔融共混的方式，提高PANI在复合涂料中的添加量。采用氧化聚合法合成了聚苯胺、聚吡咯及聚苯二胺的磷酸盐，然后将其与锌粉混合，加入含有强极性溶剂的环氧树脂中，获得复合涂料，然而这种方式导电聚合物最多只能添加到3%的体积含量，与树脂的相容性仍不佳[17]。还有研究者采用聚对苯乙烯磺酸为掺杂剂制备了水性PANI，电导率可达0.19S/m，与水性环氧树脂共混后，PANI添加量可提高到15%（质量分数），但是涂层的电导率仍未有很大提高，只有4.7×10^{-6}S/m。由于物理共混法获得的复合涂层电导率较低，一般只用作防腐涂层使用，不能达到导体的范畴。

7.2.3.2 原位聚合法

为了进一步提高聚苯胺与树脂基体的相容性，可采用原位（in-situ）聚合的方式。例如可在棕榈油基的醇酸树脂中，加入商品化的聚苯胺及丙烯酸酯活性稀释剂，在紫外光辐照下固化，最终获得涂层的阈值高达20%（质量分数），然而电导率的提升并不大，只能作为防腐涂层使用[18]。而有研究者[19]利用苯胺单体、过硫酸铵和不同种类的酸加入聚乙烯醇

(PVA)的水溶液中，60℃下聚合6h，然后再加入环氧树脂中混合，原位聚合获得导电涂料。研究苯胺聚合过程中加入酸的种类与含量，发现当加入盐酸的浓度为0.5mol/L的时候，电导率可高达1500S/m，涂层的SEM图如图7-15所示。可见，这种原位聚合制备导电单一方向生成的纤维状导电微区，大大提高了涂料的电导率。

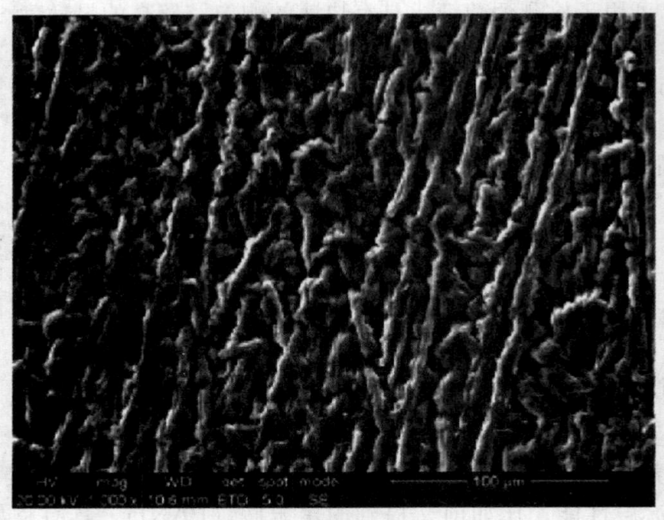

图7-15　聚苯胺的SEM图[19]

7.3　碳系导电涂料

复合型导电涂料是由导电填料和不导电的树脂复合而成的，导电填料在其中起到导电的作用，而不导电的高分子涂料作为黏结基料并提供优良的理化性能。导电填料一般可分为碳系、金属系、金属氧化物系等，而高分子树脂基料一般会采用环氧树脂或聚氨酯等力学性能优良、价格低廉的通用树脂。

其中使用最为广泛的为碳系导电填料，传统的碳系导电填料包括导电炭黑、石墨、碳纤维等，具有导电性好、着色力强、化学稳定性高、密度小、价格低廉等优点，以其制备的导电油墨、导电胶等广泛应用于电子、化工等领域[20]。但是，碳系导电填料存在分散稳定性差、颜色深等问题，因此在实际应用中受到一定的限制。近年来，先进新型碳材料的开发弥补了这一不足。其中最杰出的代表有碳纳米管和石墨烯，两者具有纳米材料的诸多优异特性，被科研界和工业界广泛应用。

7.3.1　碳纳米管类导电填料

碳纳米管（CNTs）是由日本科学家Iijima于1991发现的一种具有完整分子结构的纳米尺度的新型碳材料[21]，可看成是由石墨烯片材卷曲而成的管状石墨晶体，因此按照石墨烯的片层数，碳纳米管可以简单地分为单壁碳纳米管（SWCNTs）和多壁碳纳米管（MWCNTs），如图7-16所示。据碳纳米管的导电性质可以将其分为金属型碳纳米管和半导体型碳纳米管，其中，SWCNTs是金属型和半导体型的混合物，而MWCNTs则是金属型。碳纳米管奇特的结构赋予其优异的电学、光学和力学性能，能应用于透明导电薄膜、晶体管、电容器、传感器、催化剂、高强度材料等多个材料领域。研究发现单根半导体型SWCNTs的迁移率可达$10^5cm^2/(V\cdot s)$，单根金属型SWCNTs的电流负载能力可达$10^9A/cm$，而直径为0.4nm的极细单壁碳纳米管具有一维超导现象，被称为世界上最细的纳米超导线。因此碳纳米管被认为是可以取代氧化铟锡（ITO）透明导电薄膜的导电材料之一。

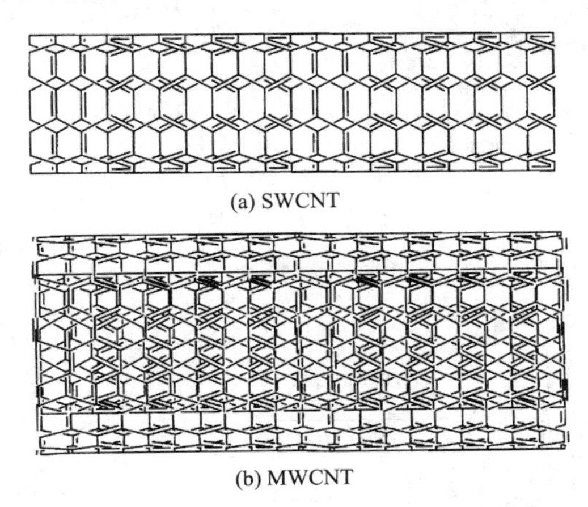

图7-16 单壁和多壁碳纳米管结构示意图

与炭黑和石墨相比，CNTs巨大的长径比使其分散在树脂基体中时更容易搭接形成导电网络，所以CNTs作为填料制备的导电涂料渗流阈值常低于5%（质量分数）。许多研究者将CNTs直接通过物理共混的方式与聚合物进行复合，将MWNTs与聚氨酯直接机械混合后进行静电喷涂制备导电耐蚀涂层，当MWNTs含量为0.5%时，涂层的电导率为9×10^{-6} S/cm[22]。将MWCNTs和PMMA、PC或PVDF进行熔融共混，然后加入溶剂制备出涂料，进行多层喷涂形成导电涂层，其中MWCNTs/PVDF复合涂层的表面电阻可达$6.4\times10^4\Omega/sq$[23]。

但是，物理共混方式获得的复合涂料电导率不高，只能达到抗静电涂层的范畴。这是因为CNTs管与管之间较强的范德华作用力使其紧紧地束缚成束，造成CNTs几乎不溶于任何溶剂和有机物，所以未改性CNTs在树脂中的分散性不佳。因此，各国科学家对其改性做了大量的研究工作，尤其集中在对CNTs进行共价或非共价改性来提高其分散性。通过化学基团与碳纳米管上的共轭结构发生共价键作用，称为共价改性。最常用的共价学改性是采用强酸对CNTs进行氧化处理使其表面带上羧基、羟基等可反应基团，随后通过酰胺化、酯化等反应，获得有机修饰的CNTs（图7-17）[24]可用此法改性MWCNTs，再用高速剪切搅拌分散工艺制备了MWCNTs/苯丙乳液导电涂料，MWCNTs的含量为2.5%时（质量分数），涂层的表面电阻最小可达$1.42\times10^7\Omega$。还有通过加成反应、接枝反应等方法均可进行共价改性，但是由于其会破坏碳纳米管表面的共轭结构，会对其导电性能产生一定影响。

另一种通过非共价键作用将各种功能化分子吸附或包裹到碳纳米管壁上的方法，称为非共价改性。非共价改性CNTs是基于碳管和分散剂之间的范德华力和π-π等作用，这种改性的优势在于既能很好地解决CNTs分散性问题，又可以尽可能地减少改性对CNTs结构和电性能上的扰动，成为现在主导的改性方式，其中最为普遍的方法主要有小分子表面活性剂处理和聚合物改性。可用于碳管改性的表面活性剂有阴离子、阳离子与非离子型表面活性剂，常见的如十二烷基硫酸钠（SDS）、十二烷基苯磺酸钠（SDBS）、十六烷基三甲基溴化铵（CTVB）、十二烷基三甲基溴化铵（DTAB）等。例如有研究者[25]分别用联苯三酚、吐

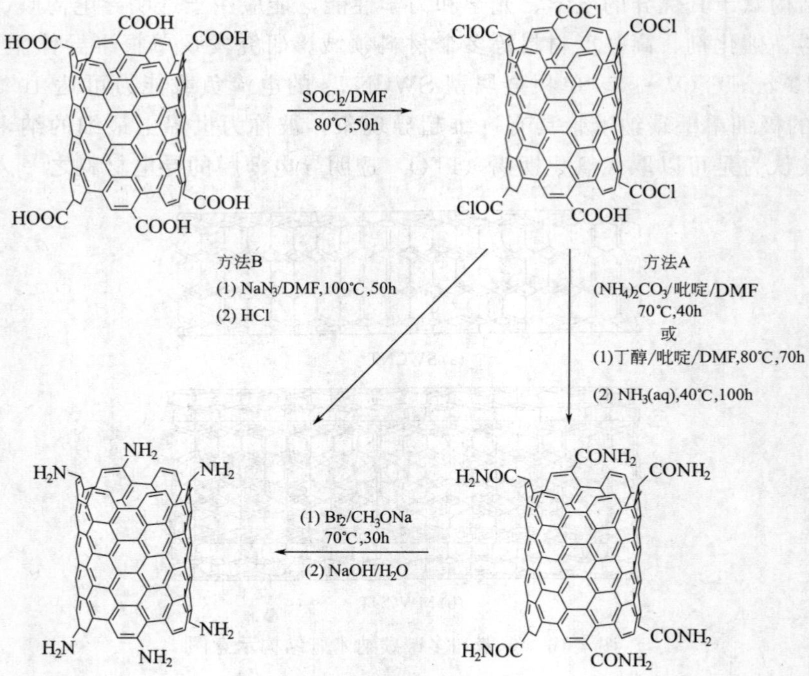

COOH
HOOC
COOH
HOOC
COOH
COOH
$SOCl_2$/DMF
80℃,50h
ClOC
COCl
COCl
ClOC
COCl
COOH
方法B
(1) NaN_3/DMF,100℃,50h
(2) HCl
方法A
$(NH_4)_2CO_3$/吡啶/DMF
70℃,40h
或
(1)丁醇/吡啶/DMF,80℃,70h
(2) NH_3(aq),40℃,100h
NH_2
H_2N
NH_2
NH_2
H_2N
NH_2
(1) Br_2/CH_3ONa
70℃,30h
(2) NaOH/H_2O
$CONH_2$
H_2NOC
$CONH_2$
$CONH_2$
H_2NOC
$CONH_2$

图 7-17 CNT 的改性示意图

温-80、曲拉通-100 对 CNTs 进行分散，随后将改性的 CNTs 与环氧树脂乙醇溶液进行超声混合，并在高温下固化。改性 CNTs 含量为 0.5%（质量分数）时，复合涂层的电导率在 0.3S/m 左右。其中，联苯三酚改性的 CNTs 拥有最大的电导率，主要是由于苯环与 CNTs 发生共轭作用，在非共价改性的同时保留 CNTs 中 p 电子的流通。

但是小分子表面活性剂与碳管间的相互作用较弱，其改性的碳管分散液稳定性差，在低温下易解离、散开，所以近期的研究偏向于用聚合物取代小分子表面活性剂，赋予 CNTs 更好的成膜性和稳定性。例如可利用光敏双亲共聚物［苯乙烯（St)-7-(4-乙烯基苄氯氧基)-4-甲基香豆素（VM）-马来酸酐（MA)），P(St/VM-*co*-MA)，PSVMA］在混合溶剂中形成胶束、分散 MWCNTs(图 7-18)，将稳定的碳纳米管分散液通过滴涂法制备电化学传感涂层，传感涂层可对不同浓度的多巴胺进行检测，且能消除抗坏血酸的干扰，对多巴胺的检测下限为 5×10^{-8} mol/L[26]。可通过对聚合物的结构单元、分子量大小、亲疏水比、凝聚态结构等进行调整，按照需求构筑不同种类的聚合物进行 CNTs 的分散。

PSVMA
MWCNTs
自组装
DMF/H_2O
胶束
UV
e-MWCNTs
交联

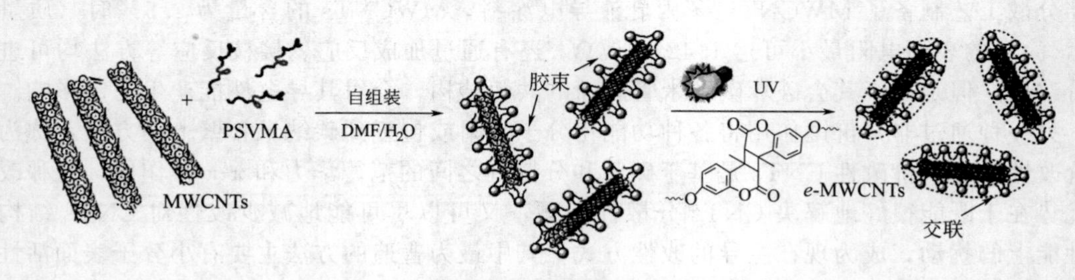

图 7-18 电化学传感涂层的制备示意图[26]

7.3.2 石墨烯类导电填料

英国 Manchester 大学的 Andre Geim 和 Konstantin Novoselov 在 2004 年首次证明石墨烯可以单独存在，两人在 2010 年获得了诺贝尔物理学奖[27]。经过十几年的发展，石墨烯的应用得到了质的飞跃。石墨烯是由碳原子紧密堆积而成的二维晶体，单层石墨烯厚度仅为 0.35nm，石墨烯中存在着 π 自由电子，因此具有优越的导电性，常温下其电子迁移率超过 $1.5\times10^4cm^2/(V\cdot s)$，比纳米碳管更高，而电阻率只有 $10^{-6}\Omega/cm$，比铜或银更低，为目前世上电阻率最小的材料。同时也具有超薄、超轻、超高强度、高的导电导热性和透光性，结构稳定和具有高的比表面积（$2600m^2/g$）等特点。

石墨烯有许多合成方法，如机械剥离法、外延生长法、化学气相沉积法、化学合成法等。与 CNTs 一样，石墨烯片层间也存在着较强的范德华力，在溶剂和聚合物中分散不佳。所以，常用的石墨烯/树脂导电复合涂料的制备一般采用溶液法、熔融法及原位改性法。将石墨烯和水性丙烯酸树脂进行机械共混，制备了水性导电涂料[28]。石墨烯含量在 1.5%（质量分数）时达到了渗滤阈值，电阻率为 $0.5\Omega\cdot cm$，对频率在 0.1～1000 MHz 内的电磁波的衰减都在 30dB 以上，有良好的电磁辐射屏蔽作用。

还有一种常见的方法是氧化还原法，采用石墨烯的前驱体——氧化石墨烯（GO）（图 7-19）为原料进行还原获得石墨烯。GO 表面含有丰富的羧基、羟基和环氧基团，这些基团的存在使 GO 的分散性、亲水性、可改性程度及与聚合物的相容性等方面都要比石墨烯更有优势，但是由于这些基团的存在破坏了大共轭结构的完整性，阻碍了 π 电子的流动，其导电性能不如石墨烯。

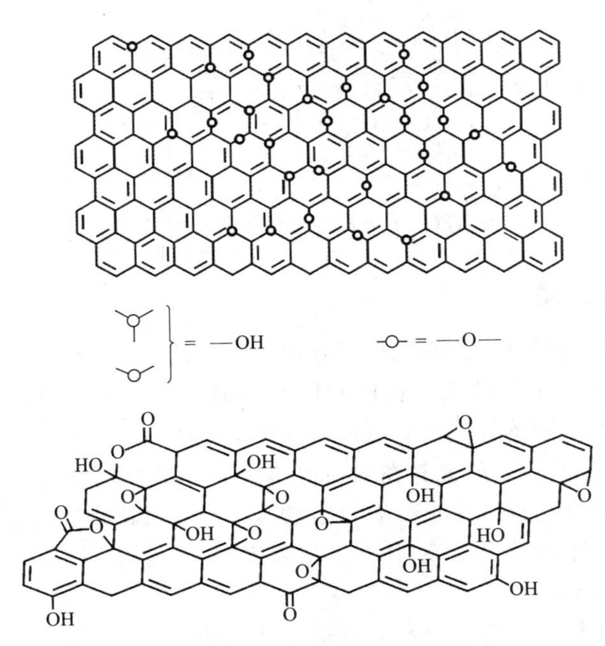

图 7-19 氧化石墨烯模型图

从 GO 出发，一般可通过两种方法获得石墨烯/树脂导电涂料。第一种，将 GO 原料进行非共价修饰，提高其在树脂基体中的分散性，获得 GO/树脂复合涂料，再进行还原，获得石墨烯/树脂复合导电涂料。例如将 GO 用十二烷基苯磺酸钠（SDBS）进行超声修饰，获得分散良好的GO水分散液，随后与PEDOT：PSS进行机械共混，再通过还原获得石墨烯/PEDOT复合涂料，将涂料通过旋涂的方法涂覆于基材上，制备柔性透明电极[29]。第二种，将GO原料进行共价修饰，一方面提高其在树脂基体中的分散性，另一方面在改性过程中消耗GO上的环氧、羧基等基团，在改性的同时还原GO。有研究者[30]通过异氰酸酯与GO表面边缘上的羧基以及中间部位的羟基反应，得到异氰酸酯共价修饰石墨烯（图7-20）。异氰酸酯共价修饰的石墨烯分散性和稳定性好，能够稳定地分散在二甲基亚砜（DMSO）、*N*-甲基吡咯烷酮（NMP）、*N*,*N*-二甲基甲酰胺（DMF）、四氢呋喃（THF）等极性非质子溶剂中，静置数周后分散液不发生团聚，仍能保持稳定。同样也可以通过硅烷偶联剂进行接枝改性。然后再将此类改性石墨烯与树脂共混，获得导电涂料。前一种方法在还原时会采用水合肼等强还原剂，在还原GO的同时可能会破坏树脂的结构，而后一种还原方法较温和，但是还原率较低。

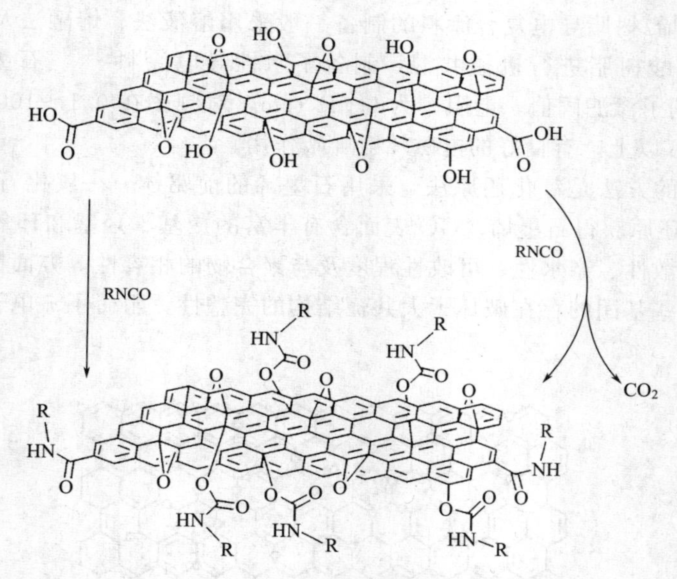

图7-20 异氰酸酯改性氧化石墨烯[30]

7.3.3 其他碳类导电填料

炭黑和石墨是最早用于导电涂料的碳类导电填料，拥有价格低廉、质轻等优点。但是这两者的尺寸较CNTs和石墨烯的大，在树脂体系中同样存在难分散的问题，除此以外，涂层外观也可能出现裂纹、脱落等现象。所以，同样需要进行改性后再与树脂基体混合。有研究者通过偶联剂改性炭黑[31]，研究其在醇酸树脂中的分散性及导电性，发现采用硅烷偶联剂KH-550时电导率最低。或以片状石墨为导电填料，苯丙乳液为基体树脂，利用先超声震荡后球磨的方法，制备了水性导电涂料[32]。结果表明，石墨占14%（质量分数）时，涂层的体电阻率为0.25Ω·cm。

碳纤维是一种性能优异的纤维材料，含碳量大于95%，微观结构类似人造石墨，为乱层石墨结构，层与层之间靠范德华力连接，具有高强度、高模量、密度低、高导电性等特点。但是由于其制备技术要求较高，价格昂贵，适用范围并不广泛。但是近年来，随着我国碳纤维制备技术的突破，低于200元/千克，碳纤维复合涂料有望爆发式增长。海洋化工研究院有限公司研制了一种碳纤维抗静电涂料，该涂料采用特种碳纤维与多种导电粉体复配，形成了一种复合式的导电网链结构，导电网链中降低了导电粉体的用量，将现有机抗静电涂料的损耗角正切值降低了一个数量级，实现了技术突破。该涂料采用空气喷涂方式施工，已实现批量化生产，目前已用于我国某型号武器装备[33]。

还有一些研究中，将几种碳材料进行混合，综合几种碳材料的优点，进一步提高复合涂料的电性能。如 Song 等[34]将石墨烯及 CNTs 分别与聚氨酯在超声下进行复合，结果发现碳填料量在 5%（质量分数）时涂层并不导电。而将石墨烯和 CNTs 以质量比 1∶1 作为混合填料，当加入量为 5%（质量分数）时，涂层的电导率为 0.77S/m，推测是由于石墨烯片层和 CNTs 长管状的混合，使得导电填料的有效搭接面积增大，从而提高了涂层的电导率。

还有些研究将导电高分子与碳材料结合在一起，来进一步提高导电高分子的导电性能，同时提高复合体系的力学性能和热稳定性，所得到的复合材料可作为透明电极、超级电容器、传感涂层等。如 Dhawan[35]等利用酸性条件下苯胺带有氨基正电荷，使其自发组装在 CNTs 表面，再进行苯胺的原位聚合，获得了聚苯胺/CNTs 分散液（图 7-21），其较单一的聚苯胺或单一的 CNTs 都有较高的电导率，可作为电磁屏蔽涂层。

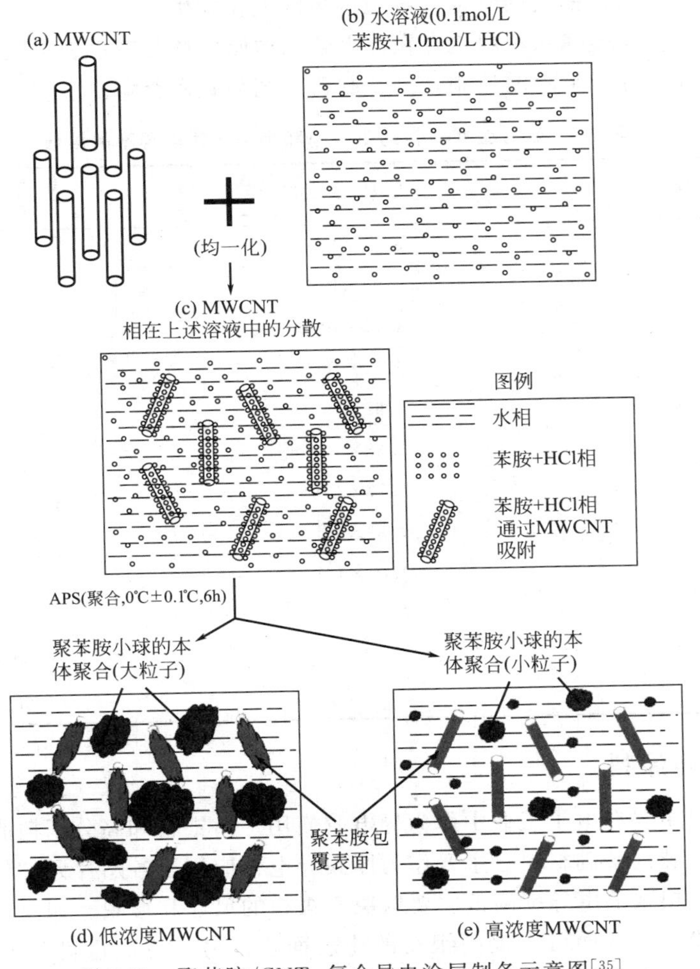

图 7-21　聚苯胺/CNTs 复合导电涂层制备示意图[35]

7.4 金属系导电涂料

金属系导电涂料是另一类重要的复合导电涂料，导电机理与碳系复合导电涂料类似，在此不再赘述。相比碳系填料，金属系填料有着更高的本体电导率，适用于高性能的复合导电涂料，具体的金属材料电导率以及和汞电导率的对比请见表 7-4。从表中可以看出，大部分金属材料的电导率在 10^3～10^5S/cm 之间，满足导体的条件，而其中最优异的为银、铜和金三者，电导率均可达到汞的 40 倍以上。其中，金作为贵金属成本极高，所以常用的金属系导电填料为银系和铜系。银的抗氧化能力强，即使被氧化，氧化物也具有较高的电导率，但是其价格较为昂贵，且在湿热环境下易发生银迁移现象，造成导电涂料电性能下降。铜在空气中易氧化，电导率下降非常严重，但是其价格低廉，成本优势远胜于银，所以铜系导电涂料的研究主要集中在对铜的表面修饰，避免过多的氧化物生成。

与碳系填料类似，金属系填料也存在与聚合物树脂基体相容性差的问题，大部分研究集中在对金属的颗粒尺寸及形貌的控制，复合制备工艺与碳系类似。

表 7-4　部分金属材料的电导率和相当于汞电导率的倍数

材料名称	电导率/(S/cm)	相当于汞电导率的倍数
银	6.17×10^5	59
铜	5.92×10^5	56.9
金	4.17×10^5	40.1
铝	3.82×10^5	36.7
锌	1.69×10^5	16.2
镍	1.38×10^5	13.3
锡	8.77×10^4	8.4
铅	4.88×10^4	4.7
汞	1.04×10^4	1.0
铋	9.43×10^3	0.9
石墨	$1\sim10^3$	0.000095～0.095
炭黑	$1\sim10^2$	0.00095～0.0095

7.4.1 银系导电涂料

银系导电涂料主要在电子工业中作为导电胶使用。由银粉和高分子树脂混合制备的导电银浆是混合电路封装的基础材料，主要作为厚膜导电带应用于各贴片元件的相互连接和微电子精密电路。导电银浆的电导率高低主要取决于银粉的尺寸和形貌。如今，通常采用纳米银粉取代微米级银粉，一方面可以提高银粉的比表面积，另一方面也可降低单位元件的银耗量，从而大大降低成本。在纳米银/聚合物复合导电涂料中，纳米银颗粒的含量、尺寸、形貌以及与聚合物的复合方式，都会对涂料的电导率产生很大的影响。

7.4.1.1 纳米银形貌对电导率的影响

纳米银按照维度划分可分为：纳米银线，纳米银片和纳米银颗粒（球状）。其中拥有较大长径比的纳米银线，比其他维度的纳米银填料更容易搭接，形成导电网络。且线和线的接触点数量远小于纳米银颗粒与颗粒的接触数量，减小体系接触电阻，所以纳米银线填充的导电涂料比纳米银颗粒填充的导电涂料有着更好的电性能。有研究者[36]比较了纳米银线、纳米银片和纳米银颗粒作为填料制备的导电胶。研究结果发现，导电胶的渗滤阈值随着纳米银填料长径比的增加而减小，且一维银线的运动性差，所以在体系烧结后，纳米银线导电胶的导电网络较其他两者更为牢固。所以，纳米银线导电胶比其他两者有着更好的电性能和力学性能。

但是纳米银填料制备工艺复杂，成本较高。在工业生产上为了兼顾成本与性能，通常会采用微米银作为主体填料，提供导电颗粒，再加入少量纳米银填料，提供搭接点的方法。例如有研究者[37]制备了微米银片/改性环氧树脂复合导电胶，发现添加了纳米银线（其中纳米银线：微米银片质量比为1：6）的复合银导电胶不仅可以降低体系的渗滤阈值，还可以提高体系的剪切强度。这是因为纳米银线颗粒填充到微米银片的缝隙中，促进未搭接的微米银片形成导电通路。所以，当微米银片的体积含量在渗滤阈值附近时，少量纳米银颗粒的添加就可形成导电通路，从而降低体系的渗滤阈值。

7.4.1.2 纳米银填料的表面改性

纳米银表面活性较高，将其分散于聚合物基体中时，易发生局部团聚现象，使其失去了本身所具有的独特性能，体系中不易形成均匀连续的整体导电网络。所以，对纳米银进行适当的表面改性，既可以提高其在聚合物基体中的稳定性，获得分散均匀的导电涂料，还可以获得新的聚集体，提高导电涂料的其他性能。

纳米银常用的表面活性剂有有机胺、二元硫醇、二元羧酸、硅烷偶联剂等，利用有机物的官能团和银表面发生螯合作用，围绕在纳米银表面，起到稳定和保护的作用，同时有机基团可以促进纳米银与树脂基体的相容性，从而提高纳米银在树脂中的均匀分散，有利于形成有效导电网络，减小纳米银的用量，降低渗滤阈值。

例如可用硅烷偶联剂 KH-560 对纳米银颗粒进行表面修饰，作为环氧导电胶的导电填料[38]。研究表明，KH-560 可以很好地稳定纳米银颗粒，使颗粒粒径保持在20nm左右。并且，在纳米银颗粒含量为55%（质量分数），固化时间仅为15min时，电阻率可达 $2.5\times10^{-3}\Omega\cdot cm$，比未修饰的纳米银颗粒电阻率下降至原来的1/3～1/5。有研究者[39]研究了不同有机结构的表面改性剂对纳米银颗粒的改性效果，并用耗散粒子动力学（dissipative particle dynamics，DPD）模拟了表面处理的纳米银在树脂基体中的分布状态。研究表明，用柠檬酸、蚁酸、乙二胺和巯基琥珀酸等对纳米银颗粒进行表面处理，会通过弱分子间相互作用使纳米银进行自组装，在颗粒之间形成桥键，少量的导电填料即可形成有效的交联网络，获得良好的导电性。

7.4.1.3 纳米银的烧结

纳米银熔点较低，通常在200℃左右，所以纳米银在低温下可以发生烧结行为，从而显著降低粒子间的接触点数目，降低接触电阻，提高导电涂料的电导率。有研究者用尺寸为30nm的纳米银颗粒与树脂复合制备导电银胶。研究结果表明，银胶经280℃烧结10min后，内部出现大量微孔，电导率为 2.6×10^5S/cm，且在 650℃仍可保持稳定，如图 7-22 所示[40]。

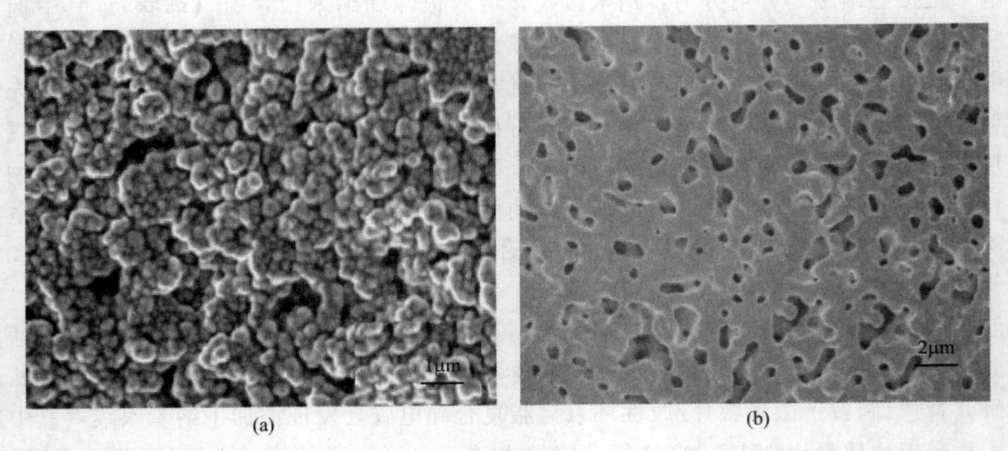

图 7-22 纳米银胶在 280℃烧结前（a）和烧结后（b）的隧道扫描显微镜（SEM）照片[40]

7.4.2 铜系导电涂料

铜的电导率可以与银媲美，价格却只有银的 1/20，所以铜成为许多低成本导电涂料的首选。但是，铜在空气中容易氧化生成 CuO 和 Cu_2O，造成电导率的下降，比表面积越大的微米铜和纳米铜越容易氧化。所以，在导电涂料中，必须对铜进行表面修饰保护，避免其氧化。铜表面修饰与银类似，一般也采用表面活性剂或硅烷偶联剂类，如可利用硅烷偶联剂 KH550 改性超细铜粉[41]，然后环氧树脂共混制备导电胶。研究结果表明，随着 KH550 的加入，超细铜粉在树脂中不会出现团聚的现象，导电胶结构规整，固化性能良好。KH-550 改性 Cu 为 50%（质量分数）（相对于环氧树脂质量而言）时，导电胶的导电性能良好。

还有一类改性铜粉表面的方法，是将电导率良好且不易氧化的贵金属包覆在铜表面，其中银覆铜是最常用的方法，也有锡覆铜、锡-铋合金覆铜等研究。如采用银包覆铜片的方法，制备了环氧树脂导电胶，导电胶的渗滤阈值在 40%（质量分数），电阻率为 $5.7\times10^{-3}\Omega\cdot cm$[42]。曹洋等[43]以银离子配合物为银源，利用化学还原法制备了树枝状的纳米银覆铜颗粒，以双酚 A 环氧树脂为基体树脂制备导电胶，研究了导电胶的固化工艺和导电、力学性能，研究表明纳米银覆铜导电胶的渗滤阈值为 23.5%（体积分数），此时导电胶的体积电阻率为 $6.4\times10^{-6}\Omega\cdot cm$，电性能优良。这是因为微米铜粉上的纳米银颗粒不但提高了抗氧化性，其表面能高，为电子跨过势垒，形成隧穿电子提供足够的能量。

7.5 导电涂料的应用及展望

7.5.1 抗静电涂层

抗静电涂层是一类可以及时排除积累静电电荷的导电性涂层，其表面电阻率一般在 $10^6\sim10^9\Omega$ 之间。通过将积聚在物体表面的静电荷及时泄放，从而避免静电积累所导致的各类问题，因此广泛应用于电子、电器、航空、化工、印刷等多种工业领域。抗静电涂层伴随现代科学技术而发展，至今约有半个多世纪的历史。20世纪50年代日本开始生产银系和碳系的防静电涂料，60年代美、英、日等国相继研制出抗静电涂料，80年代国外防静电技术和电热涂料技术获得迅速发展。我国也早在20世纪50年代开始了抗静电涂料的研究和应用。

抗静电涂层分为本征型和复合型两种，本征型抗静电涂层是将导电高分子分散在树脂基体中，然而物理分散很难使导电高分子均匀分散，因此，涂层存在电性能不稳定、涂层强度低等问题。为了解决导电聚合物分散不均匀的问题，有科学家利用原位沉积/聚合的方式，使聚苯胺在树脂表面聚合，所得到的复合材料电性能十分稳定[44]。也有研究将聚苯胺原位聚合到纳米纤维素表面，抗静电效果优异，在抗静电涂层、电极材料制备方面有较大应用前景[45]。

复合型抗静电涂层在导电涂料研发初期由于制备工艺简单、填料种类众多等一系列原因而受到广泛关注。其中，碳系导电填料的研究主要集中在提高碳系导电填料的分散性上，例如，前文提到的用硅烷偶联剂处理石墨来提高其分散性，并在石墨中掺入碘形成石墨-碘导电络合物，提高石墨的导电性能，进而提高所制备涂料的抗静电性能[46]。除此以外，石墨烯、CNTs等新型碳系纳米材料在抗静电涂层中的应用逐渐成为一个研究热点。CNTs具有强烈的微波吸收特性，在吸收时会伴随着大量热的释放。所以有研究者将聚乙烯基材表面涂覆CNTs，然后用微波进行辐射，利用放出的热量固化CNTs/聚合物涂层，连续排列的CNTs在数十秒内即可嵌入到融化的PE基材中。这种抗静电涂层，制备时间短、能耗低，并且可在曲面上制备，有着良好的应用前景[47]。

相比于其他导电填料和抗静电剂，金属导电填料的导电性能更加的优异，金属和金属氧化物导电填料常用于制备低电阻率涂层，一般用于军工等要求比较高的领域。其中，以铜填料为例，通过锌粉、铜粉配合使用和制备核壳型铜-银双金属粉末的方法，以降低铜粉被氧化的可能性，达到延长抗静电涂层使用寿命的目的[48]。

7.5.2 透明导电膜

透明导电膜是一种既具有良好导电性又具有高光学透过率的薄膜，在便携式电子器件、显示器、柔性电子器件、电致变色屏、太阳能电池以及薄膜晶体管等光电产业方面有着广阔的应用前景。经过近一个世纪的研究，目前的透明导电膜主要有：金属膜、金属氧化物膜、其他化合物膜、高分子膜、复合膜等，如表7-5所示[49]。

表7-5 透明导电膜的种类和参数

薄膜种类	薄膜材料	表面方阻/(Ω/sq)	透光率 T/%
金属材料	Au,Ag,Pt,Pd,Al	$1\sim10^5$	60～80
氧化物半导体	$ZnO\text{-}Ga_2O_3$,$ZnO\text{-}ZrO_2$,$ZnO\text{-}Al_2O_3$	$1\sim10^5$	75～95
导电性氮化物	TiN,HfN		60～80
导电性硼化物	LaB_4		
高分子	聚吡咯、聚噻吩、聚苯胺		80～85
多层薄膜	ITO-金属-ITO,ZnS/Ag/ZnS	$10^2\sim10^3$	75～89

在玻璃基片上生成氧化铟、氧化锡等半导体薄膜与金属薄膜的技术是人们最早熟悉的一类透明导电膜。自1907年，Bakdeker将溅射的镉进行热氧化首次制备出透明导电氧化镉薄膜以来，相继出现了SnO_2基薄膜、In_2O_3基薄膜等不同类型的透明导电薄膜材料，并在众

多领域实现了应用，形成了一定的市场规模。

随着电子时代的进步，对其他类型的透明导电膜材料也有了进一步的研究，这其中取得显著进展的材料包括导电高分子透明薄膜和碳系导电膜。1985 年，Takea Ojio 和 Seizo Miyata[50]用气相聚合法合成了聚吡咯-聚乙烯醇（PPy-PVA）透明导电复合膜，从而开发了导电高分子的一个新应用领域——光电领域，也使透明导电膜由无机材料向加工性能较好的有机材料方面发展。用化学聚合方法在聚丙烯腈基质上形成了 PTH-PAN 透明导电膜，解决了聚噻吩难加工的问题，所得膜的电导率依引发剂种类或浓度不同可达 $10^{-7}\sim10^{-3}$ S/cm，593nm 下最大透光率为 90%。另外，作为二维纳米材料的典型代表，石墨烯具有很多优异而独特的光学、电学和力学特性[51]，基于溶液法制备的石墨烯薄膜的方阻和透明度大约为 2000Ω/sq 和 85%；通过化学气相沉积法（CVD）制备的薄膜方阻和透明度分别达到 700Ω/sq 和 90%；通过制备掺杂石墨烯薄膜[52]，其方阻和透明度分别能达到 150Ω/sq 和 87%。最近，Khrapach[53]报道了通过 $FeCl_3$ 掺杂的微机械剥离的石墨烯薄膜，方阻和透明度分别达到 8.8Ω/sq 和 84%，该性能指标与 ITO 非常接近。常见的石墨烯透明导电薄膜有旋涂法、喷涂法、抽滤沉积法、层层自组装法、界面自组装法和电泳沉积法等[54~57]。

7.5.3 导电胶

导电型胶黏剂（简称导电胶）是一种经固化或干燥后既能有效地粘接各种材料，又具有导电性能的特殊胶黏剂。随着电子元器件向小型化、微型化和集成化等方向的迅速发展，需要不断开发新型的连接材料，由此推动了导电胶的快速发展[58]。

导电胶分为本征型导电胶和复合型导电胶两类。本征型导电胶以导电高分子为基体，但是其制备十分复杂，且电导率通常只能达到半导体的程度，导电稳定性及重复性较差。复合型导电胶一般由基体、固化剂、稀释剂、催化剂、导电填料以及其他添加剂组成。复合填充型导电胶按照导电填料的种类不同可以分为金属导电胶（如 Ag、Cu 和 Ni 导电胶等）、碳系导电胶（石墨导电胶、炭黑导电胶、碳纳米管导电胶和石墨烯导电胶等）和复合导电胶（金属与金属、金属与非金属复合导电胶）等几大类。如前文提到的纳米银导电胶中，有研究者采用简易大规模的液相还原法制备了纳米银颗粒，当填充微米银粉 50%（质量分数）和枝晶结构纳米银粉 10%(质量分数)时，以环氧树脂制成导电胶的体积电阻率为 $1.3\times10^{-4}\Omega\cdot$ cm。有研究采用柔性电子设备封装用银/MWCNTs 改性热塑性聚氨酯弹性体（TPU）导电胶，当 MWCNTs 为 4.5%、银粉为 50%（质量分数，均相对于导电胶质量而言）时，电导率增加 85.6%，减少 Ag 粉填充量，起到了降低增效的作用[59]。除此之外，还可以按固化方式的不同，将其分为热固化型、光固化型、微波固化型和双重固化型导电胶。其中，紫外光（UV）固化导电胶是近年来开发的新品种[60]。与普通导电胶相比，该导电胶具有固化温度低、固化速率快、不含溶剂或含少量的惰性稀释剂、环境污染小、能耗低、效率高、收缩率低和化学稳定性好等优点，能够满足精细线路连接自动化流水生产线的生产工艺要求。

静电的存在会导致仪器不准、损坏、甚至爆炸。有研究人员研制出一种亲水型导电胶，可以有效地克服静电问题[61]。该导电胶是向有机硅聚合物中引入亲水基团，聚硅氧烷与亲水聚合物反应生成亲水化合物，然后再以其为主体原料，加入导电材料制备成亲水型导电胶。这种亲水型导电胶主要用于线控水下航行体。

对各种接触压力分布的测量与分析，在许多行业中具有重要的作用。如测量人体对座椅的接触压力分布，轮胎与地面的接触轮廓和压力分布，车门密封条在关门时的受力分布等。

有研究表明[62]，低弹性模量基体材料（如硅橡胶）由于具有弹性好、符合耐久性及接触压力测量等使用性能要求，可选作为柔性力敏导电胶的基体材料。合肥工业大学[63]也研制出了基于柔性力敏导电胶的触觉传感器。其传感单元的结构形式为：以柔性电路板为底板，圆片状的柔性力敏导电橡胶置于柔性电路板上，并与电路板上分布的电极连接。

LED（lighting emitting diode）即发光二极管，是一种半导体固体发光器件，有“绿色光源”之称。在 LED 制造过程中，用于固晶、起到导电连接作用的导电银胶便是一例。目前，银粉导电胶已广泛应用于半导体集成电路的封装、集成电路的表面电路连接、计算机电路联线、液晶显示屏、发光二极管、有机发光屏、印刷电路板、压电陶瓷等领域[64]。

导电胶的应用领域还有太阳能光伏电池（FV）组件、触摸屏（TP）、光通信器件、电子标签、电子纸、智能卡封装、电激发光（EL）冷光片、无源器件、封装测试、表面贴装（SMT）、摄像头、手机组装、电脑装配、数字化视频光盘（DVD）、数码产品、半导体芯片、传感器、电气绝缘、汽车电子、医疗器械等行业各种电子元件和组件的封装以及粘接等。

7.5.4　防腐涂料

随着现代工业的快速发展，运输、船舶、码头等众多工程大规模兴建，钢铁作为最常见的一种工程材料，除了长期经受海水、盐雾、紫外光和大气的侵蚀外，还要受到流水、冻融等多种破坏作用而产生严重的腐蚀。全世界每年因腐蚀造成的经济损失高达数十万亿美元，是地震、水灾、台风等自然灾害总和的十倍左右。采用适当的腐蚀防护措施至少可以避免部分损失，各国的防腐实践证明：涂料防腐蚀是最有效、最经济的方法。

防腐涂料的保护机理有 3 种：牺牲保护（电流效应）、屏障保护和钝化作用（缓蚀效应）。根据保护机理的不同，人们开发出 3 种类型的防腐涂料，即牺牲涂料、屏障涂料和缓蚀涂料。其中，牺牲涂料是通过与基材相连接的，在电化学上更活泼的金属代替基材使自身腐蚀来进行的保护（图 7-23）。如有研究者[65]合成了聚苯胺/黏土纳米复合材料，并加入富锌的硅酸乙酯底漆中去改善它的防腐性能。结果表明，底漆的阻隔性能有了很大的改善，由于纳米复合材料的阻隔和钝化作用，改性底漆的开路电势要明显高于未改性的底漆，进而提

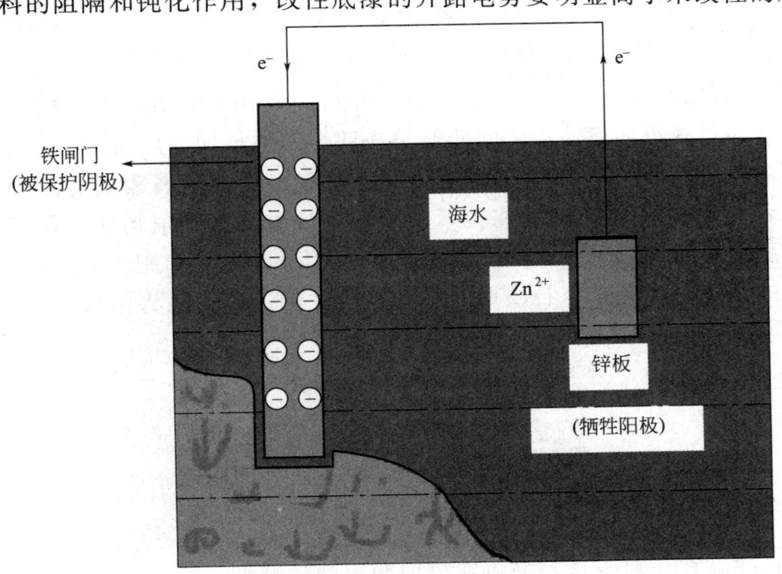

图 7-23　牺牲阳极保护示意图

升了涂层的防腐蚀性能；屏障涂料是指通过利用涂层对液体、气体和离子的低渗透性来阻隔腐蚀性物质进入基材的表面。而缓蚀涂料主要针对大气腐蚀，常作为底漆使用，溶解在涂料中的组分能够与金属基材反应从而达到缓蚀的效果。

在众多的防腐材料中，石墨烯和聚苯胺材料作为新型防腐材料，具有良好的使用性能，符合绿色环保的要求。聚苯胺是一种具有共轭结构的高分子聚合物，其独特的掺杂机理使其可以在绝缘、导电的两种状态中转换，聚苯胺主要是通过金属材料表面与含有导电聚苯胺的底漆相接触，二者相互作用形成一种特殊氧化膜，从而实现延缓金属腐蚀的作用。另外，石墨烯作为一种新型碳材料，在涂料涂层方面是一个重要的应用领域，纯的石墨烯或者复合石墨烯涂料沉积在金属表面形成涂层从而实现防腐蚀的作用。Chang 等[66]利用对氨基苯磺酸与膨胀石墨反应获得氨基封端的石墨烯片层，并将其加入苯胺的盐酸溶液中，冰浴条件下反应获得墨绿色掺杂态聚苯胺/石墨烯复合物（如图 7-24 所示）。随后在氨水中脱掺杂，得到

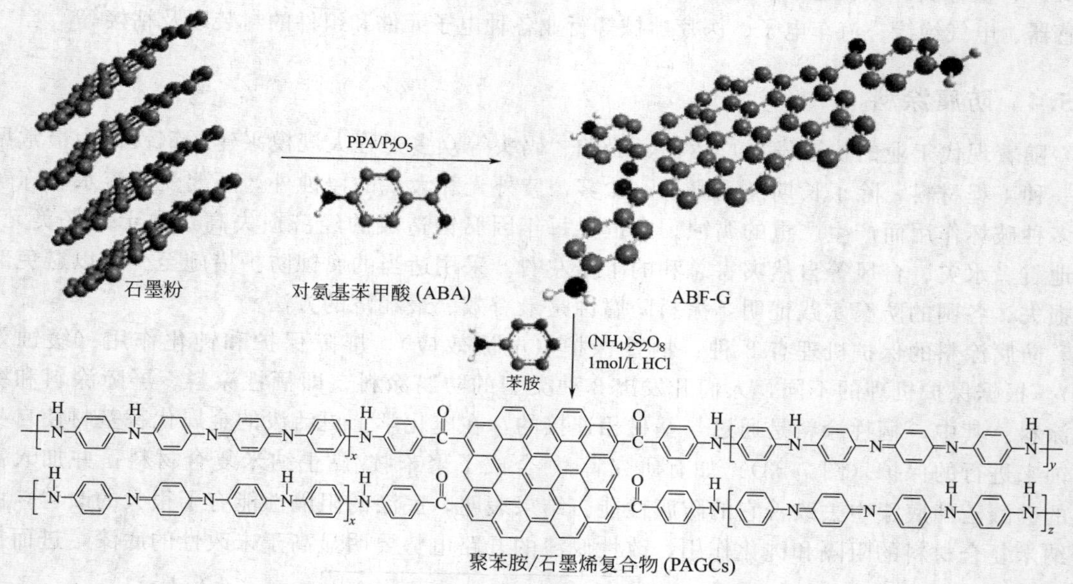

图 7-24 掺杂态 PANI/石墨烯复合物制备示意图[66]

本征态的聚苯胺/石墨烯复合物（PAGC）。将 PAGC 溶解在甲基吡咯烷酮中并涂覆于钢板上，溶剂挥发后便可获得防腐涂层。实验结果表明，石墨烯加入后涂层的防腐性能得到有效提升。鉴于石墨烯较强的不透过性，腐蚀物质透过涂层到达金属表面的路径变得更长更复杂。也有研究者[67]采用溶液共混法将聚苯胺与石墨烯添加到环氧树脂中制备出不同比例聚苯胺石墨烯防腐涂料。结果表明，加入适量聚苯胺、石墨烯能抑制水对涂膜的浸润与渗透，起到物理防腐的作用；聚苯胺与石墨烯的协同导电性能，迅速地将阳极反应中 Fe 失去的电子传导到涂料表面，从而阻止 Fe 生成沉淀而腐蚀。

7.6 总结与展望

导电涂料是伴随现代科学技术而迅速发展起来的特种功能涂料，至今约有半个世纪的发展历史。随着导电涂料研究开发的不断深入，其应用也日益广泛，在电子、建筑、航空等领

域具有重要的应用价值，尤其在导电、抗静电方面有很大的实用价值。导电涂料从其作用机理上分为本征型导电涂料及添加型导电涂料。所谓本征导电材料，是指以导电高聚物为基本成膜物质，以高聚物自身的导电性使涂层导电；而掺杂型导电涂料是以高分子聚合物为基础加入导电物质，利用导电物质的导电作用使涂层导电。导电涂料作为一种新型特种功能涂料，已在生产、生活和军事等方面获得广泛的应用。随着科学技术的进步，我们对导电涂料的需求量亦将会增大。同时，对其性能的要求也不再是单一追求导电性，对耐腐蚀性、耐冲击性、耐老化性、耐高低温性等也会有所要求，未来的导电涂料应该是多功能合一的复合涂料。导电涂料的研究和发展对我国的经济建设和国防建设都有着长远的意义。

参考文献

[1] 杜新胜，焦宏宇．导电涂料的研究进展［J］．中国涂料，2009，2：12-22.

[2] 陆文明，袁兴．导电涂料的应用探索［J］．涂料技术与文摘，2003（6）：15-17，26.

[3] 李哲男，黄昊，张雪峰等．导电涂料中纳米铜粉抗氧化性的研究［J］．材料科学与工艺，2008，12（6）：826-829.

[4] Bolotin K I，Sikes K J，Jiang Z，et al. Ultrahigh Electron Mobility in Suspended Grapheme［J］. Solid State Communication，2008，146（9）：351-355.

[5] 孟晓明，楼平，赵永生等．碳纳米管、石墨烯在导电涂料中的应用研究进展［J］．涂料工业，2015，45（5）：82-87.

[6] Jonas F，Heywang G，Schmidtberg W，et al. Polythiophenes，Process for Their Preparation and Their Use［P］. US Patent 4959430，1990-9-25.

[7] 黄惠，郭忠诚．导电聚苯胺的制备及应用［M］．科学出版社，2010.

[8] MacDiarmid A G. Synthetic Metals：A Novel Role for Organic Polymers［J］. Synthetic Metals，2001，125（1）：11-22.

[9] Han M G，Cho S K，Oh S G，et al. Preparation and Characterization of Polyaniline Nanoparticles Synthesized from DBSA Micellar Solution［J］. Synthetic Metals，2002，126：53-60.

[10] Zotti G，Vercelli B. Gold Nanoparticles Linked by Pyrrole- and Thiophene-Based Thiols. Electrochemical，Optical，and Conductive Properties［J］. Chemistry of Materials，2008，20：397-412.

[11] Martin C R，Dyke L S V，Cai Z，et al. Template Synthesis of Organic Microtubules［J］. Journal of the American Chemical Society，1990，112（24）：8976-8977.

[12] Zhang X，Manohar S K. Bulk Synthesis of Polypyrrole Nanofibers by a Seeding Approach［J］. Journal of the American Chemical Society，2004，126（40）：12714-12715.

[13] Choi C，Kwon S，Na S. Conductive PEDOT：PSS-coated Poly-paraphenylene Terephthalamide Thread for Highly Durable Electronic Textiles［J］. Journal of Industrial and Engineering Chemistry，2017，50：155-161.

[14] Song R，Wu Y，Loo J，et al. Living and Conducting：Coating Individual Bacterial Cells with In Situ Formed Polypyrrole［J］. Angewandte Chemie International Edition，2017，56：10516-10520.

[15] Yun Y H，Lee B K，Choi J S，et al. A Glucose Sensor Fabricated by Piezoelectric Inkjet Printing of Conducting Polymers and Bienzymes［J］. Analytical Sciences the International Journal of the Japan Society for Analytical Chemistry，2011，27（4）：375.

[16] Stempien Z，Rybicki E，Rybicki T，et al. Reactive Inkjet Printing of PEDOT Electroconductive Layers on Textile Surfaces［J］. Synthetic Metals，2016，217：276-287.

[17] Kohl M，Kalendova A，Schmidova E. Enhancing Corrosion Resistance of Zinc-filled Protective Coatings Using Conductive Polymers［J］. Chemical Papers，2017，71：409-421.

[18] Ramlan S，Basirun W，Ang D，et al. Electrically Conductive Palm Oil-based Coating with UV Curing Ability［J］.

Progress in Organic Coatings，2017，11：2 9-17.
[19] Wang H，Tang Q，Mu Y，et al. Preparation of PANI-PVA Composite Conductive Coatings Doped with Different Acid [J]. Advances in Polymer Technology，2017，36 (4)：21633 (1-5).
[20] 李达，刘金库. 导电材料的分类及其在涂料中的应用 [J]. 涂料工业，2010，40 (11)：67-75.
[21] Iijima S. Helical Microtubules of Graphitic Carbon [J]. Nature，1991，354：56-58.
[22] Staudinger U，Thoma P，Lüttich F，et al. Properties of Thin Layers of Electrically Conductive Polymer/MWCNT Composites Prepared by Spray Coating [J]. Composites Science and Technology，2017，138：134-143.
[23] 冯拉俊，李善建，沈文宁等. MWCNTs/聚氨酯功能涂层的静电喷涂制备和表征 [J]. 功能材料，2014，45 (24)：24140-24143.
[24] 鲍宜娟，刘宝春，顾辉平. 碳纳米管/苯丙乳液导电内墙涂料的制备 [J]. 涂料工业，2011，41 (7)：54-57.
[25] 赵学英，环氧树脂/碳纳米管导电涂层材料的制备与研究 [D]，北京：北京化工大学，2013.
[26] 赵福君，巴恒静，潘雨. 碳纳米导静电涂膜的分散及耐油老化性能研究 [J]. 武汉理工大学学报，2006，28 (5)：17-20.
[27] Novoselov K S，Geim A K，Morozov S V，et al. Electric Field Effect in Atomically Thin Carbon Films [J]. Science，2004，306 (5696)：666-669.
[28] 何文龙，王立，戴艺强等. 基于石墨烯的水性导电涂料的制备及其电磁屏蔽性能的研究 [J]. 中国涂料，2017，32 (2)：11-13，23.
[29] Chang H X，Wang G F，Tao X M，et al. A Transparent，Flexible，Low-Temperature，and Solution Processible Graphene Composite Electrode [J]. Advanced Functional Materials，2010，20：2893-2902.
[30] Stankovich S，Piner R D，Nguyen S T. Synthesis and Exfoliation of Isocyanate-treated Graphene Oxide Nanoplatelets [J]. Carbon，2006，44 (15)：3342-3347.
[31] 黄鹏波，杜仕国，闫军等. 偶联剂对炭黑导电涂料导电性能的影响 [J]. 化工新型材料，2005，33 (1)：49-51.
[32] 王恒飞，张其土. 水性石墨导电涂料性能研究 [J]. 电子元件与材料，2008，27 (5)：62-64.
[33] 宁亮，王贤明，韩建军等. 碳材料在导电涂料和隐身涂料领域的研究进展 [J]. 中国涂料，2016，31 (6)：40-45.
[34] Tong Y，Bohm S，Song M. The Capability of Graphene on Improving the Electrical Conductivity and Anti-corrosion Properties of Polyurethane Coatings [J]. Applied Surface Science，2017，424：72-81.
[35] Saini P，Choudhary V，Dhawan S K，et al. Polyaniline-MWCNT Nanocomposites for Microwave Absorption and EMI Shielding [J]. Materials Chemistry and Physics，2009，113：919-926.
[36] Tao Y，Xia Y P，Wang H，et al. Novel Isotropical Conductive Adhesives for Electronic Packaging Application [J]. IEEE Transactions on Advanced Packaging，2009，32 (3)：589-592.
[37] 李幸师，片状银粉混合纳米银线对导电胶的性能影响研究 [D]，深圳大学，2016.
[38] Li X X，Zheng B Y，Xu L M，et al. Study on Properties of Conductive Adhesive Prepared with Silver Nanoparticles Modified by Silane Coupling Agent [J]. Rare Metal Materials and Engineering，2012，41 (1)：24-27.
[39] Kowalik T，Amkreutz M，Harves C，et al. Conductive Adhesive with Self-organized Silver Particles [J]. Materials Science and Engineering，2012，40 (1)：1-7.
[40] Bai J G，Zhang Z，Calata J N，et al. Low-Temperature Sintered Nanoscale Silver as a Novel Semiconductor Device-Metallized Substrate Interconnect Material [J]. IEEE Transactions on Components and Packing Technologies，2006，29 (3)：589-593.
[41] 段国晨，赵景丽，赵伟超. 铜粉/环氧树脂导电胶的研制 [J]. 中国胶黏剂，2016，25 (12)：30-33.
[42] Zhao J，Zhang D M. Epoxy-Based Adhesives Filled With Flakes Ag-Coated Copper as Conductive Fillers [J]. Polymer Composites，2017，38 (5)：846-851.
[43] 曹洋. 覆纳米银铜粉填充导电胶的制备工艺及性能研究 [D]. 哈尔滨：哈尔滨工业大学，2015.
[44] 易波，王群，郭红霞. 聚苯胺/环氧树脂防静电涂料的研制 [J]. 化工新型材料，2010，38 (6)：112-114.
[45] Luong N，Korhonen J，Soininen A，et al. Processable Polyaniline Suspensions through in situ Polymerization onto Nanocellulose [J]. European Polymer Journal，2013，49 (6)：335-344.
[46] 汪卫东，徐青，周双喜等. 水性石墨电磁屏蔽导电涂料的制备及性能研究 [J]. 材料导报，2013，27 (5)：29-32.
[47] Xie R，Wang J P，Yang Y，et al. Aligned Carbon Nanotube Coating on Polyethylene Surface Formed by Microwave

Radiation [J]. Composites Science and Technology, 2011, 72: 85-90.
[48] 刘栗加，周雪松，周郁文. 铜金粉电磁屏蔽导电涂料 [J]. 材料保护，2009，42 (9): 57-59.
[49] 张亚萍，殷海荣，黄剑锋等. 透明导电薄膜的研究进展 [J]. 光机电信息，2006，2: 56-60.
[50] Ojio T, Miyata S. Highly Transparent and Conducting Polypyrrole-Poly (vinyl alcohol) Composite Films Prepared by Gas State Polymerization [J]. Polymer Journal, 1986, 18 (1): 95.
[51] 刘湘梅，龙 庆，赵强等. 石墨烯透明导电薄膜的研究进展 [J]. 南京邮电大学学报（自然科学版），2013，33 (04): 90-99.
[52] Kim K, Reina A, Shi Y, et al. Enhacing the Conductivity of Transparent Graphene Films Via Doping [J]. Nanotechnology, 2010, 21 (28): 285205 (6pp).
[53] Khrapach I, Withers F, Bointon T H, et al. Novel Highly Conductive and Transparent Graphene-Based Conductors [J]. Advanced Materials, 2012, 24 (21): 2844-2849.
[54] Wu J, Agrawal M, Becerril H, et al. Organic Light-Emitting Diodes on Solution-Processed Graphene Transparent Electrodes [J]. ACS Nano, 2009, 4 (1): 43-48.
[55] Gilje S, Han S, Wang M, et al. A Chemical Route to Graphene for Device Applications [J]. Nano Letters, 2007, 7 (11): 3394-3398.
[56] Eda G, Fanchini G, Chhowalla M. Large-area Ultrathin Films of Reduced Graphene Oxide as A Transparent and Flexible Electronic Material [J]. Nature Nanotechnology, 2008, 3 (5): 270-274.
[57] Gunes F, Shin H, Biswas C, et al. Layer-by-Layer Doping of Few-Layer Graphene Film [J]. ACS Nano, 2010, 4 (8): 4595-4600.
[58] 王飞，黄英，侯安文. 导电胶的研究新进展 [J]. 中国胶黏剂，2009，18 (10): 47-51.
[59] Dai K, Zhu G, Lu L, et al. Easy and Large Scale Synthesis Silver Nanodendrites: Highly Effective Filler for Isotropic Conductive Adhesives [J]. Journal of Materials Engineering and Performance, 2012, 21 (3): 353-357.
[60] Luo J, Cheng Z J, Li C, et al. Electrically Conductive Adhesives based on Thermoplastic Polyurethane Filled with Silver Flakes and Carbon Nanotubes [J]. Composites Science and Technology, 2016, 129: 191-197.
[61] 时国珍，韩永华，尚丙坤等. 一种导电亲水型胶黏剂 [J]. 化学推进剂与高分子材料，2008，6 (6): 58-59.
[62] Ishigure Y, Iijima S, Ito H, et al. Electrical and Elastic Properties of Conductor-polymer Composites [J]. Journal of Materials Science, 1999, 34 (12): 2979-2985.
[63] 黄英，仇怀利，明小慧等. 基于柔性压敏导电橡胶的触觉传感器 [P]. CN: 200810018554.9，2008.
[64] 王洪波，陈大庆，薛峰. 环氧导电银胶在LED上的应用现状 [J]. 中国胶黏剂，2007，16 (60): 53-55.
[65] Akbarinezhad E, Ebrahimi M, Sharif F, et al. Synthesis and Evaluating Corrosion Protection Effects of Emeraldine base PANI/Clay Nanocomposite as A Barrier Pigment in Zinc-rich Ethyl Silicate Primer [J]. Progress in Organic Coating, 2011, 70 (1): 39-44.
[66] Chang C H, Huang T C, Peng C W, et al. Novel Anticorrosion Coatings Prepared from Polyaniline/Graphene Composites [J]. Carbon, 2012, 50 (14): 5044-5051.
[67] 王耀文，聚苯胺与石墨烯在防腐涂料中的应用 [D]. 哈尔滨：哈尔滨工程大学，2012.

第8章 传感涂料

传感涂料是一种能够识别环境中的信息并给出相应的响应信号，如把光、声、力、温度、磁感应强度、化学作用和生物效应等待测信号或待获取信息转化为容易传输与处理信号的智能涂料。无论传感涂料的外形、力学、结构、检测对象如何，首先都要有选择性地“捕捉”或“介绍”信息，然后把已感应到的信息转换成某种可测量的信号而输出，来满足信息的传输、记录、显示和控制等要求。

传感涂料种类非常多，据其基本感知功能分为热敏涂料、光敏涂料、气敏涂料、力敏涂料、磁敏涂料、湿敏涂料、声敏涂料、色敏涂料等。而根据信号识别原理大概可以分为三类：物理类，基于力、热、光、电、磁和声等物理效应；化学类，基于化学反应的原理；生物类，基于酶、抗体、激素等分子识别功能。其中，光信号和电信号易于传输、记录和显示，因此根据输出的信号又可将传感涂层主要分为光信号传感涂层和电信号传感涂层。

传感涂料一般都是由敏感探针和聚合物树脂组成，敏感探针的作用为识别外部环境的变化并给出相应的光、电等可测量的信号，而聚合物树脂的主要作用为固定探针分子，并提供必要的力学性能、耐候性以及与待涂覆基质的黏附性能。

本章首先介绍了传感涂料的制备方法，然后根据涂料的基本感知功能对传感涂料进行分类和介绍，大体上可分为压敏涂料、温敏涂料、腐蚀监测涂料等。

8.1 传感涂料的制备方法

传感涂料由敏感探针和聚合物树脂两部分组成，因此传感涂料的制备主要是采用合适的方法将敏感探针与聚合物树脂结合起来。根据敏感探针的固定方式，传感涂料的制备方法大致可以分为三大类：一是聚合物包埋法，即将敏感探针与聚合物树脂以一定比例混合，敏感探针通过非共价键作用包埋在聚合物网络内；二是化学接枝法，将敏感探针通过化学键结合到易于成膜的高分子链上；三是原位聚合法，首先制备含有光电敏感探针的共聚单体，再通过聚合得到敏感探针的聚合物树脂。如图 8-1 所示。

8.1.1 聚合物包埋法

聚合物包埋法是将敏感探针按一定比例与易于成膜的聚合物在溶液中混匀，然后将混合液通过旋涂或流延的方式在固体基质表面成膜，敏感探针被包埋于高分子三维空间网状结构中，形成稳定的包埋有探针分子的传感涂层。该技术的特点是操作简单，只需要将敏感探针和高分子树脂混匀即可，实验条件温和，特别是对于生物敏感探针（如酶、抗体）比较适

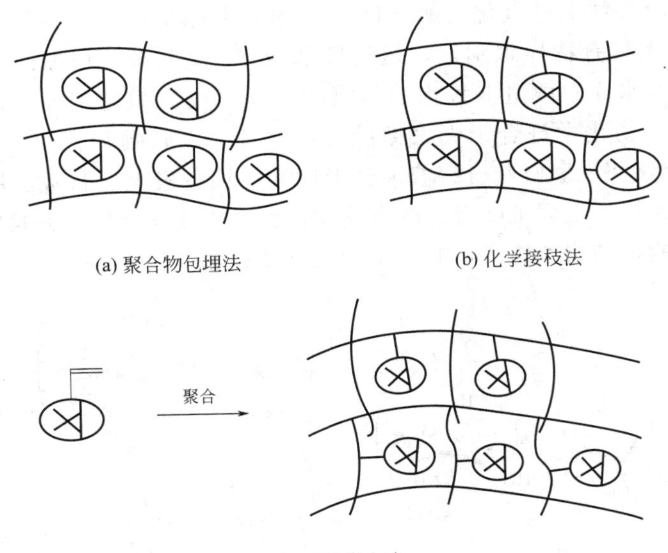

(a) 聚合物包埋法　(b) 化学接枝法

(c) 原位聚合法

图 8-1　传感涂料的制备方法

用。大多数敏感探针可以很容易地与聚合物树脂相混合，一般不需要化学修饰，因此对探针的活性影响较小。

基于高分子包埋法制备的荧光传感涂料被广泛应用于气相氧以及溶解氧检测方面。例如，将卟啉铂包埋于聚苯乙烯或其他共聚物膜中，基于氧气对卟啉铂荧光的动态猝灭机理，就可以得到检测氧气的传感涂料[1]。而以聚砜包埋氧气敏感探针 $Ru(dpp)_3Cl$，所得到的传感涂料可用于测定细胞的耗氧量[2]。还可以将芘-苝作为能量给体-受体对，将其按照一定比例包埋于硅橡胶中，得到具有生物相容性的氧气传感涂料[3]。

虽然高分子包埋方法简单，成本低廉，但由于探针分子是靠物理作用固载在高分子膜内，两者之间的作用力有限，因此在使用过程中存在敏感探针的泄漏问题。

8.1.2　化学接枝法

与高分子包埋法不同，化学接枝法是先将敏感探针通过化学键结合到易于成膜的高分子链上，加入合适的溶剂，然后通过旋涂或流延在固体基质表面成膜。这种方法对高分子树脂和敏感探针都有一定的要求，高分子树脂不仅要具有较好的成膜性，其链上一般都需要有大量的活性基团，便于其与敏感探针发生化学反应，从而将敏感探针接枝到高分子链上。由于探针分子与高分子之间是化学作用力，探针分子会牢固地固定在高分子膜内，不会发生泄漏现象。

壳聚糖（CS）具有良好的成膜性，带有大量氨基，因此具有较高的反应活性，交联后的壳聚糖膜耐酸、碱及一般有机溶剂，因此被广泛用作树脂基质。例如在壳聚糖链上接枝上荧光小分子芘后，所成的膜在高纯水中显示出稳定的荧光光谱，而任意杂质（包括粉尘）的引入都使该膜荧光急剧增强，从而有望用于对水的品质进行跟踪与检测[4]。还可以通过磺酸基团与壳聚糖链上的氨基官能团之间的酰化反应，将荧光探针丹磺酰化学键合于壳聚糖链上［图 8-2（a）］，丹磺酰具有分子内电荷转移特性，对溶剂的极性非常敏感，利用该特性实现了对水/乙醇体系中水含量的半定量检测[5]。同样的，利用壳聚糖上的伯氨基与生物素琥珀酰亚胺酯的反应将辣根过氧化物酶（HRP）固定在壳聚糖聚合物链上，辣根过氧化物酶（HRP）对双氧水具有特异识别性，运用鲁米诺（3-氨基苯二甲酰肼）-双氧水-HRP 化学发光体系实现了对水样中微量双氧水的检测[6]。除了荧光敏感基元，还可以将电活性基元三联吡啶合钌化合物化学键合于壳聚糖链上，制备了三联吡啶合钌修饰壳聚糖［图 8-2(b)］，然后用滴涂法将三联吡啶合钌修饰壳聚糖涂在铂电极上，制备了用于电化学发光的传感涂层。该涂层保持了三联吡啶合钌的电化学活性和光化学活性，并且对草酸和氨基酸具有较好的分子识别能力和响应能力，能用于检测草酸和氨基酸[7]。

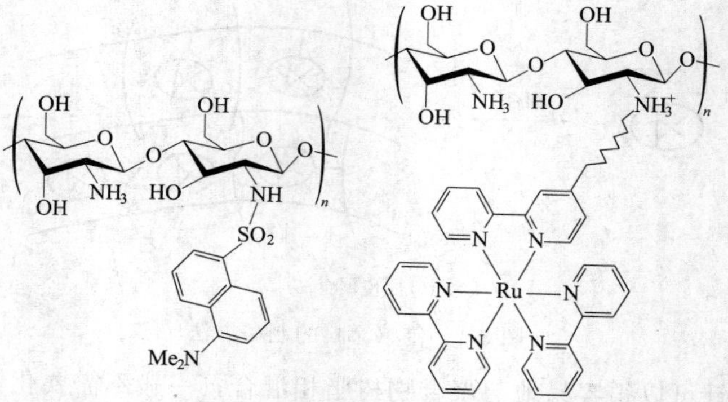

图 8-2　丹磺酰修饰壳聚糖（a）以及三联吡啶合钌修饰壳聚糖（b）的制备方法

除了壳聚糖，其他易于成膜的聚合物也被广泛地用于接枝敏感探针来制备传感涂料。如将缩水甘油甲基丙烯酸酯（GMA）共聚到聚乙烯链中，然后利用 GMA 上的环氧基在乙二胺的催化作用下与丹磺酰氯反应，将丹磺酰共价接枝到聚乙烯膜上（图 8-3）[8]。该共聚物

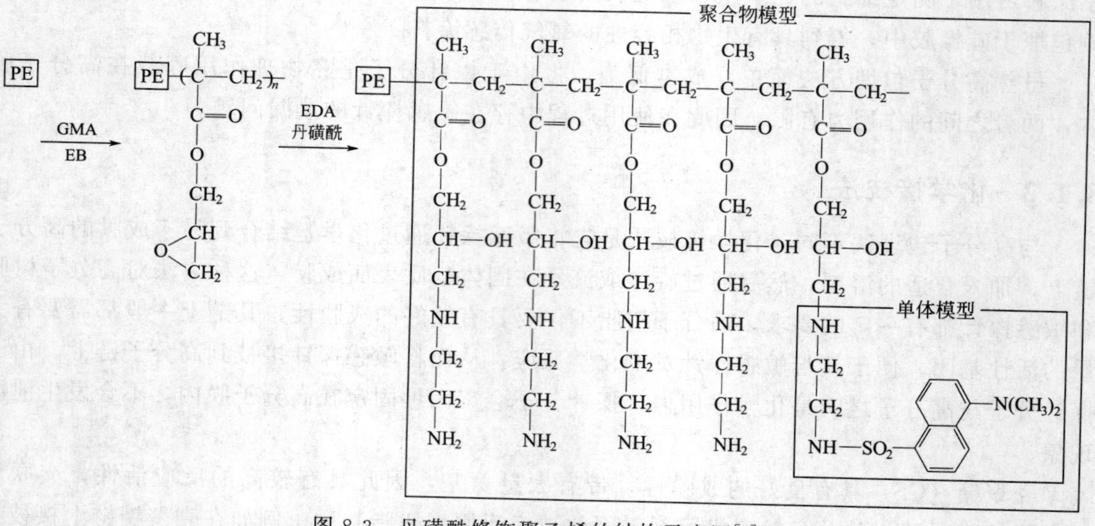

图 8-3　丹磺酰修饰聚乙烯的结构示意图[8]

GMA—甲基丙烯酸缩水甘油酯；EB—电子束；EDA—乙二胺

的溶剂依赖性和丹磺酰的溶剂敏感性，使得所制备的丹磺酰氯接枝聚乙烯涂层对溶剂极性具有较好的响应性。还有文献报道将带负电荷的芘衍生物与带有正电荷的硼酸衍生物（猝灭剂分子）共价连接在聚甲基丙烯酸-2-羟乙酯和聚二甲基丙烯酸乙二醇薄膜表面，制备得到了能检测葡萄糖的传感涂层（图 8-4）。硼酸单元能与葡萄糖进行可逆、高亲和性的结合，具

有特异识别葡萄糖的特性，因此利用涂层内部硼酸基元与葡萄糖特异结合前后猝灭行为的不同，实现了对葡萄糖的检测[9]。

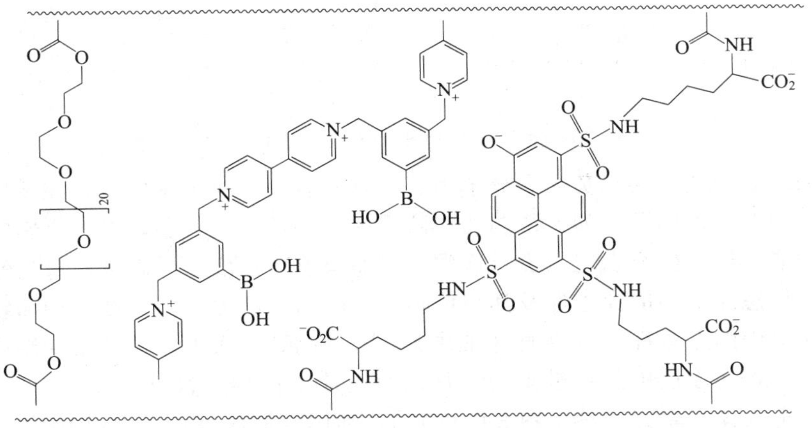

图 8-4　硼酸修饰的对葡萄糖特异识别传感薄膜的结构示意图[9]

8.1.3　原位聚合法

除了将敏感探针接枝到现有聚合物链上的接枝法，人们后来又开发了以带有敏感探针的功能单体为聚合单体通过聚合来制备传感涂料的方法，探针分子也是通过化学键合的方式与高分子主链相连接或者聚合物主链本身就是由敏感探针构成，所以也不存在探针分子泄露的问题。不过该方法含有敏感探针的可聚合单体比较少，可选择范围比较小。

这种方法以共轭荧光高分子为代表。共轭荧光高分子的主要特征是其链呈长程共轭结构，π 键中的电子像云团一样弥漫于整个高分子链。因为这种共轭结构，基于共轭荧光高分子的荧光传感涂层展示出独特的优势：激发能量能够在整条高分子链内或整个共轭体系中迁移，任何一处受到的微小干扰都有可能导致整个体系荧光性能的变化，表现出特殊的“分子导线效应”（molecular wire effect），这种效应能够成百上千倍地放大传感响应信号，即对待检分子表现出“一点接触、多点响应”的特点，从而使得检测灵敏度大大增加。该优势在实际应用时表现为：①共轭高分子的光诱导电子转移或者能量转移非常迅速，一般可在数百个飞秒内完成，比正常的辐射衰变还要快 4 个数量级，因此与猝灭剂（如待测分子）作用时表现为荧光超猝灭；②共轭高分子具有天线收集功能（light-harvesting），任何一处接收到的激发能量均转移到另一能量较低的荧光基团，并发射出不同于原来共轭高分子的荧光，共轭荧光高分子的摩尔消光系数可达 10^6L/（mol·cm）。很多传感体系就是充分利用了共轭高分子激发能量的迁移从而实现对待测物的超高灵敏检测。基于以上特点，将共轭荧光高分子溶解在合适的溶剂中，再通过滴涂、旋涂等方式形成传感涂层，可对分析物实现超灵敏检测[10]。

早在 1995 年时，Swager 等以含冠醚官能团的苯乙炔为单体通过钯催化偶联合成了含冠醚官能团的聚苯乙炔衍生物（图 8-5），聚合物侧链的冠醚官能团能够识别百草枯（一种农药），当冠醚与百草枯发生作用后，聚苯乙炔衍生物的荧光会发生猝灭，百草枯浓度越高，荧光猝灭的程度越大，因此可以用于检测百草枯[11]。而且该聚合物荧光猝灭的效率为其单体模型分子的 70～100 倍，因此灵敏度高，表现出较好的检测效果和低的检测下限。此后，将共轭荧光高分子用于离子、小分子和蛋白质检测的报道也相继出现。

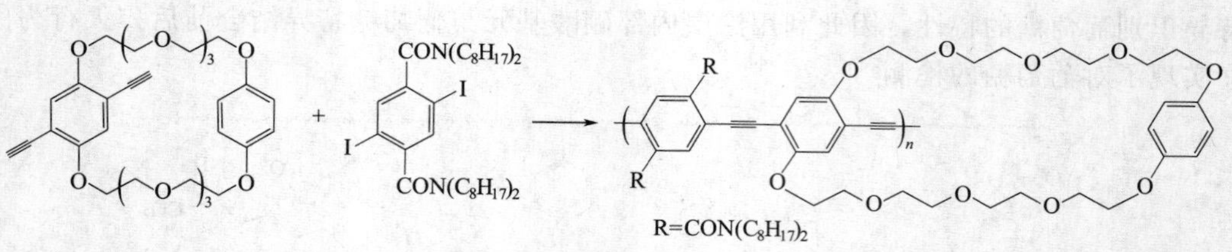

图 8-5 含冠醚官能团的聚苯乙炔衍生物结构示意图

人们多采取旋涂法将共轭荧光高分子固定在基质表面形成传感涂层，在使用时存在着待测物在涂层中的穿透性问题，如果待测物在涂层中的穿透性比较弱，必然会影响传感涂层的响应速度等性能。经过研究发现，决定这类传感涂层响应速度、灵敏度、可逆性的主要因素就是待测物在传感涂层中的穿透性及其与传感单元的结合能力。为了提高待测物在共轭荧光高分子传感涂层中的穿透性，可以通过在共轭高分子侧链引入大体积基团在涂层中形成分子通道，降低待测物在涂层中的扩散阻力，从而改善涂层的传感性能。例如，Swager 将聚苯乙炔链侧链接上大体积单元［参见图 8-6（a）］，利用旋涂法将该聚合物固定在基材表面制备得到共轭荧光高分子传感涂层，由于大体积单元的存在使得聚合物链与链之间无法紧密接触，具有大的自由体积，从而在该涂层中形成分子通道［参见图 8-6（b）］。该共轭高分子具有富电子特性，可以和缺电子的硝基芳香化合物发生作用，通过二者之间的电子转移猝灭共轭高分子荧光，实现了对气相中硝基芳香化合物的检测，并且也证明了涂层中分子通道的形成有助于提高涂层对硝基芳香化合物的响应速度[12]。

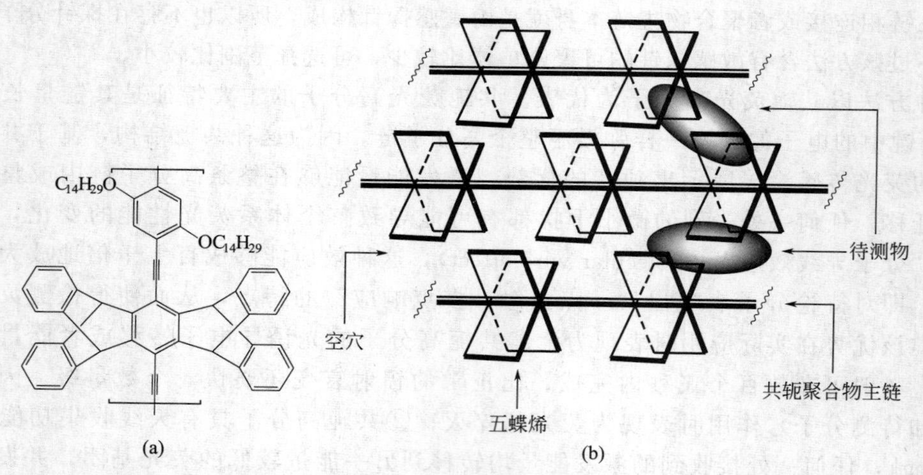

图 8-6 聚苯乙炔衍生物及其所形成传感涂层通透性示意图[12]

共轭荧光聚合物另外一个好处是可以通过改变聚合物本身的化学结构、所带官能团以及拓扑结构来对其传感性能进行调节。例如，可以通过向共轭荧光高分子侧链引入强拉电子基团将富电子共轭荧光高分子转变为缺电子共轭荧光高分子，实现了对气相中酚类和吲哚类等富电子污染物的检测[13]。除了传统的直链高分子，树枝状高分子也被用于制备传感涂层。利用带有电子给体的树枝状高分子涂层可以提高对硝基芳香化合物蒸气的检测灵敏度，结果表明将该涂层暴露在间二硝基苯蒸气中 5min 后，荧光猝灭可达 90%[14]。电子给体的存在使这类树枝状高分子表现出极强的荧光响应特性。与直链高分子不同，树枝状高分子所形成的薄膜中存在大量孔洞结构，从而使含有强拉电子基团的硝基芳香化合物可在涂层中快速扩散，对硝基芳香化合物具有很高的检测灵敏度。

8.2　压敏涂料

8.2.1　光学压敏涂料

压力测量一直是飞行器风洞试验的重要内容。传统的表面压力测定往往是在所需位置利用压力孔通过小管连接到压力传感器上来进行。为了在复杂的飞行器模型上得到合适的压力场，经常需要在飞行器表面设置数百个压力孔，这带来的打孔、接管和准备工作不仅劳动强度大，耗时长，还会耗费大量资金。而对薄的模型，如小尺寸的风扇叶片以及超声速运输机/军用飞机，在其表面设置大量的压力孔是不现实的，而且，以非连续的压力孔所测得的压力分布最终限制了所测结果的空间分布率。

光学压力敏感涂料（pressure sensitive pain，PSP）是国际上 20 世纪 80 年代后期发展起来的用于空气动力学试验中测量表面压力的新型涂料，基于该涂料的光学压力测量技术带来了压力测量技术的革命。PSP 由氧敏感发光探针和高分子基质组成，基本工作原理是来自该涂料中氧敏感发光探针（光敏分子）的氧猝灭效应（图 8-7）。PSP 测量的优点在于它是一种无接触测量，不会对被测表面的流场产生破坏和干扰，避开了传统方法所需的大力机械、工艺技术环节，节省了设计、制造和装配测压仪器仪表的大笔费用，大大节省了成本和时间，同时所获得的压力数据是连续的、大范围的，并且可实现较高空间分辨率的点测量，可全景表达模型表面任何一处的压力分布，在空气动力学有关领域受到极大的重视，被视为 21 世纪最具发展潜力的实验流体力学和空气动力学测量技术之一[15]。

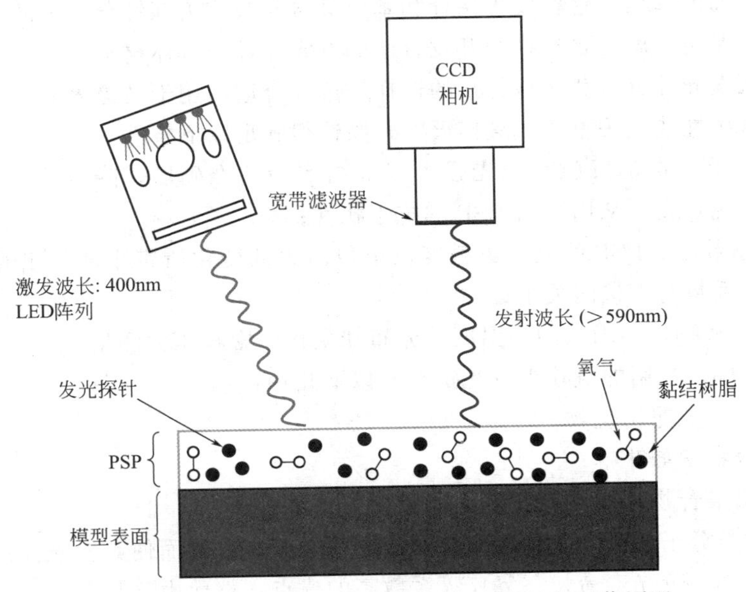

图 8-7　模型表面光学压力敏感涂料（PSP）的工作原理

8.2.1.1　PSP 技术的基本原理

PSP 中的氧敏感发光探针（光敏分子）通常都处于稳定的能级——基态（ground state），吸收了一定量的光能后可从电子基态被激发到电子激发态，光敏分子在激发态是不稳定的，很容易失去能量重新回到能级较低的基态。从激发态回到基态可以通过两种方法来实现：分子内的无辐射跃迁（靠向环境散失热量，不发光）和释放辐射（发光）的辐射跃迁，其中辐射过程称为发光（荧光或磷光），而在无辐射过程中，激发态发光体通过和氧分子作用而失活，这就是发光的氧猝灭。根据亨利定律，在涂层内的氧浓度与涂层表面气体的氧分压成正比，而对于空气，其压力又与氧分压成正比。所以，空气压力越大，PSP涂层中氧分子越多，被猝灭的发光分子也越多，PSP的荧光减弱得越严重。因此，光学压敏涂料的发光强度是随空气压力递减的函数，光强的变化反映出压力的变化。预先测定空气压力与发光探针荧光光强之间的关系曲线，这样根据测得的某个点的荧光光强就可以得到该地点的压力。

PSP的具体制备及实施如下：将氧猝灭效应明显的发光探针与树脂混合制备成压力敏感涂料，将其涂敷到被测模型表面上的测压区形成敏感涂层，预先测定好空气压力与涂层荧光光强的关系曲线。然后用一组适当波长作为激发光源激发压敏涂料发出荧光；用数字CCD（电荷耦合器件）摄像机观察被测模型，该CCD带有只允许荧光通过的窄带滤波器；用计算机分别采集处于实验状态下以及静态中被测模型的荧光图像；最后，经过复杂的图像处理和图形处理手段即可获得被测区域的表面压力及压力分布。

8.2.1.2 光学压力敏感涂料的制备

选用氧猝灭效应明显的发光探针与合适的聚合物树脂共同溶于溶剂即可得到光学压力敏感涂料，所制得的涂料可用标准喷漆枪或喷刷将涂料涂覆在空气动力学模型表面，通常厚度达到20～40μm，溶剂挥发后即在模型表面形成一层含有氧敏感发光探针的固体涂层。

典型的光学压力敏感涂料配方组成包括：氧猝灭发光探针，以及用于承载发光探针并将其黏附到模型表面的基质，这种发光探针和基质又常常被称为探针分子和载体材料。光学压力敏感涂料的研制主要就是要选择和开发合适的发光探针和载体材料。

（1）氧猝灭发光探针（荧光探针）的选择　选择合适的用于被猝灭的发光探针对光学压力敏感涂料的传感性能至关重要。氧猝灭发光探针须满足以下条件：

① 发光强度高，高的发射荧光光强可以提高实验的准确度，降低一些干扰物如尘埃、油滴等引起的干扰发光，从而提高PSP的抗干扰性；

② 氧猝灭系数高，PSP的氧压灵敏度（单位压力的变化所带来的辐出光强输出）与发光探针的氧猝灭系数有直接的关系；

③ 对温度不敏感，不因风洞中温度的分布和变化而影响压力测量。

基于以上条件，常用的氧猝灭发光探针有以下几种：

① 多环芳烃，如芘衍生物；

② 杂环化合物，如卟啉；

③ 有机金属络合物，如二亚胺钌化合物。

芘衍生物这类分子的激发态易与氧气形成电荷转移复合物而使其发光猝灭，具有量子产率高、温度效应小、荧光寿命长、氧猝灭系数高的优点，然而由于其分子量低，在较低压力以及较高温度下易产生迁移、光降解和升华现象。另外，芘衍生物需要用紫外光源激发，与其匹配的固体光源较少，限制了其在光学压敏涂料方面的应用。

铂卟啉化合物在紫外光或用绿光激发下发射出红光，它们对氧很敏感，寿命比较长，且在大气压下发光强度比较低，但是比较难与聚合物相混合。

相比之下，有机金属络合物尤其是过渡金属配合物作为发光探针在光学压敏涂料方面用得比较多。常用的有中心金属离子具有 d^6 或 d^8 电子组态的过渡金属，如 Ru（Ⅱ）、Os（Ⅱ）、Pt（Ⅱ）等；配体往往都是具有双齿或多齿结构的，如：联吡啶、卟啉配体、苯基吡啶、邻菲罗啉等。其中二亚胺钌类配合物是目前应用最为广泛的一种。钌化合物被紫外或蓝光激发后也发射红光，具有可见光谱吸收强、光学稳定性好、热稳定性高、发光寿命长（几百纳秒）、量子产率高和斯托克斯位移较大、且易于被氧分子猝灭等特性，能比较好地满足实际应用中对传感器响应时间短、灵敏度高、重现性和稳定性好及使用寿命长的要求，因此在氧气传感方面受到了极大的关注。但是钌化合物与聚合物的相容性不够好，制约了其在该方面的应用与推广。

（2）载体的选择　载体材料不仅承担固定探针分子的功能，同时能够防止其他猝灭剂的透过，以避免涂层与环境中干扰氧气响应物质的接触，保证涂层对氧气的选择性响应。在某些情况下，载体材料仅仅充当惰性的固定物，除了力学性能，不会对涂层的其他性能有太大的影响；而在另一些情况下，载体材料本身的特性对探针分子的氧猝灭效率、响应时间等影响很大，同时对压敏涂层的稳定性和力学性能也有较大的影响。另外，还要求载体具有对探针分子良好的可溶性、较高的氧气可穿透性、在可见光谱范围内良好的光传输特性和良好的化学物理稳定性。因此，选择和研制适合的 PSP 载体材料显得尤为关键[15]。

合适的 PSP 载体材料需要满足以下要求[15]：

① 氧透过率高。PSP 对氧气压力的灵敏度不仅取决于发光探针的性质，也与高分子载体有关；因为在荧光猝灭过程中，氧分子需要经历三个过程：被基体材料吸附、溶解和扩散过程，才能与基体材料内的探针分子发生有效的碰撞猝灭，所以载体材料的氧气透过率对涂层的荧光猝灭效率（也即灵敏度）有直接影响。因此，PSP 载体材料首先要满足透氧性好的要求，即允许氧分子进入涂层内部，从而和基质中的发光探针相互作用来实现快速响应。

② 黏合力强。空气动力学试验过程中涂层会经历较强的吹风剪切力，因此需要涂层与模型表面具有强的黏合力，不会因吹风剪切力而发生剥落现象。

③ 机械、热力学和光学稳定性要好。涂料要经历多次使用，因此稳定性要好，涂料的光致漂白效应要小。

④ 响应时间短。涂料的响应时间与氧扩散、涂料层厚度等多种因素有关。

传统的 PSP 配方通常使用聚合物作为载体材料。聚合物树脂基本能满足探针分子载体的常规要求，而且高分子树脂的价格相对低廉，制作技术相对简单，且能被涂覆在不同类型的模型材料上，还具有分子结构选择范围较宽等优点，这些特性使其成为固载氧猝灭探针分子的较好载体。聚苯乙烯、聚氯乙烯、聚甲基丙烯酸酯、硅橡胶、硅胶和溶胶-凝胶膜等都被报道用于氧猝灭探针分子的载体[16]。这些聚合物作为探针分子载体也各有优势，其中硅橡胶、溶胶-凝胶膜的研究和应用相对较多。

硅橡胶

硅橡胶具有高氧气穿透性、优异的化学稳定性等特性，是开发压力敏感涂料的理想载体材料之一。以聚二甲基硅氧烷（PDMS）及其同系物为代表的硅橡胶是典型的柔性链高分子，由于其极性极低，因而自由体积大，O_2 分子可以在其内部快速扩散，对氧浓度变化的响应速度快，可有效提高 PSP 的氧灵敏度。20 世纪 80 年代初，人们将多环芳烃溶于有机硅橡胶中，显示出较高的猝灭效率，但是有机硅橡胶固有的低极性导致大多数极性较高的发光探针（如钌系配合物）在硅橡胶中的溶解度较差，只有极性较低的发光探针与硅橡胶有良好的相容性，极性较大的发光探针易于在硅橡胶中聚集析出。为了解决探针分子的析出问题，科研工作者们将二亚胺钌以共价键接枝到硅橡胶链上，但这种方法制备难度过程比较繁琐，难以控制。也有人利用二氯甲烷可溶胀硅橡胶但不使其溶解的性质，将已固化的硅橡胶放入含有发光探针的二氯甲烷溶液中，使硅橡胶发生溶胀，在该过程中，探针分子进入到硅橡胶网络内，从而来获得压敏涂料[17]。

科研工作者们还系统研究了不同种类的硅橡胶作为压敏涂料基质材料所带来的影响，以四（五氟苯基）卟啉铂（PtTFPP）为发光探针，分别以四种性质不同的聚合物，即聚二甲基硅氧烷（PDMS）、聚甲基苯基硅氧烷（PMPS）、聚甲基氟丙基硅氧烷（PFS）和三氟氯乙烯-醋酸乙烯酯共聚物（PFC）（图 8-8）为基质制备了一系列压敏涂料，考察了它们的氧压灵敏度。在这 4 种聚合物中，聚二甲基硅氧烷由于甲基的内旋转自由度极大，其玻璃化转变温度（T_g）也最低，对氧的透过系数 P_{O_2} 也最大；随着 PDMS 分子中部分甲基被苯基取代，聚甲基苯基硅氧烷的 P_{O_2} 值减小；而三氟氯乙烯-醋酸乙烯酯共聚物内旋转自由能最小，在室温下已接近玻璃态，其对氧的透过系数 P_{O_2} 最小。四种高分子基质的氧透过系数的顺序为 PDMS＞PMPS＞PFS＞PFC，其中 PDMS 的氧透过系数比 PFC 高 100 倍以上[18]。实验结果发现 PtTFPP 分别与上述高分子复合所制备的四种压敏涂料的氧灵敏度相差甚大，这说明了高分子基质对光学压力敏感涂料的氧灵敏度有重要的影响。且对于这四种压敏涂料，其氧灵敏度大小顺序为：PDMS＞PMPS＞PFS＞PFC，与四种高分子基质的氧透过系数变化顺序相吻合，这表明探针分子在上述四种高分子中的氧猝灭主要决定于氧在膜中的扩散速度，氧透过系数高的高分子，其氧猝灭响应时间也短，这对制备快速响应光学-氧压测量材料有重要启发。因此，聚二甲基硅氧烷（PDMS）由于其优异的高氧气穿透性，是橡胶类材料中比较适宜于用作压敏载体的。

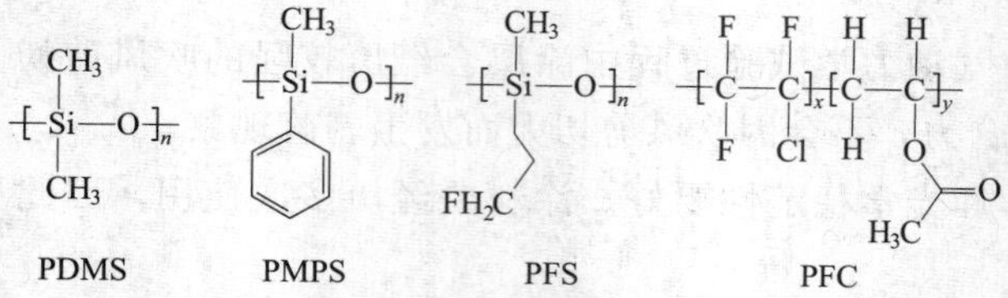

PDMS　PMPS　PFS　PFC

图 8-8　聚二甲基硅氧烷（PDMS）、聚甲基苯基硅氧烷（PMPS）、聚甲基氟丙基硅氧烷（PFS）和三氟氯乙烯-醋酸乙烯酯共聚物（PFC）的结构式

最近的研究结果还发现，除了其本身的氧透过性，高分子基质与探针分子的相互作用有些情况下会改变探针分子（或聚集体）的电子状态，导致荧光发射光谱以及氧猝灭效率的变化。

溶胶-凝胶膜

溶胶-凝胶膜具有较好的光化学惰性和机械化学稳定性，其制备方法主要是溶胶-凝胶（sol-gel）法，就是以硅氧烷或金属醇盐[$M(OR)_n$]作前驱体，通过前驱体在液相（主要是乙醇和水）中的水解、缩合化学反应，逐渐形成稳定的透明溶胶体系，溶胶经陈化，胶粒间缓慢聚合，形成三维空间网络结构的凝胶，凝胶网络间充满了失去流动性的溶剂，形成凝胶，再通过干燥固化即可得到溶胶凝胶膜。将发光探针与前驱体溶液相混合，经历水解、缩合化学反应后，发光探针被紧紧地包裹在三维空间网络内，因此这种方法在一定程度上解决了探针分子流失问题。而且水解缩合前的前驱体溶液是低黏度溶液，发光探针比较容易分散在其中，就可以在很短的时间内获得分子水平的均匀性，在形成凝胶时，反应物之间很可能是在分子水平上被均匀地混合。

英国曼彻斯特大学采用四乙氧基硅烷、乙醇、水为原料，以邻菲罗啉-钌（Ⅱ）作为发光探针，用溶胶-凝胶技术制备制备出了 PSP。以该 PSP 测试了通过渐缩喷管侧壁马赫数在 0.52～1.36 的压力流场分布，同时也进行了静态压力测试，取得了效果令人满意的结果[19]。以八乙基卟啉铂（PtOEP）为发光探针，采用溶胶-凝胶法制备的硅基质涂层中制备得到的 PSP 具有光稳定、化学耐久及快速响应（5s）的特点，且在避光贮存 5 个月后压敏性没有太大变化。

8.2.1.3 典型的 PSP

表 8-1 列出了一些典型的 PSP 配方（发光探针、基体树脂），其光谱性质也包含在其中。表 8-1 中的 PSP 数据主要是来自 Wan（1993）、Burns（1995）等的学位论文，以及由前麦道公司（现波音 St. Louis）（Morris et al. 1993a，1993b；Morris 1995）、华盛顿大学/NASA Ames 研究中心（McLachlan and Bell 1995）和 NASA Langley 研究中心（Oglesby and Jordan 2000）申请的 PSP 专利。

表 8-1 典型的压力敏感涂料配方

发光探针	基体树脂	激发波长/nm	发射波长/nm	文献	涂料来源
H_2TSPP	硅胶	400	650,709	Wan[20]	Porphyrin
H_2TCPP	硅胶	410	709	Wan[20]	Porphyrin
H_2TNMPP	硅胶	420	661,714	Wan[20]	Aldrich
二丁酸苝	硅胶	457	520	Burns[21]	Pylam
苝染料	硅胶	480,530	550,570	Wan[20]	Aldrich
	聚苯乙烯			Burns[21]	Porphyrin
PtTFPP	FEM	390	650		NASA Langley
PtTFPP	FIB	390	650		ISSI
PtOEP	GP-197	366,543	650	Burns[21]	Porphyrin
芘	GE RTV118	360-390	470		
Ru(bpy)	硅胶	337,457	600	Burns[21]	Aldrich
Ru(ph$_2$-phen)	GE RTV118	337,457	600	Burns[21]	GFS Chem.
NASA-Ames PSP				McLachlan,Bell[22]	NASA Ames

由表 8-1 可以看到，三种系列的发光探针，如铂卟啉（PtTFPP、PtOEP）、多吡啶钌化物［Ru（bpy）、Ru（ph$_2$-phen）］和苝衍生物（Perylene dibutyrate、Perylene dye）都已用来制备 PSP。其中，PtTFPP 是一种含有氟元素的卟吩，其化学结构如图 8-9 所示，华盛顿大学/NASA Ames 研究中心[23]和美国国家航空航天局兰利研究中心 NASA Langley[24]将 PtTFPP 分别和 FIB 聚合物（甲基丙烯酸七氟正丁酯/甲基丙烯酸六氟异丙酯共聚物）和 FEM 聚合物（甲基丙烯酸三氟乙酯/甲基丙烯酸异丁酯共聚物）混合，开发了两种 PSP 涂料。这两种 PSP 在真空条件下温度灵敏度均较低，而在大气压条件下，PSP 有较高的温度

灵敏度，表明温度效应对于聚合物中氧扩散的影响。其中，由华盛顿大学研发的基于 FIB 聚合物的 PSP 已由 Innovative Scientific Solutions Inc（ISSI）商业化生产，不过该 PSP 需用到与其相对应的底漆层（白色环氧底漆 Tristar），Tristar 底漆具有好地黏附力，能够较好地解决黏合问题，简化使用操作程序。将 FIB PSP 涂敷在上面，试验发现 Tristar 底漆并不影响 FIB PSP 的压力和温度灵敏度。FIB PSP 最突出的优点是其在 10～40℃ 温度范围几乎有相同的压力灵敏度，即温度灵敏度很低，而同样以 PtTFPP 为探针分子，改变聚合物基质所得到的 PSP 的压力灵敏度都会不同程度地受到温度的影响，这也说明了固定探针分子的聚合物基质能影响涂料的压力和温度灵敏度。

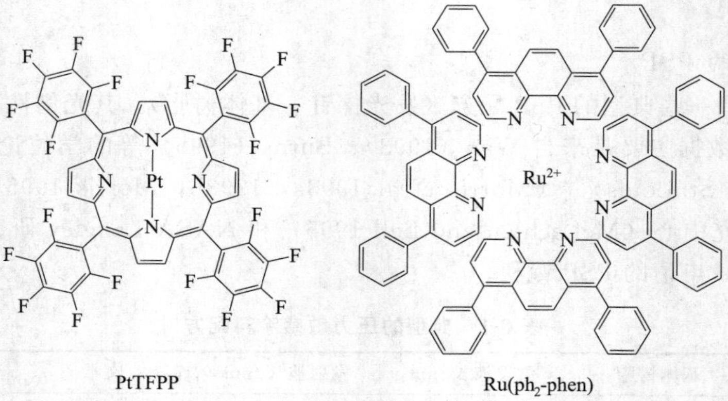

PtTFPP　　Ru(ph_2-phen)

图 8-9　PtTFPP 和 Ru(ph_2-phen) 的化学结构

前麦道公司（Mc-Donnell Douglas，现在波音公司）开发了一种钌基 PSP 配方，并用于风洞试验[24]，所用到的发光探针为三(4,7-联苯-1,10-邻菲罗啉)二氯化钌 Ru(ph_2-phen)，其化学结构如图 8-9 所示。芘类 PSP 配方已由俄罗斯 TsAGI/OPTROD 开发，试验结果显示芘类 PSP 在 17～40℃温度范围内显示出较小的温度依赖性[25]。法国航空航天研究院和德国宇航中心也相继开发了芘类 PSP 配方。芘类 PSP 显示出很低的温度灵敏度（约为 0.05%/K），不过芘类 PSP 有一个缺点，当温度高于 40℃时可能会发生升华。值得指出的是除了芘，苝及它的衍生物如二丁基苝（green gold）也可以用作 PSP 的发光探针。

8.2.1.4　PSP 的性能指标

对空气动力学应用而言，一种优良的压力敏感涂料应该具备以下物理和化学性质[15]：

(1) 好的压力响应　压力敏感涂料的 Stern-Volmer 系数应选择与试验表面的压力范围和在特殊测定中所用的光检测器（如 CCD 相机）的性能要求相匹配。一般来说，Stern-Volmer 系数 $B(T)$ 大，表明有良好的压力响应。

(2) 高的发光输出　PSP 一般要求有尽可能高的发光强度来增大光检测器的信噪比。在一定浓度范围内，压力敏感涂料的发光强度和涂料内部所含探针分子浓度成正比，发光探针的发光强度一般通过量子产率来表征。然而，PSP 的发光强度并不会随探针分子浓度增加而无限制地增加，因为如果 PSP 内部探针分子浓度太高，就会发生发光的自猝灭。

(3) 涂料稳定性　理想情况下，PSP 的发光强度应该保持稳定，不随使用时间的延长而改变。然而在实际情况中，由于发光探针的光降解，发光强度随光照时间增长而降低。另外一种可能是由于涂料中存在某些能猝灭发光探针激发态的化学物质，从而引起 PSP 的发光强度变弱。再就是作为基质材料的聚合物，其老化会改变氧在聚合物基质中的溶解度和扩散性，这可能导致PSP的Stern-Volmer系数发生改变。

(4) 短的响应时间 对于非稳定空气动力学测定而言，一般需要PSP具有较快的响应，即短的响应时间。当发光探针的发光寿命比氧扩散的时间尺度短得多时，PSP的响应时间主要由氧通在涂层中的扩散所决定，将涂层做成多孔性结构能加快氧气在涂层中的扩散，从而加快时间响应。不过，稳定空气动力学测定对PSP的响应时间没有太高要求。

(5) 低的温度灵敏度 性能良好的PSP应该受温度影响较小，即具有低的温度灵敏度。涂层的温度灵敏度一般取决于两个因素：一是发光探针本身的温度依赖性，二是氧在聚合物基质中的溶解度及其扩散系数对温度的依赖性。一般来说，在制备压力敏感涂料时，往往会选择温度依赖性比较小的发光分子作为发光探针，所以对PSP温度灵敏度的主要影响来自后者。

(6) 物理性能 除了发光性能方面的考虑，压力敏感涂料还要考虑其与模型表面的黏合力、硬度、涂层的平整度和厚度，这些主要是由充当基质材料的聚合物的物理性质来决定。涂层与模型表面之间的黏结力应能经受住模型表面与空气间的摩擦力，尤其是在高速气流情况下。黏结力与表面张力和化学键有关。硬度主要与聚合物的种类、分子量以及交联度有关。平整度主要与涂料本身及涂覆方式有关。为了尽量降低对模型的空气动力学特性的影响，一般要求涂层的粗糙度和厚度都尽量小。

8.2.2 应变压敏涂料

8.2.2.1 应变压敏涂料的分类

除了基于荧光信号发生变化的光学压力敏感涂料，另外一种常见的压力敏感涂料为应变压敏涂料。相对于光学压敏涂料是将被测压力转换为荧光信号，应变压敏涂料就是将被测压力转换为相应的电学信号。随着材料科技、微机械加工技术和微电子技术的发展，国内外在应变压敏涂料方面开展了许多探索性的研究工作，并将众多研究成果积极投入商业应用中。早期的压力应变传感器是利用金属作为压力的感应基元，但是其输出灵敏度较低，因此在许多领域的应用不能满足要求。

近年来基于聚合物的应变压敏涂料受到越来越多研究学者的关注，尤其是电子皮肤概念的出现，促进现在的研究更加趋向于制备柔性的压力应变传感涂层，以满足其多功能性和能够长期稳定使用的要求。电子皮肤（触觉传感器阵列）作为下一代机器人与医疗设备的关键部件，其开发与应用已经成为当今的学术热点之一。电子皮肤的目的在于感知周围的环境，重要的实现方式是在柔性载体表面覆盖一系列的触觉传感涂层，如应力应变传感涂层、温度敏感涂层等，其两大主要功能是检测与识别。检测功能包含了对操作对象的状态、机械手与操作对象的接触状态、操作对象的物理性质等；识别功能是在检测结果的基础上提取操作对象的形状、刚度、大小等特征，以期对目标进行分类和识别。近几年来，对电子皮肤柔性和弹性化的研究成为主要趋势，而用于接触式压力测量的弹性应力应变传感涂料是其中最具挑战性并且应用潜力最大的。

根据输出电信号种类的不同，应变式压力传感其主要可分为压电式、电磁式、电阻式和电容式传感器。其中，最常见的是电阻式压力传感器。用于制备电阻式压力传感器的传感涂料是目前形成感知“皮肤”的最佳选择，因其能重现触觉感知、较好地贴合在机器人表面高度适应性，能更好地模仿人类皮肤。基于这类传感涂料的触觉传感器，不仅能够实现较高的灵敏度、机械韧性以及低功耗，并且能够起到一定的防护作用。因此，本节主要介绍电阻式应变压敏涂料。

8.2.2.2 电阻式应变压敏涂料

电阻式压力传感器是通过改变导电传感涂层的电阻率或导体材料间的电阻将涂层的应力变化转化为电阻的变化。众多相关研究表明，高分子聚合物中填充导电填料所形成的复合材料体电阻值在外界压力作用下具有显著的变化，即具有压力-电阻效应。目前电阻式应变压敏涂料的制备方法是将导电填料均匀分散在绝缘聚合物基体中从而形成导电的聚合物网络，即应变压敏材料，再将其通过合适的工艺涂覆在固体表面形成应变压敏涂层。

（1）导电填料的选择 由于聚合物基体选取的不同，以及不同类导电填料性质的差异，所形成的复合材料的压力-电阻现象会有很大的差别。因此在制备压力传感涂料时，应当根据需要选择合适的导电填料及绝缘聚合物基体制备压力敏感复合材料，其中导电填料的种类、用量、几何尺寸和形状等为主要影响因素。在用量方面，导电填料的含量应当控制在合适的范围之内，一般是正好处于发生隧道效应穿透概率迅速上升前的水平，其压敏效应最为显著；当聚合物中导电填料之间距离小到一定程度时，会形成一个个隧道薄膜，当这些隧道薄膜作为导电路径连接贯通时，导电通路便形成了。复合材料的初始电阻值取决于最初的导电通路的数量，当复合材料受到外界压力时，聚合物基质会发生形变，从而导致导电填料在其体内产生一定的滑移或错位等，使有效导电通路的数量的发生变化，最终使复合材料的电阻值发生变化。如图 8-10 所示，在压力影响下，同时会存在有效导电通路的破坏和形成，

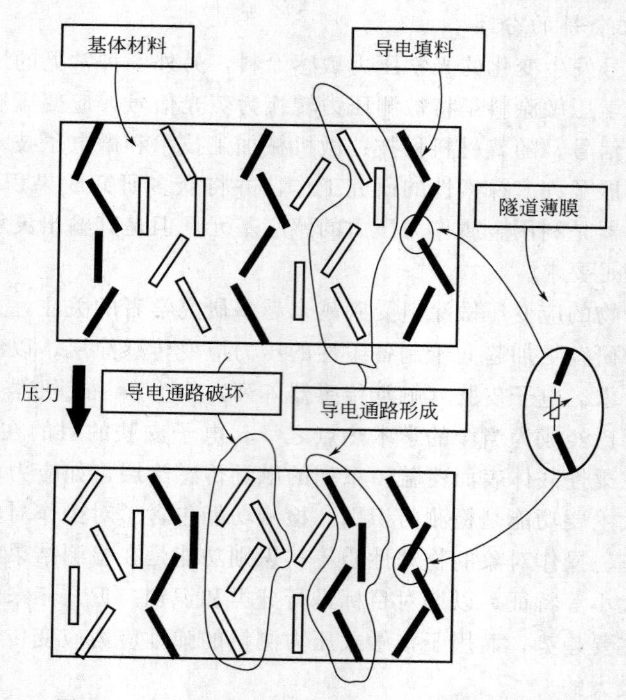

图 8-10 压力作用下复合材料导电通路变化过程

分别会导致正压阻效应（positive pressure coefficient of resistance，PPCR）和负压阻效应（negative pressure coefficient of resistance，NPCR）效应。当复合材料中有效导电通路破坏的数量比所形成的导电通路数量多时，即电阻值随压力增大而增大，就会呈现出 PPCR 效

应；反之，当复合材料中有效导电通路形成的数量多于破坏的数量时，即电阻值随压力增大而减小，会表现出NPCR效应。

在目前的研究阶段，导电填料的种类主要包含：①金属颗粒，如镍（Ni）、铜（Cu）、金（Au）和银（Ag）等高导电性金属粉末；②碳系纳米填料，如炭黑（CB）、碳纳米管（CNT）、石墨烯（G）、碳纤维（CF）等；③导电聚合物，如聚吡咯（PPy）、聚苯胺（PANI）、聚噻吩（PEDOT：PSS）等。导电填料的几何形状主要包含颗粒状、管状、纤维状和片状等。就目前国内外学者对柔性压敏传感器的研究而言，对炭黑作为导电填料制备的柔性传感器的研究相对较多。将炭黑与硅胶复合所制备的炭黑/硅胶压敏涂料，其压敏性能与炭黑的粒径大小、型号、种类以及体积分数都有关系，研究结果显示不同粒径大小的炭黑相互混合能够提高试样的电阻-变形能力的线性度和外力灵敏度。但是仅利用炭黑作为填料制备的传统压力传感材料还存在性能不稳定，灵敏性较低，且有较严重的迟滞现象和温度依赖性等问题，故应用范围有限[26]。

近年来随着微/纳米技术的兴起，研究学者们将微/纳米材料（如碳纳米管、石墨烯、金属纳米粒子、碳纤维）引入压力传感涂料的制备过程中，来进一步提高传感涂层的压力传感性能。同样的，导电聚合物如聚吡咯、聚苯胺、聚噻吩也可以充当导电填料来制备电阻式压力传感涂料。科研工作者们系统比较了分别以炭黑、石墨、导电碳纤维、纳米碳纤维、不同长径比的碳纳米管等碳系材料作为导电填料，以有机硅橡胶作为基体材料，研究了不同种填料对所得压力传感涂料的压力-电阻特性的影响，实验结果发现：以石墨为填料制备的压敏材料表现出线性的压阻变化，但由于石墨用量较多，敏感材料的柔性受到了较大的影响；炭黑复合物样品压阻敏感范围较小；纳米碳纤维复合物样品具有较好的压力-电阻的线性与敏感特性；填充多壁碳纳米管样品的压阻敏感特性相比单壁碳纳米管样品更好，且长径比越大，压阻敏感特性越好[27,28]。

除了以单一碳系材料作为导电填料，还可以采用多种碳材料一起作为填料来优化压阻材料的某些特性，如碳纤维/炭黑、碳纳米管/石墨等组合的研究提高了压力传感涂料内部的导电网络的协同效应。如以价格低廉的炭黑为主填料，性能优异的碳纳米管为辅填料，以液体硅胶为聚合物基质制备的柔性压敏涂料，在铜薄片上进行刮膜得到压力传感涂层。结果发现碳纳米管特定的结构以及大长径比等特点，在一定程度上缓解了炭黑混合硅橡胶基质制备压敏导电材料存在的一些问题，达到了既提高性能又降低成本的目的。也有科研工作者发现在炭黑/硅橡胶中同时添加适量的有机溶剂和纳米 SiO_2 粉，能有效地改善炭黑/硅橡胶压力传感涂料的压阻性能，其所受压力和体电阻之间表现出的双曲线关系近似。还可以通过向炭黑/硅橡胶体系中加入纳米二氧化硫进一步提高材料的压阻线性[29~31]。

除此之外，人们还研究了对添加的导电填料进行改良，以达到提高传感材料性能的目的。如采用气相法和液相法对炭黑进行表面氧化处理，处理后的炭黑在硅橡胶中的分散性大大提高，从而呈现出较好的压阻特性[32]。采用聚噻吩对多壁碳纳米管进行修饰并用于填充聚二甲基硅氧烷（PDMS），可以得到分散性好、且渗流阈值低的压力传感涂料，可通过调节聚噻吩的含量对该触觉传感器的量程进行调整，在0～0.12MPa的感知范围内可调[33]。

最近，中国科学院苏州纳米技术与纳米仿生研究所的研究团队构筑了有多级微纳复合结构的多壁碳纳米管（MWCNT）/热塑性弹性体（TPE）复合超疏水智能压力传感涂料，该涂料具备了优异的应变感知性能（图8-11）。从研究结果来看，多孔微纳复合结构使MWCNT/TPE复合网络对拉伸、弯曲以及扭曲展现出优异的应变感知能力，如高灵敏度（GF

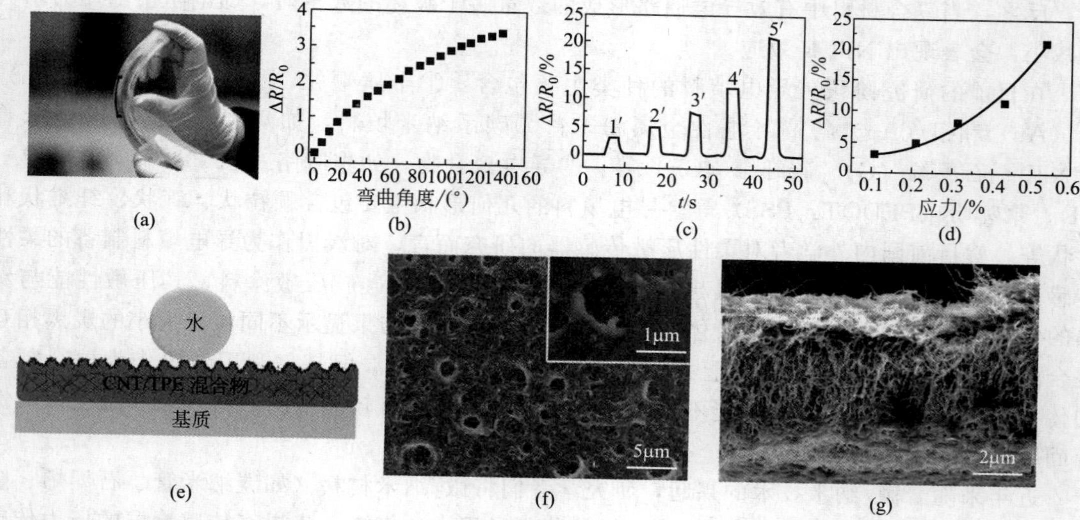

图 8-11 MWCNT/TPE-薄膜压力传感涂层对应变的响应（a）～（d）；MWCNT/TPE-薄膜压力传感涂层示意图（e）；MWCNT/TPE-薄膜压力传感涂层表面（f）和截面（g）的形貌[34]

5.4～80）、快速响应时间（＜8ms）、高分辨率（1°的弯曲）、大应变范围（最大应变约76%、弯曲角度0°～140°，扭曲0～350rad/m）以及高稳定性（5000次大应变拉伸实验）。另一方面，得益于复合涂层中梯度分布的TPE和稳定的微米孔-纳米突起复合结构，该多功能涂料既可以牢牢地黏附在柔性衬底（如柔性织物、聚酰亚胺、聚乙烯等）表面，与刚性衬底（如玻璃、金属等）也具有良好的结合力，还具有非常稳定的超疏水性能（接触角约162°），可有效地抵抗环境中水、酸液、碱液、汗液等的干扰。基于该功能涂料的优异性能实现了其多功能应用，如在复合材料中加入四氧化三铁（Fe_3O_4）纳米粒子构筑磁驱动“水黾”机器人；形成智能织物全范围实时监测人体动作等[34]。

（2）高分子基质的选择　相对于导电填料的电信号传导功能，基体材料主要起着传递、均衡外加载荷、支撑和增强材料的作用。基本上成膜性好的聚合物都可以充当基体材料与导电填料进行复合来制备压力传感涂层，其中以橡胶和硅胶为代表的弹性体因其来源广泛、价格低廉、成为最常用的制备柔性压力传感涂层的聚合物基质材料。硅橡胶类高聚物，无毒无味，除强碱、氢氟酸外不与任何物质发生反应，化学性质非常稳定，又因其固化后的状态具有与人体皮肤相似的柔韧性，因此制备的柔性压电传感材料用于智能服装上具有良好的触感。除了力学性能，聚合物基体材料本身也会影响敏感材料的压力传感性能。例如，在同样外力作用下，双组分室温硫化硅橡胶对力的敏感程度要优于单组分硫化硅橡胶，且压阻曲线的光滑性较好，电阻随压力的变化比较规律。这是因为单组分硅橡胶的硫化过程是从表面往内逐层进行，容易出现硫化不均匀、橡胶收缩率大、易膨胀、易变形等问题，这些都影响到炭黑在硅橡胶中的分散性，因此压阻特性曲线光滑性较差。而双组分硅橡胶的硫化过程是内外同时进行，均匀且收缩率小，不易产生变形，炭黑的分散性较好，因而压阻特性曲线较光滑，电阻值随压力的变化规律性较好。

在制备压力敏感涂料时，除了导电填料、聚合物基体材料的种类、质量分数，填料的分散度、制备工艺也会对导电橡胶复合材料的灵敏度、量程、稳定性等压力传感性能带来直接影响[35]。在制备工艺方面，主要的影响因素有基体和导电填料的混合方式、硫化方式、硫化温湿度条件等。如用超声波代替机械搅拌可以明显改善多壁碳纳米管以及高结构炭黑在聚异戊二烯中的分散性，所得复合材料的渗滤阈值取得了明显的转变。与机械混合相比，对复合材料进行超声处理，对其压阻行为起到了决定性作用。

8.3 温敏涂料

温度敏感涂料（temperature sensitive paint，TSP）简称温敏涂料，是一种以高分子为基质，涂料中含有对温度敏感发光探针的涂料。其工作原理是基于涂料中所含发光探针的发光强度随温度的升高而降低的热猝灭原理（图 8-12）。发光探针吸收光后从电子基态被激发到激发状态，但是发光探针在激发态是很不稳定的，很容易失去能量重新回到能级较低的基态。从激发态回到基态可以通过分子内的无辐射跃迁（靠向环境散失热量，不发光）和释放辐射（辐射出荧光，即发光）的辐射跃迁这两种方式来实现。而温度的上升会增加粒子通过无辐射过程返回基态的可能性，也就是说所发射的荧光强度会变弱，这个过程叫做热猝灭。TSP 表面温度可以通过测量其发射荧光的光强而得之。与传统的温度传感器相比，温度敏感涂料是一种非接触式和全域温度测量技术，如测量空气动力学模型表面的温度分布。

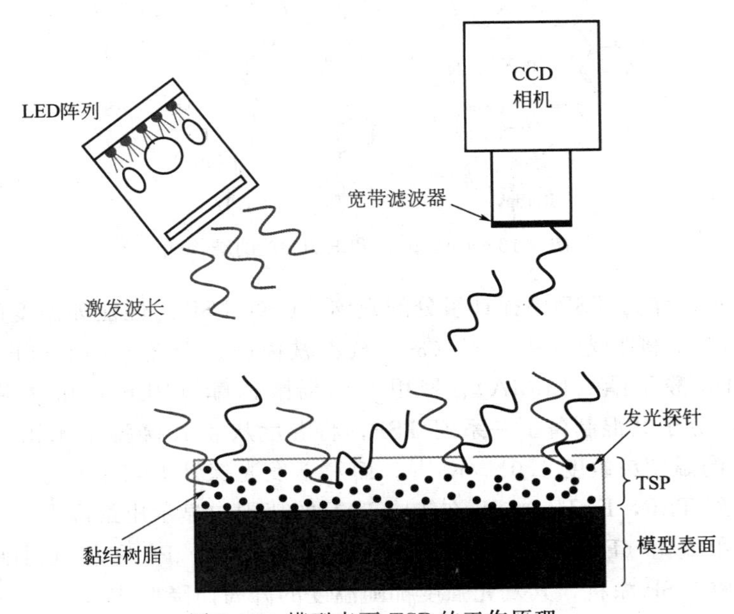

图 8-12　模型表面 TSP 的工作原理

温度敏感涂料的测量系统与压力敏感涂料方法基本相同，也是由涂层、照射系统、检测器和数据采集处理单元组成。将涂料喷涂在模型表面，并用合适的光源照射，模型表面所发出的荧光通过带长通滤光器的 CCD 相机记录。荧光与温度形成相应的函数关系，此时每个像素点类似于一个热电偶。温度敏感涂料与压力敏感涂料的数据处理方法也很相似，理论上温度敏感涂料和压力敏感涂料可以联合应用，用于校正压力敏感涂料的温度影响，并可同时获得温度和压力分布。

类似于压力敏感涂料的制备方法，温度敏感涂料也是将温度敏感的发光探针与高分子基质共同溶于溶剂而制得。不过不同于压力敏感涂料的高透氧高分子基质，温度敏感涂料要求其高分子基质为不透氧高分子，这主要是因为透氧的高分子基质会降低发光探针分子的活性。一般来说，很多商品树脂，只要不透氧都可用作温度敏感涂料的聚合物基质。用于制备温度敏感涂料的发光探针主要可分为两类：过渡金属钌的络合物和稀土铕配合物。图 8-13 所示为 Ru(bpy) 和 EuTTA 的结构式。Ru(bpy) 可用紫外灯、氮激光器、氩激光器、蓝色 LED 阵列作为光源激发，因为 Ru(bpy) 的 Stokes 位移较大，用光学滤光片很容易将激发光和发射光分开。同样的，EuTTA 也具有较大的 Stokes 位移和较高的量子产率，紫外光源和氩气激光器都可作为激发光源。一种典型的温度敏感涂料配方为 Ru(bpy) 探针与 DuPont ChromaClear 汽车清洁漆（高分子基质）的混合物。这两个配方都易于制备并使用方便。除了 DuPont ChromaClear 汽车清洁漆，通常作为汽车末道漆的氨基甲酸乙酯清洁漆也可作为 Ru(bpy) 的聚合物基质。Ru(bpy) 还可与 Shellac（虫胶）胶黏剂混合，具有与 Ru(bpy)-DuPont ChromaClear 配方相近的温度灵敏度，喷涂也很方便。另一优良的温度敏感涂料配方为 EuTTA 与模型飞机涂布油的混合物，该模型飞机涂布油与 DuPont ChromaClear 和 Shellac 类似，比较容易使用，容易喷涂且氧不渗透。

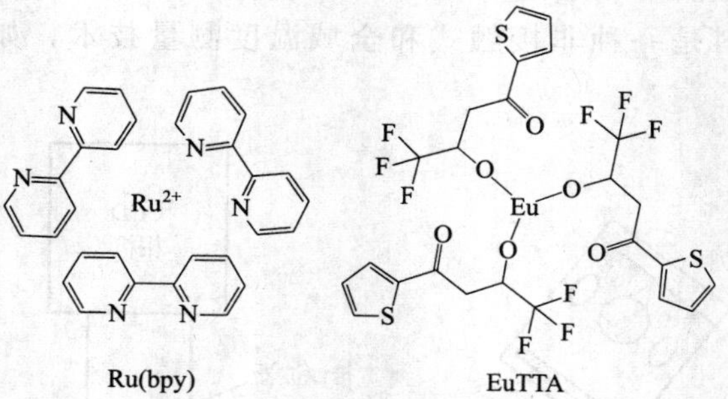

Ru(bpy)　　EuTTA

图 8-13　Ru(bpy) 和 EuTTA 的结构式

高分子基质不仅作为 TSP 中探针组分的载体，还对 TSP 的性能如温度敏感性和响应时间等有显著的影响。将发光探针［三（3-三氟乙酰樟脑）合铕］（EuTFC）与聚苯乙烯（PS)、聚甲基丙烯酸丁酯（PBMA)、聚甲基丙烯酸乙酯（PEm）和聚甲基丙烯酸甲酯（PMMA）四种高分子共混制备了一系列 TSP，将温度从 40K 降温至 4.2K，其中 EuTFC/PBMA 显示最大的温度灵敏度 1.0%/K[36]。而对于发光探针 EuTTA 与 PS、PMMA、PU 共混制备的一系列 TSP，EuTTA/PS 在 10～60℃的范围内显示出最高温度灵敏度。又如以三氟乙酰化噻吩甲酰铕（EuTTA）为发光探针，以 PMMA、PS 和环氧树脂（EP）为高分子基质得到的三种 TSP 涂料，其发光强度都随温度的升高而降低[37]，但它们的温度灵敏度曲线有明显差别，即同一发光探针 EuTTA 在不同高分子基质中的温度灵敏度不同，即温度灵敏度与高分子基质有明显的依赖性。可能原因是发光探针与高分子基质之间的相互作用导致热猝灭过程中的非辐射过程活化能不同，同时也导致 TSP 的温度灵敏度不同。EuTTA 在三种高分子中的温度灵敏度大小顺序为：EuTTA/PS＞EuTTA/PMMA＞EuTTA/EP。同时，高分子基质也会影响 TSP 的发光强度：EuTTA/EP 在 20～60℃有较高的发光强度，但是温度灵敏度较低。相反地，EuTTA/PS 的发光强度较低，但是其温度灵敏度高。将所制备的 TSP 涂料进行了转捩测量试验，获得了模型表面转捩位置[38]。

8.4　金属早期腐蚀监测涂料

在生产生活中，金属表面往往会施加保护涂层。随着时间的推移，保护涂层可能由于长时间暴露于腐蚀环境或机械损伤而失效，使部分金属表面易于腐蚀。由于涂层失效是一个从量变到质变的过程，而这种变化往往与被保护物件和结构的检查、维修周期不相匹配。这就容易出现进行肉眼检查时涂层虽然完好，而实际上涂层下金属腐蚀已发生的现象。此外，腐蚀常常发生在相对不易监测的部位，因而只有在服役器件暂停工作或大修期间才能进行监测及修理。如果腐蚀不能被及时发现，金属结构的破坏容易造成经济损失和安全事故。因此，在金属材料腐蚀的萌生阶段就能监测到其腐蚀发生的部位并及时采取有效措施是十分重要的。

制备金属腐蚀早期检测涂层是解决上述问题的有效手段。金属腐蚀早期检测涂层能够在任何可见的腐蚀迹象显示之前，检测并报告金属的早期腐蚀，提醒检修人员采取措施，避免金属的进一步腐蚀。

最早研究早期金属腐蚀监测涂层的是美国和加拿大海军，研究目的是为了寻找出一种可以远距离探测舰船、飞机部件腐蚀的智能涂层材料。早期金属腐蚀监测涂层是将具有刺激响应性的有机化合物与涂层结合使用的一种腐蚀检测技术。响应性的有机化合物与金属腐蚀产生的金属离子结合或由于腐蚀部位 pH 值的变化而使腐蚀部位荧光性能或颜色发生变化，通过跟踪传感涂层的荧光性能变化或观察颜色的变化程度，就可以用于监测金属的腐蚀状况[39]。利用这种特性，可以将响应性的有机化合物作为腐蚀检测探针与涂料进行结合后应用于金属的腐蚀监测。根据腐蚀检测探针的不同，涂层的腐蚀检测机理可以分为荧光响应和变色响应两类，因此相应地可以将金属腐蚀检测涂层分为荧光响应型腐蚀监测涂层和变色响应型早期腐蚀监测涂层。

8.4.1　荧光响应型早期腐蚀监测涂层

通常来说，具有随物理或者化学性质的改变而致使荧光信号发生相应变化的一类物质或体系，称为荧光分子探针。在未受到特定刺激之前，探针分子不发射荧光，或荧光很弱，一旦对刺激发生响应，荧光探针就会发射出强烈荧光。目前研究人员将特定的荧光探针添加到成膜树脂中，制备得到了许多荧光响应型早期腐蚀监测涂层。涂层的腐蚀检测机理如下：涂层中的荧光探针对金属腐蚀产生的特定金属离子或因腐蚀引起的环境中 pH 值变化等刺激产生响应，从而在施加特定波长的光照时腐蚀部位能够发射荧光（响应前无荧光或荧光微弱），由于响应前后荧光强度差别比较大，因此在金属腐蚀早期检测领域具有广阔的应用前景。

目前金属腐蚀早期检测涂层常用的荧光探针有荧光素、香豆素、席夫碱、荧光镓、桑色素、8-羟基喹啉和罗丹明等，如图 8-14 所示[40~43]。它们一般由存在共轭双键体系的荧光基团和能产生特异性结合（一般生成络合物的形式）的识别基团组成。其中，8-羟基喹啉和罗丹明是最具有代表性的两类荧光探针。

8-羟基喹啉衍生物对铝具有较好的亲和力，可与 Al^{3+} 结合，形成铝离子的三配体螯合

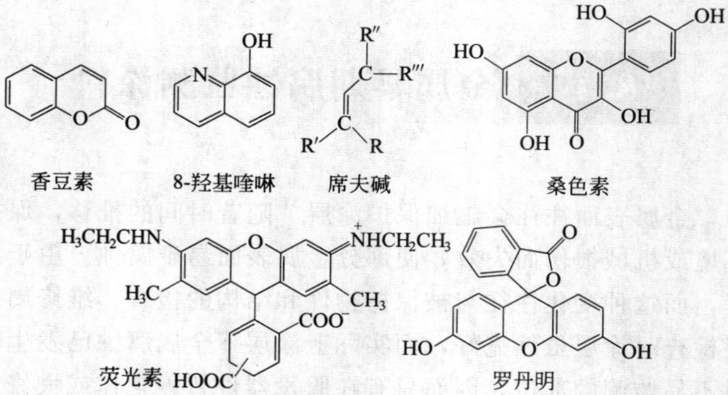

香豆素 8-羟基喹啉 席夫碱 桑色素

荧光素 罗丹明

图 8-14 荧光探针结构式

物。在紫外线的照射激发下能发出一定波长和强度的光（图 8-15），且羟基喹啉衍生物与环氧树脂具有良好的相容性，避免了小分子探针在树脂基体中的迁移。常常将 8-羟基喹啉衍生物作为荧光探针与环氧树脂相混合后涂覆到铝合金表面用于监测铝合金早期腐蚀。实验结果表明，由于在环氧树脂中铝离子具有良好的通过率，且喹啉衍生物与环氧树脂的相容性较好，所制备的腐蚀监测涂层对基材的早期腐蚀有较高的灵敏度，监测基体腐蚀发展的效率也较高。

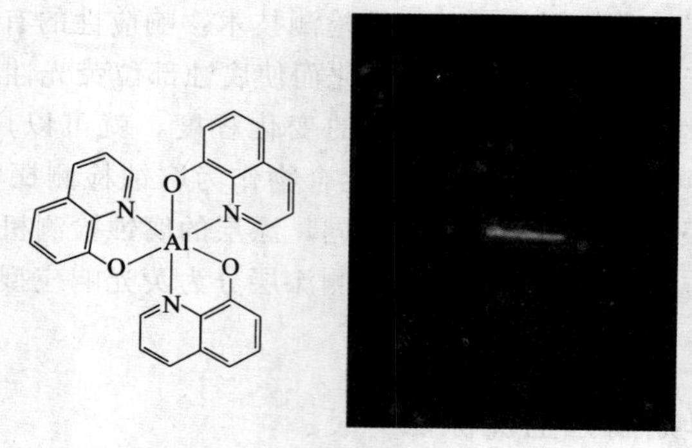

图 8-15 8-羟基喹啉监测铝离子

而对于罗丹明 B，其与树脂的相容性没有 8-羟基喹啉的好。为解决罗丹明 B 与树脂基体的相容性，研究人员开始对原有罗丹明 B 的结构进行了设计，来提高其检测性能。科研工作者们合成了如图 8-16 所示的罗丹明衍生物“FD1”（结构式），将其作为腐蚀指示剂与商用环氧基涂层混合制备得到能够监测钢材腐蚀状况的智能涂层。FD1 与环氧树脂具有较好的相容性，所制备得到的智能涂层即使在涂层肉眼观察无缺陷的状况下，也能够通过发出荧光监测到涂层底部的腐蚀区域。而且基于该监测涂层还制备了一种能够通过手持式 UV 紫外灯，监测铝合金早期腐蚀状况的“turn on”荧光智能环氧涂层[44,45]。其监测机理是，当涂层下金属发生腐蚀时（以铝合金为例），由于合金中存在金属间存在电位差，因此当合金发生腐蚀时，阳极会发生如图 8-16 中式（1）、式（2）的化学反应，阳极部分环境的 pH 会降低。而荧光探针 FD1 在酸性环境下会形成大的平面共轭结构，因此在紫外光照下会发出亮黄色的荧光（图 8-17）。

由于在 pH 变化前后 FD1 的荧光性能有很大的差别，呈现出明显的“关-开”现象，探

$$Al \longrightarrow Al^{3+} + 3e^- \quad (1)$$

$$Al^{3+} + 3H_2O \longrightarrow Al(OH)_3 + 3H^+ \quad (2)$$

$$O_2 + 2H_2O + 4e^- \longrightarrow 4OH^- \quad (3)$$

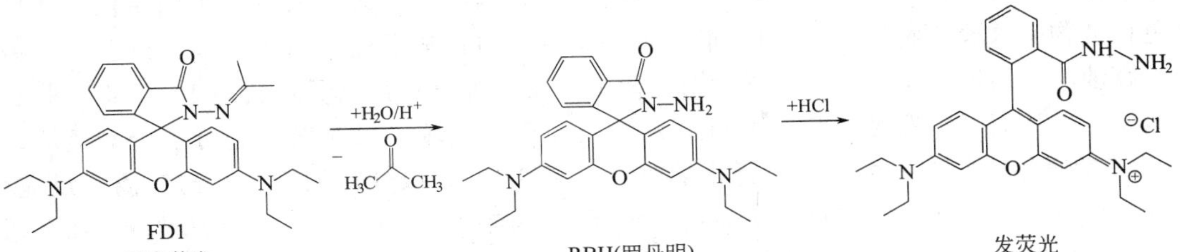

FD1 不发荧光 $\xrightarrow[-\ H_3C-CO-CH_3]{+H_2O/H^+}$ RBH(罗丹明) $\xrightarrow{+HCl}$ 发荧光

图 8-16 FD1 腐蚀监测机理

针在腐蚀部位处产生的亮黄色荧光，具有良好的穿透力，能够应用于浅色不透明的商品化环氧涂层体系，黄色荧光与蓝色背景对比明显（图 8-17 上），能够检测到微小的腐蚀部位，具有较好的检测灵敏度。

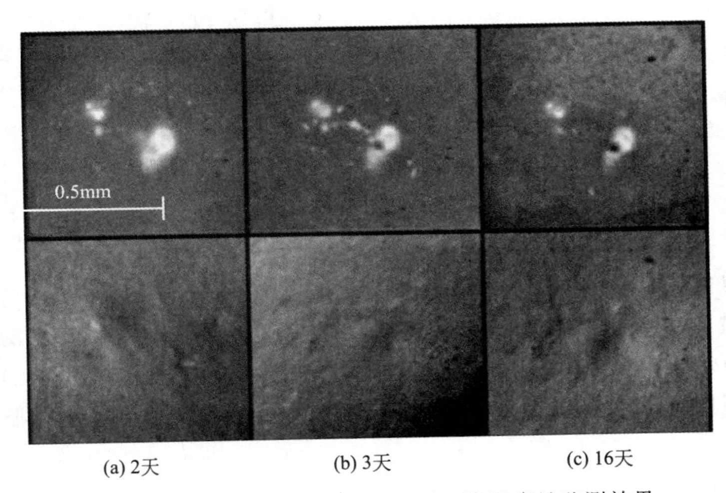

(a) 2天 (b) 3天 (c) 16天

图 8-17 紫外光（上）、可见光（下）涂层腐蚀监测效果

在此之前，为了保证良好的透光率，避免颜色对检测产生干扰，金属腐蚀早期检测涂层多采用无色透明的树脂体系，如需施加面漆，也多采用具有良好防腐效果的清漆，这大大限制了检测涂层的应用。性能优异的 FD1 与商品化环氧树脂的结合还成功解决了涂层荧光穿透力的问题，并推动了腐蚀早期检测涂层在实际应用中的进程。

8.4.2 颜色响应型早期腐蚀检测涂层

颜色响应型早期腐蚀检测涂层中含有的变色填料（酚酞和溴麝香草酚蓝等）与金属合金腐蚀产生的特定金属离子结合或因腐蚀引起的环境中 pH 值的变化从而使腐蚀部位颜色发生变化，来用于检测金属的腐蚀状况。

将含有酚酞的丙烯酸涂料涂装在铝板上，将铝板在 1mol/L 的 NaCl 溶液中浸泡数天后，发生腐蚀的区域有颜色变化。其检测机理是当铝板发生腐蚀时，其阴极会发生如图 8-16 中式（3）所示的化学反应，导致阴极腐蚀部位 pH 值升高呈碱性。而酚酞是一种常用酸碱指示剂，在酸性和中性条件下为无色，在碱性溶液中会变为紫红色。

尽管将变色填料直接掺入某些涂料配方中可能是简单有效的，但存在一些问题，例如变色填料直接加入涂料树脂中，会存在分散性、稳定性和迁移性的问题，以及变色填料的加入会导致涂料本身提供的黏合性和阻隔性的降低[46]。因此，有研究人员开始利用化学改性将变色化合物引入聚合物链中。1,10-菲罗啉-5-胺可以与铁离子配位由无色变为红色，当钢材发生腐蚀时，腐蚀部位会有一定浓度的铁离子存在，游离的铁离子将会与1,10-菲罗啉-5-胺发生反应，从而指示腐蚀部位，通过颜色深浅和变色区域可以对腐蚀进行预警和监测。将1,10-菲罗啉衍生物对醇酸树脂进行化学改性（图8-18），改性后的聚合物与铁离子反应后，可以从浅黄色变成强烈的红色，从而实现对腐蚀的监测[47]。由于1,10-菲罗啉衍生物是通过化学键与树脂相结合的，较好地解决了变色填料在使用过程中发生迁移的难题。

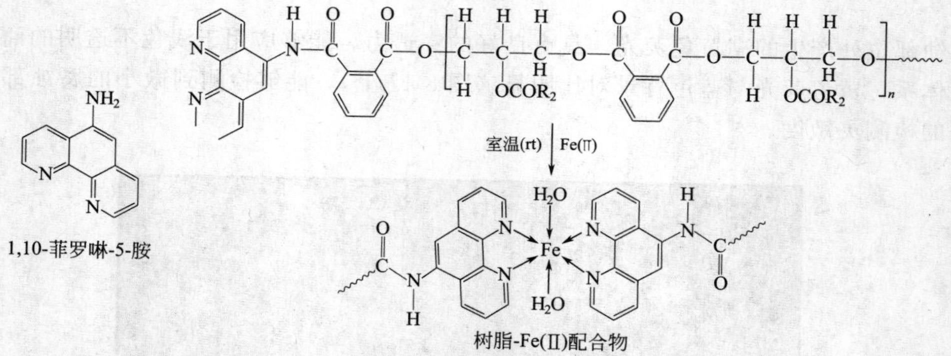

1,10-菲罗啉-5-胺

室温(rt) Fe(Ⅱ)

树脂-Fe(Ⅱ)配合物

图8-18 1,10-菲罗啉-5-胺及其高分子化后与铁离子的配位[47]

同样的，也可以将菲罗啉对丙烯酸树脂进行改性来制备丙烯酸类聚合物腐蚀监测涂层。如选择5-丙烯酰胺基-1,10-菲罗啉（AMP）作为功能单体，利用AMP上的双键将其与甲基丙烯酸甲酯、丙烯酸乙酯进行共聚，接枝到丙烯酸聚合物侧链上（图8-19），该方法的优点是能够比较方便地调节AMP链段在共聚物中所占的比例，从而方便对树脂监测的灵敏性进行探讨[48]。

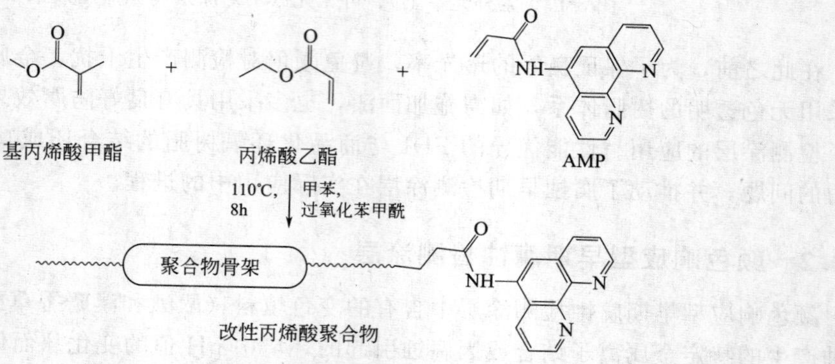

甲基丙烯酸甲酯 + 丙烯酸乙酯 + AMP

110℃, 8h 甲苯, 过氧化苯甲酰

聚合物骨架

改性丙烯酸聚合物

图8-19 丙烯酸腐蚀检测涂层的合成过程[48]

最近，科研工作者又开发了一种新的方法来克服这些问题，也就是变色填料在胶囊中的封装或固定，胶囊的包覆保护变色填料免于失活或与涂层基质相互作用，并且还可以同意通过对胶囊材料的设计来提供触发的和局部的响应。其响应与检测机理如图8-20所示。

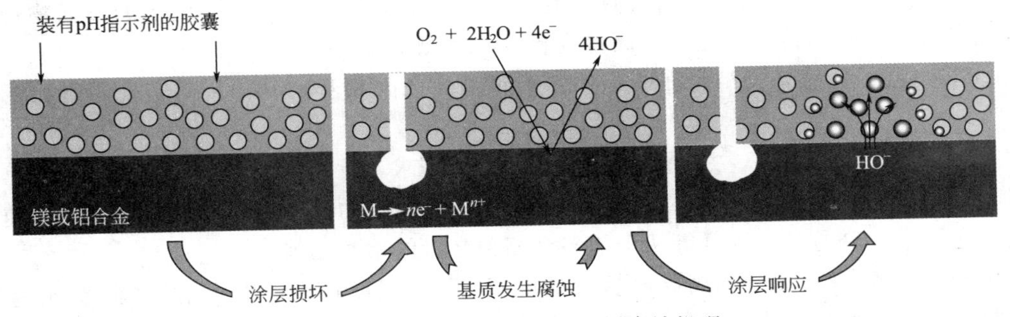

图 8-20 基于 pH 响应监测金属腐蚀机理

最常见的用于负载变色填料的胶囊是介孔二氧化硅纳米容器。将介孔二氧化硅纳米容器用于负载酚酞，酚酞被有效地储存在纳米容器中，在水性环境中没有显著的不可控浸出[49]。纳米容器作为溶液中的 pH 传感纳米反应器，检测腐蚀过程中阴极区域的碱性环境，因为氢氧根阴离子可以与储存在介孔二氧化硅中的酚酞反应，使它们从无色变为粉红色。将负载有酚酞的介孔二氧化硅作为填料掺入涂层中，水分子和离子可以渗透进入容器内，可由颜色的变化响应金属腐蚀产生的 pH 变化，因此可以对铝和镁基金属的早期腐蚀进行监测。除了介孔二氧化硅，聚脲微球也常常用于负载变色填料。通过异佛尔酮二异氰酸酯（IPDI）与二乙烯四胺（DETA）通过油水界面的原位聚合合成了一种内部封装有酚酞的 pH 响应聚脲微球[50]，制备得到的聚脲微胶囊具有规则的微观形态的并具有 12%（质量分数）的酚酞负载量。之后将该微球混合入聚氨酯涂料中，由于涂层和微胶囊的相同化学性质改善了它们的相容性，因此微胶囊在涂层中得以均匀分散。而这种微胶囊同时又具有 pH 响应性，镁、铝合金基材的阴极腐蚀部位呈碱性，从而诱导酚酞的释放，导致腐蚀部位涂层颜色由无色变为粉色，实现对腐蚀过程的早期监测，从实验结果看，涂层对镁合金的传感性能比铝合金更好。

8.5 多功能传感涂料

随着科技的进步，人们对生命健康、环境污染等问题的重视程度越来越高，因此，检测分析在日常生活中扮演着越来越重要的角色。单一功能的检测器只能对一种刺激进行识别与检测，如物质的浓度、湿度、温度、应力应变等。而在生活及工作的许多场合中，需要同时对两种甚至多种变量进行检测。使用多种检测器进行检测固然可以解决问题，但是所需要的仪器成本将会提高。此外，单一传感器通常存在着交叉灵敏度的问题，传感器不仅对被检测变量敏感，同时还对多个环境参量（非目标参量）敏感，从而对测量结果产生影响，降低了测量准确度。为了抑制非目标参量对于传感涂层的干扰，提高测试精度，也需要同时测量目标参量与多个非目标干扰参量。因此，发展一种多功能传感器的实际意义也越来越重大。在实际应用中，希望将几种敏感基元制作在一起，使一个传感器能同时测量多个参数，或是利用单一敏感基元的不同物理、化学效应而实现多种检测功能。这样的多功能传感器具有集成度高、体积小、测试功能强等优点。

多功能传感涂料主要有以下两种不同的实现原理：

① 利用一种敏感基元在不同的激发电压或电流下对被测变量所表现出的不同物理、化学特性来实现不同的传感功能，从而得到相应的被测信息；

② 将不同的敏感基元组合在一起，各敏感基元之间相互独立，从而实现同时测量多个被测变量。

综合以上的设计思路，并针对实际应用的测试需求，近年来国内外的研究学者们已经开发出多种新型的多功能传感涂料及传感器，可同时实现压力、温度、湿度、速度、流速、加速度、电导率、磁通量、浓度等两个或多个相关参量的检测功能。

科研工作者们[51]充分利用导电橡胶的电阻-压力/温度特性，以石墨烯/炭黑/硅橡胶复合材料作为压力和温度传感涂料，聚酰亚胺作为柔性基底，设计了一种应用于智能机器人皮肤可大面积成型的柔性压力/温度复合感知传感器。该传感器可以同时感知外加的压力和温度变化，实现对压力/温度的同步测量。在实验所加压力和温度范围内，导电石墨烯/炭黑/橡胶呈现良好的 NPC（negative pressure coefficient，负压力系数）效应和 PTC（positive temperature coefficient，正温度系数）效应。NPC 效应在前面压力敏感涂料中已经解释过，而对于温度效应，可能是在导电硅橡胶的升温过程中存在两个相互竞争过程：一是硅橡胶和导电填料体积膨胀系数不匹配，导致导电填料聚集体间隙增大而引起复合体系电阻率增大；二是升温引起导电填料的电子热激发活性提高而引起复合体系电阻率减小。当温度较低时，随着温度的升高，有机硅橡胶基体的热膨胀系数远远大于碳系填料的热膨胀系数，这导致相邻碳系填料间的距离变大，复合体系内的导电网络被破坏，阻碍了隧道电流的电子跃迁，导致电阻率逐渐升高。随着温度进一步升高，硅橡胶基体继续膨胀，导电网络的结点脱开，导致复合体系的电阻率急剧上升，导致弱电阻温度效应。因此，导电硅橡胶的电阻整体表现为随着温度的升高而增大，即正温度系数效应。碳纤维或石墨用量越多，复合材料的导电网络就越完整，复合材料导电网络的破坏则需要更大的体积膨胀。

日本佐贺大学（Saga University）的信太克规（Katsunori Shida）教授课题组[52,53]成功研制出一种基于多功能触觉传感涂料的人工皮肤器件，可同时测量压力、温度及接触位置等参数。图 8-21 为人工皮肤的设计示意图，可以看到多个多功能传感器单元阵列构成了该仿真皮肤，这些多功能传感器单元均由压感导电橡胶涂层所构成，有的压感导电橡胶涂层对压力更敏感，而有的则对温度更敏感。通过检测不同的多功能传感器单元阵列上的阻值变化情况即可得到接触力、温度以及接触位置这三个方面的相关信息。

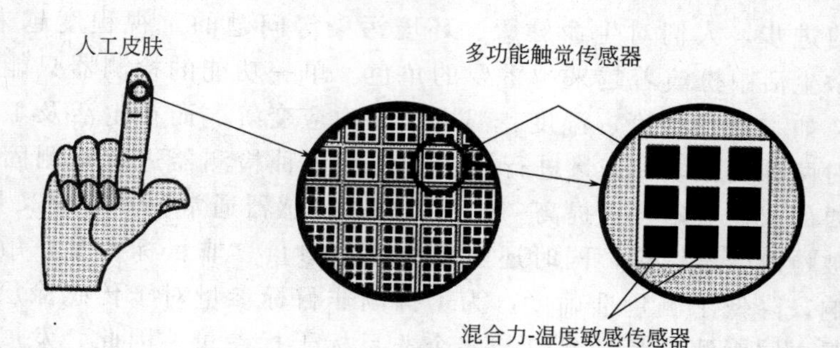

图 8-21 人工皮肤设计示意图[52]

Kim 等[54]利用聚二甲基硅氧烷（PMDS）弹性体和碳纳米管制备了高灵敏性的可穿戴多重响应人造皮肤。该人造皮肤可以同时对触觉、温度、湿度等进行响应。作者将可高度拉伸的碳纳米管微电路负载到弹性体电解质中，然后将其修饰在 PDMS 基材表面，得到压电式的多功能传感涂料。其制备过程示意如图 8-22 所示。其中，排列规整的碳纳米管重叠程度较高，因此可以同时提高传感器的灵敏度和空间分辨率。基于这种电容式的传感系统，作者制备的人造皮肤可以精确灵敏地检测微小的压力作用（0.4Pa），同时，响应速度也很快，只有 63ms。此外，当发生机械变形（包括压力和弯曲），温度、湿度改变的时候，有效的多模态输出电信号可以被转换成电阻或电容的变化。该人造皮肤每个像素都可以用来检测甚至分辨刺激信号，这意味着有比人体更加灵敏的包含有电子鼻或电子舌头人造皮肤的技术达到了一个新的平台。

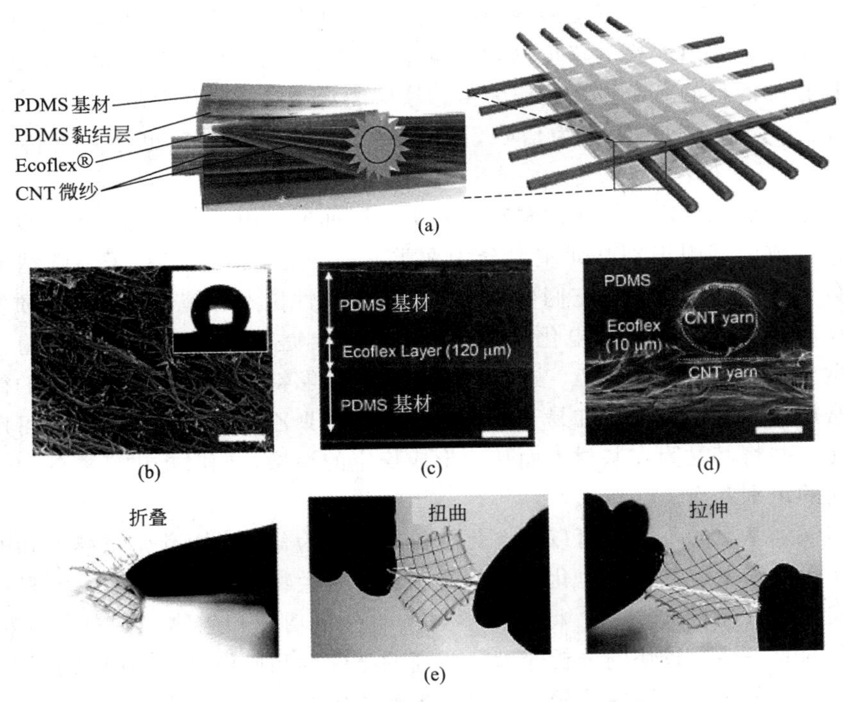

图 8-22　人造皮肤的制备过程示意图[54]

8.6　其他传感涂料

除了前面所述传统意义上的传感涂料，电化学传感涂层、气敏涂层以及光纤传感涂层中所涉及的敏感涂层其实也是由传感涂料在电极或者光纤探头上成膜而成，涂层（coating）是涂料一次施涂所得到的固态连续膜，因此电化学传感涂层、气敏涂层、光纤传感涂层也可以定义为传感涂料，只不过由于它们过于精细，涂层的面积比较小，而且往往都需要与特殊的基质（如电极、光纤探头）来配合使用，所以很少将其称为传感涂料，但是实际上所涉及的材料本身以及成膜方式都与常规的传感涂料相同，从理论意义上讲也可以将其称为传感涂料。

8.6.1　电化学传感涂料

电化学传感是将化学反应转化为可分析的有用电信号。化学反应往往伴随着电子的转移，当电子发生转移时，检测单元电性能的变化可以在多种模型电路的模拟下被检测及输出。电化学法具有简便、操作简单、成本低廉及方法多样性等诸多优点而被广泛应用于分析及检测领域中。被检测的物质可以是电活性的多巴胺、扑热息痛（对乙酰氨基酚）等，也可以是非电活性的小分子、蛋白质、DNA 等，在无机或有机物分析、食品安全、生物活体分析、环境检测等领域有着广泛的应用前景。

电化学传感器是以待分析物质和电化学传感涂层分别作为敏感源和转化原件，将电流、电势或者电导等作为特征检测信号输出的器件。电化学传感器由两部分组成：传感涂层和电极。传感涂层中能够特异性地识别溶液中的待测物质并发生反应，这种变化可由电极捕获并转化为电信号输出，再由变换电路负责对转换元件输出的电信号进行放大调制，从而被观察到，达到分析检测的目的。电极主要作为传感涂层的承载基质和信号输出单元。而传感涂层能够特异性识别待测物质并转化为信号，是传感器的核心构件，也是开发传感器的首要任务。

电化学传感涂层由相应的传感涂料在电极上成膜而成。电化学传感涂料主要由识别基元和高分子载体构成，其中识别基元主要分为两类：一类是金属纳米粒子、碳纳米管、石墨烯、导电高分子等电催化材料，它们可以提供电催化活性位点，催化待检测物质发生化学反应，将化学反应转化为可检测的电化学信号；另外一类是生物活性物质，如酶、抗体、抗原、细胞、微生物、DNA 或 RNA、适配体等，它们能够特异性地识别溶液中的待测物质并发生反应。常用的高分子载体，如易于成膜的壳聚糖、聚乙烯醇、聚氨酯等，可用于承载和固定识别基元，并将其黏附在基材表面从而形成稳定的涂层，同时提供必要的力学性能，以保护涂层里面的识别基元。

因此根据识别基元的不同，可以将电化学传感器分为普通的电化学传感器和电化学生物传感器。近二十年来发展起来的电化学生物传感器，是生物技术、电子技术、材料技术等交叉结合而形成的新兴高科技产品，将电化学强大的分析功能和生物识别过程的特异性相结合，具有较强的专一性、较快的分析速度、较高的准确度和操作简单等诸多优点。与传统的仪器，如高效液相色谱、质谱等比较，电化学生物传感器可以反复多次进行操作，不会损坏样品，而且制备简单，不需要高额的维修保养费用。因此，下面主要介绍和讨论电化学生物传感涂料。

8.6.2 电化学生物传感涂料

电化学生物传感涂料由生物活性物质和高分子载体构成，按其负载的生物活性物质的种类，电化学生物传感涂料可以分为电化学酶传感涂料、电化学免疫传感涂料、电化学 DNA 传感涂料、电化学组织传感涂料和电化学细胞传感涂料等。在众多电化学生物传感涂料中，电化学酶传感涂料问世最早，研究的也最多，因此本节以介绍酶传感涂料为主。

由于酶对底物有特异性识别与催化的作用，且反应条件温和，因此其一直是生物传感涂层研发中的首选物质。在早期研究阶段，酶传感涂料主要应用于检测葡萄糖，而随着科学的进步和生产生活的需要，由酶传感涂料制备得到的酶电化学生物传感器检测范围逐渐扩大，可用于检测多种生物样品，在化学、生物学、医学及环境学等领域都有着迅猛的发展。与传统的分析方法相比，酶传感器具有相应时间短、灵敏度高、选择性好、操作简单及可进行在线检测等优点[55]。

值得指出的是现在市场上流通的商品化血糖试纸就是建立在第二代酶生物传感器基础上

的。随着葡萄糖电化学分析系统的成功商业化，1970 年 Williams 等[56]尝试采取分子导电介质取代氧分子来进行氧化还原电子传递。他们使用铁氰化钾-亚铁氰化钾导电介质系统成功测定了血液葡萄糖，同时还用同一电化学系统实现了血乳酸的测定，这一开创性的电化学测试原理被广泛使用在公司血糖仪的开发和生产实践中。世界上第一个便携式家用电化学血糖测试系统是 1987 年由美国 Medisense 公司推出的 ExacTech，该系统以印刷有导电碳墨线路的 PVC 塑料基片作为工作电极，采用二茂铁及其衍生物作为氧化还原导电介质，将其与葡萄糖氧化酶以及树脂黏合剂相混合，将其涂覆到工作电极表面干燥，形成葡萄糖电化学生物传感膜，以此制成外观尺寸如同 pH 试纸大小的血糖试纸，可以大规模制作生产。

血糖测试的原理是在血糖试纸电极两端施加一定的恒定电压，当被测血样吸入电极工作区后，试纸电极表面传感膜内的葡萄糖氧化酶与血样中的葡萄糖发生氧化还原反应，产生电子的得失，从而使酶电极试纸产生的响应电流，其强度在 0.1～10μA 之间，电流强度与被测血样中葡萄糖浓度呈线性关系。这样通过检测血样响应电流的大小，就可以计算出准确的血糖浓度值，并在仪器液晶屏上显示最终结果。

葡萄糖电化学生物传感涂层主要由以下成分构成：①氧化还原酶，如葡萄糖氧化酶、葡萄糖-NAD-脱氢酶、葡萄糖-PQQ-脱氢酶和葡萄糖-FAD-脱氢酶等，用于催化葡萄糖变成葡萄糖酸，释放出过氧化氢；②各种导电介质，如苯醌、铁氰化钾、二茂铁、钌化合物、锇化合物等，用于促进固定化酶分子和工作电极之间的电子传递，减小溶解氧的干扰；③树脂黏合剂，用于固载葡萄糖氧化酶并在电极上成膜，避免试纸浸泡在待测液时酶的流失。考虑到酶不稳定，易于失活，用于制备葡萄糖电化学生物传感膜的树脂黏合剂一般选用易于成膜的生物大分子，如羟乙基纤维素、羧甲基纤维素、海藻酸凝胶等，另外还需要加入少量表面活性剂用于消泡[57]。表 8-2 中列出了目前国内外比较常用的血糖监测试纸制作的基本原料。

表 8-2　血糖监测试纸制作的基本原料

黏合剂	电子媒介体	试剂酶	表面活性剂
羟乙基纤维素	对苯醌	葡萄糖氧化酶	曲拉通
羧甲基纤维素	铁氰化钾	葡萄糖脱氢酶	吐温
胶原蛋白	二茂铁	葡萄糖激酶	道康宁消泡剂
海藻酸凝胶	金属导电化合物		氟类表面活性剂

8.6.3　气体传感涂料

随着人们生活水平的提高和对环保的日益重视，对各种有毒、有害气体的探测，对大气污染、工业废气的监控以及对食品和人居环境质量的检测都提出了更高的要求，作为感官或信号输入部分之一的气体传感器是必不可少的。以 SnO_2、ZnO、Fe_2O_3 为代表的电阻式半导体气体传感器以其灵敏度高、响应速度快等优点占据了气体传感器的半壁江山。它们兼有吸附和催化双重效应，属于表面控制型，但该类半导体传感器也有着明显的缺点，比如容易受到周围环境的影响、稳定性差，并且其使用温度较高，需要在高温下工作（200～500℃）。

有机高分子材料气体传感器的研究，近来得到很大发展。相比于传统的无机半导体材料，有机高分子气体传感涂料（气敏涂料）有以下几个优点：

① 制备的气体敏感涂层在室温下有更快的吸附与解吸附动力学；

② 由于其检测过程不需要高温环境，可在室温下使用，因此检测能耗较低，且吸附过

程在常温常压下可逆；

③ 可根据被检测物质化学性质调控聚合物的结构，从而获得选择性能更好的气体敏感涂层；

④ 能有效地检测与无机半导体材料没有反应活性的物质，拓宽了可检测物的范围；

⑤ 材料丰富、成本低、制膜工艺简单、易于与其他技术兼容。

因此，以有机高分子敏感材料来制备气体敏感涂料已成为气体传感器研究领域的热点。

有机高分子气体敏感涂料检测气体的基本原理是气体分子的吸附引起高分子敏感涂层表面电导率变化，根据导电性能变化的趋势和幅度来判断气体的种类和浓度。通常气体敏感涂层具有能发生酸碱中和或氧化还原反应的特性，主要由导电材料如导电聚合物、碳纳米管（CNTs）、石墨烯等与聚合物树脂（如聚氯乙烯、聚甲基丙烯酸甲酯和聚苯乙烯等）复合得到。当吸附被检测气体后，气体敏感涂层的导电性会发生明显变化，将电阻急剧增大的现象称作正蒸气系数（positive vapor coefficient，PVC）效应，将电阻急剧减小的现象称作负蒸气系数（negative vapor coefficient，NVC）效应。

气体敏感涂料的检测机理同时取决于被检测气体和传感涂料本身。在检测过程中，物质的路易斯酸或路易斯碱的特性引出了二次掺杂的概念。除了在接触被检测气体前，气体敏感涂层被对离子掺杂外，被检测气体进行电子供给或撤回的过程会导致气体敏感涂层导电性的变化。局部的电子传输会增加或降低气体敏感涂层中导电材料上载流子（极化子和双极化子）的浓度，从而增加或降低气体敏感涂层的导电性。还有报道称有机气体进入气体敏感涂层后所导致的聚合物溶胀的“物理效应”也会影响其导电性。总的来说，气体敏感涂层和气体或蒸汽之间的相互作用主要有两种方式：化学作用和物理作用。不同气体与气体传感涂层之间的相互作用列于表 8-3。

表 8-3 气体分子和气体传感涂层之间的相互作用

相互作用类型		检测气体	导电性变化
物理作用	扩散	CH_2Cl_2，氯仿，醇类，丙酮，乙腈，烷烃，环己烷，苯，甲苯	提升或降低
	氢键	脂肪烃醇类，丙酮	提升
化学作用	氧化	NO_2，SO_2，O_3	提升
	还原	H_2，N_2H_4，NH_3，H_2S	降低
	质子化/去质子化	HCl，NH_3	提升或降低

8.6.3.1 物理作用

当气体敏感涂料中导电材料和气体分子相互作用时，它既可以充当电子给体，也可以充当电子受体。如果 p 型导电材料向气体提供电子，其空穴导电性提升，相反，如果该材料作为电子受体，其导空穴电性下降。除了载流子数量的改变，整体流动性也会受到影响，这可能是因为聚合物主链的构象发生了变化。

对于气体敏感涂料常用的导电聚合物，如聚噻吩、聚吡咯、聚苯胺及其衍生物和复合物，亲核气体（H_2S、NH_3、N_2H_4、甲醇、乙醇等）会降低其导电性。以导电聚苯胺传感涂层为例，当涂层接触氨气后，氨气促进聚苯胺的去质子化，重新回到本征态，使得涂层的电阻增加。同时，氨气还会与掺杂剂中的 H^+ 反应，消耗大量的载流子，降低了涂层的导电性。还有文献报道，NH_3 和 H_2S 能将导电聚合物还原，从而造成其导电性的下降。此外，在氢气检测过程中，聚吡咯和聚苯胺也会因为被还原而造成导电性降低的现象。

另一方面，对于亲电性能比导电材料更强的气体，如 NO_x、PCl_3、SO_2、O_2 等，其对气体敏感涂层电性能的影响刚好相反[58]，当涂层吸附有这些气体后，在氧化掺杂过程中，载流子数目会增加，涂层导电性能提升。比如 NO_2 能降低聚苯胺涂层的电阻；但是也有文献报道，NO_2 也可将掺杂态的聚苯胺纤维氧化为本征态，从而导致聚苯胺导电性下降。

8.6.3.2 弱相互作用

由于很多重要的待检测气体在常温环境下没有反应活性，因此，利用气体传感涂料通过化学反应对其进行检测的难度较大。但是这些气体可以通过与涂料之间的弱物理相互作用，如物理吸附、高分子基质的溶胀等，实现涂料对其电化学检测。气体传感涂料的溶胀受气体分子体积、气体与涂层之间的亲和性及高分子基质的物理状态等控制。

弱相互作用通常用于对无反应活性的挥发性有机物质的检测，如氯仿、丙酮、脂肪醇、苯、甲苯等。这些弱相互作用不会改变导电基元的氧化程度，但是会影响其导电性能，因此，可用于对这些气体的检测。比如当这些气体分子扩散到分子间的间隙或者表面空隙会对材料的导电性能产生一定的影响。有研究表明，对于单一的导电聚合物，在聚合物分子间插入被检测气体分子会增加聚合物分子链间的距离，从而影响聚合物链之间的电子跃迁，降低材料的导电性。如氯仿、丙酮、乙醇、乙腈、甲苯、环己烷等气体扩散入聚苯胺、聚吡咯、聚噻吩等会降低这些导电聚合物的导电性。

不同于成分单一的导电高分子，复合导电材料的溶胀过程相对复杂。组分的溶胀程度不同，使得整体的导电性变化复杂。有些待测气体对导电材料的溶解性能比涂层中其他物质好时，被检测气体会使导电材料溶胀很快。如对于聚苯胺/聚苯乙烯复合气敏涂料，测试了其对乙醇的响应性能。由于聚苯胺在极性的乙醇中有更好的溶解性，因此它比聚苯乙烯溶胀地更快，从而增加了聚苯胺的有效体积，从而使涂层的电阻值变小[59]。而在其他情况下，涂层中其他组分比导电材料溶胀的程度更大时，如聚吡咯/聚甲基丙烯酸甲酯复合膜。当该复合膜检测丙酮时，由于聚甲基丙烯酸甲酯在丙酮中的溶胀作用更明显，因此会使得导电聚吡咯链之间的分离，从而导致涂层的电阻值变大。对于聚苯胺/聚乙烯醇复合材料，由于湿气对聚乙烯醇的溶胀效果较好，溶胀后会导致涂层的电阻值增加。聚吡咯/聚醋酸乙烯酯、聚吡咯/聚氯乙烯对一些有毒气体的检测也呈现出同样的规律。

除了导电高分子，碳纳米管（CNTs）、石墨烯等先进碳材料由于具有高的比表面和高的电子迁移率也被经常用于构筑气体传感涂料。不过虽然碳纳米管和石墨烯对被吸附的气体灵敏度很高，但它们对气体的选择性却很差。选择合适的聚合物（比如 PVP）对碳纳米管或石墨烯进行修饰，通过大 π 键缠绕在碳纳米管或石墨烯上，一方面防止石墨烯片层间的聚合，形成复合均匀的分散体系，有利于后期敏感膜的构筑；另一方面，可以对聚合物基质的结构进行设计，使其对单一气体具有特定的响应，再结合石墨烯或碳纳米管高的比表面积以及导电性能，能得到检测混合组分中单一气体的传感薄膜。

以 NO_2 气体为例，电子科技大学谢光忠课题组提出理想的聚合物敏感材料应该具有以下几个特点[60]：①聚合物中不能含有易与 NO_2 反应的基团，例如氨基等。聚合物气体传感器的一个重要优势就是可重复使用，因此不允许和测试气体发生不可逆的化学反应；②聚合物中尽可能避免引入亲水基团，由于亲水基团的存在聚合物不能完全干燥（干燥聚合物时温度过高会损坏聚合物的分子结构，温度过低时水分无法全部从聚合物中逸出），从而有可能导致其他气体的干扰；③聚合物还应含有对 NO_2 敏感的基团或者适合 NO_2 气体掺杂的掺杂位存在，从而和 NO_2 发生物理吸附或者弱化学吸附。基于此，作者设计合成了聚 *N*-甲基吡咯（PNMPy），属于聚吡咯（PPy）的一种衍生物，对 NO_2 有响应，且和水分子没有吸附作用，此外 PNMPy 分子链上没有 N—H 键，也不会和 NO_2 形成不可逆的吸附。采用气喷成膜的方法分别将石墨烯和聚 *N*-甲基吡咯沉积在叉指电极上形成连续薄膜（如图 8-23 所示），实验结果表明，和单纯的石墨烯传感器相比，石墨烯/PNMPy 敏感薄膜结构的传感器对 NO_2 气体的选择性大大提高，不过其灵敏度降低了近 40%。石墨烯/PNMP 敏感薄膜主要利用了石墨烯的导电性，把原来不导电的 PNMPy 材料制作成以 RGO 为底层的导电分层膜结构。也利用了聚 *N*-甲基吡咯对气体的选择性制作石墨烯/PNMPy 复合膜结构来提高对气体的选择性。不过 PNMPy 和石墨烯对基体的附着性能都很差，测试曲线振荡比较严重，还需要进一步改性。

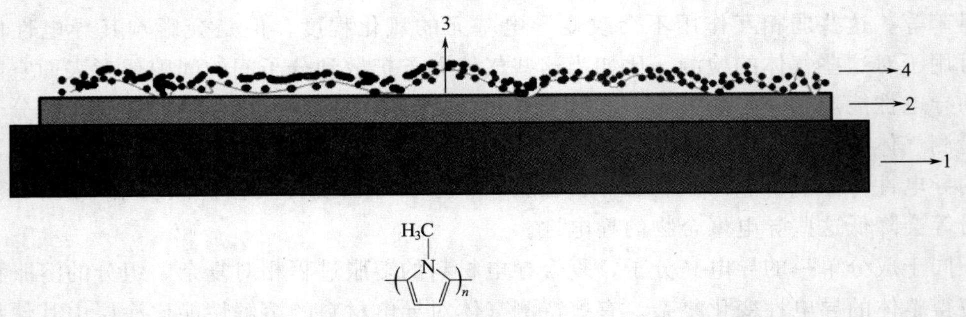

图 8-23 PNMPy 的结构式以及石墨烯/PNMPy 气体传感器示意图[60]

1—SiO_2/Si 衬底；2—叉指电极；3—还原的氧化石墨烯；4—聚 *N*-甲基吡咯

除了气敏涂料本身，滴涂、旋涂、气喷等成膜工艺对所得气敏涂层的气敏性能的影响也是非常大的。滴涂法应该是所用成膜工艺中最简单的，即采用微量注射器吸取一定的敏感材料溶液，滴在传感器件表面，等溶剂挥发干后即形成气敏涂层。涂层的厚度可以通过溶液的浓度和体积达到有效控制。旋涂法是将敏感材料溶液滴加到传感器件表面，然后高速旋转成膜，该成膜方法能通过对工艺的微调实现均匀薄膜的沉积，具备涂层厚度精确可控、设备结构简单且易于操作的优点，性价比较高。气喷法是将敏感材料溶液装入喷笔的溶液腔中，打开气喷开关，气阀被开启，气流喷出，敏感材料溶液进入喷嘴，雾化后形成射流，喷射流喷涂在传感器器件上形成传感涂层。气喷涂层的优势在于成膜工艺简单，可以通过气喷距离、气喷速度、溶液浓度等来调整涂层的厚度。更重要的是气喷形成的传感涂层是有孔洞的薄膜，与传统的均匀平滑的薄膜相比，具有较大的接触面积即具有更多的气体吸附位，因而具有更好的传感性能。同一种成膜工艺的不同成膜参数，如气喷时间、气喷高度、旋涂时间、旋涂转速、滴涂的溶液量以及干燥时间等，都会对涂层气敏产生直接影响。

8.6.4 光纤化学传感涂料

光纤化学传感是 20 世纪 70 年代末发展起来的一项重大技术，利用化学发光、荧光的原理以及光敏感器件与光导纤维技术制备传感器，能够实现连续、在线、实时和远距离监测，操作简便、快速、便于携带，具有非接触式、非破坏性以及抗电磁干扰等优点，可应用于化工、医药、卫生、环境监测等各个方面，特别是在过程分析中，如 pH 测量、溶解氧测定、二氧化碳测定、水中有机物浓度及离子测定等，具有很大的应用潜力。光纤化学传感器由光纤和安装在光纤前的敏感涂层组成，工作原理是光纤探头表面的传感涂层与分析物作用时产生光学性质变化，通过光纤传输光信号，光电器件将光信号转化为电信号，测定待测物含量。光纤化学传感器的核心部分就是安装在光纤前的传感涂层，由敏感探针和聚合物树脂组成。常用的聚合物树脂有聚丙烯酰胺、淀粉、明胶、聚乙烯醇、硅树脂、纤维素膜、尼龙膜、火棉胶等。

以化学发光双氧水（H_2O_2）光纤传感涂料为例，其采用聚丙烯酰胺包埋敏感探针形成凝胶的方法来制备敏感涂料。具体做法是：在50mL 0.1mol/L KOH-H_3BO_3 或 0.1mol/L 磷酸缓冲溶液（pH=9）中加入过氧化物酶和鲁米诺（Luminol），使它们的浓度分别为0.5～3mg/mL 和 10^{-3} mol/L；再加入 0.12g N,N-二甲基丙烯酰胺，混合溶液后过滤除去不溶物；然后在这种光活性溶液中加入最终浓度为1mg/mL 的核黄素和过硫酸钾。聚合反应在被水饱和了的氮气氛中进行，用汞灯照射置于玻璃槽中的混合液直至形成固体凝胶，干燥后的敏感涂层厚度为1mm。传感器的构造如图8-24所示，将包埋的过氧化物酶的聚丙烯酰胺敏感膜包上尼龙网以形成栅栏，然后用两个厚0.5cm的圆塑料环夹住并固定在光纤的端部，测量时将探头放入覆盖着遮光罩的已装有底液的烧杯中，由试液注入孔加入样品，溶液会浸润敏感涂层，敏感涂层内的过氧化物酶能够催化溶液中过氧化氢的分解，使其变成水和单氧，其中单氧可氧化鲁米诺，鲁米诺经氧化后可发出蓝光。通过用光电倍增管测得所发蓝光的强度即可测定样品中 H_2O_2 的含量。该光纤传感涂层检测双氧水的浓度范围为 10^{-3}～10^{-5} mol/L，检测下限为 10^{-6} mol/L，响应时间是30s。

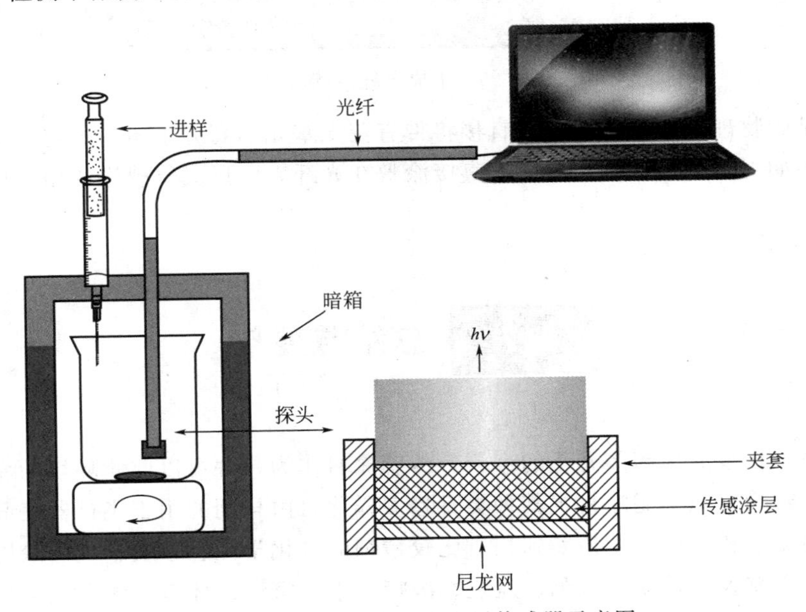

图8-24 化学发光双氧水光纤传感器示意图

光纤湿度传感涂层采用包埋法将湿度敏感指示剂（如苯酚红）固定在光纤纤芯上，得到一种具有较宽检测范围的光纤湿度传感器，其RH（相对湿度）检测范围为25%～80%，而且光输出功率与RH值近似呈线性变化规律，可逆性良好。具体做法是将苯酚红溶于1,4-二氧六环中，然后加入聚甲基丙烯酸甲酯搅拌使其溶解，将制备好的传感涂料涂覆于光纤表面，在光纤表面成膜[61]。

除了制备检测单一物种的光纤传感涂料，利用包埋法还可以制备用于气体和原位测定的集成传感涂料，如图8-25所示的pH、pO_2、pCO_2传感涂层。pH传感涂料是利用醋酸纤维素作为树脂基体，羟基芘三磺酸（HPTS）作为pH敏感探针（在pH4～8范围内，HPTS的荧光强度与pH呈线性关系），选择460nm作为激发波长，520nm作为检测波长。O_2传感涂料是将氧气敏感荧光探针固化在硅橡胶膜中制成，利用氧气对敏感探针的猝灭来测定氧气的浓度，氧气敏感探针的荧光激发波长为460nm，检测波长为520nm。CO_2传感涂料是将荧光试剂HPTS与硅橡胶相混合，利用物理包埋作用将HPTS固定在硅橡胶膜内，并利用硅橡胶透气膜封装一定浓度的碳酸氢钠缓冲溶液，因为CO_2是酸性气体，通过透气膜可以改变内充液的pH，从而达到测量CO_2的目的。将分别涂覆有pH、pO_2、pCO_2传感涂料的三个光纤一起封装在高分子材料外套中，并镶有控温的热敏电阻，整个探针外径尺寸仅为0.6mm，完全可以置于微小体积内进行实时测量。这种光纤传感器的响应速度比较快（小于1min），因而可以用于在线连续检测。

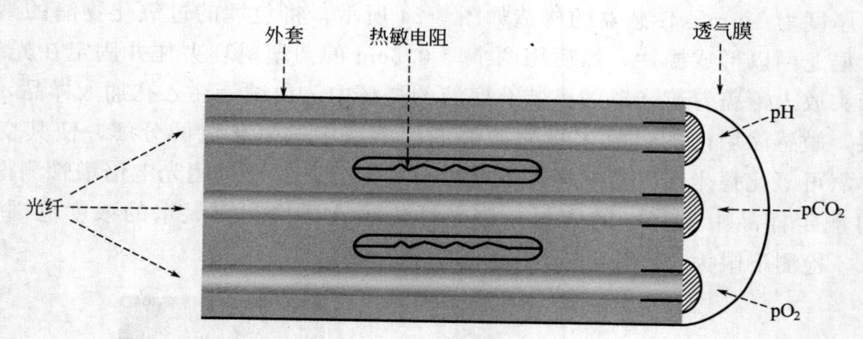

图8-25 集成光纤传感器[62]

除了常见的物理包埋法，还可以直接将带有荧光基元的高分子树脂固定在光纤表面形成传感涂层。例如可以将共轭荧光高分子直接涂敷在光纤表面形成传感涂层用于检测三硝基甲苯（TNT）。

8.7 总结与展望

总的来说，在智能化和多元化的今天，传感涂料作为一种可以监测环境的变化并以合适的可预测的方式响应的功能涂料，其种类日趋多样化，由早期的用于飞行器表面的光学压力敏感涂料、温度敏感涂料逐步拓展到相对比较精细的电化学传感涂层、气敏涂层以及光纤传感涂层，在航空航天、船舶、汽车、建筑、医疗卫生、家居、环境监测等领域均能找到广泛的应用。

随着“万物互联”时代的到来，传感涂料的种类将变得越来越多，应用也将越来越广泛，将渗透到社会和人们生活的方方面面。比如可以研发这样一种涂料，能够通过互联网进行交流，哪部分腐蚀了或者刮花了，涂料会自动释放信号，反馈到手机或电脑上。例如：传感涂料应用在智能手机上时，当我们拿出手机，进行屏幕滑动操控，让机器理解这种交互，这就需要在屏幕玻璃下方有传感涂料，它才能够感受到手指滑动的力度，并将力度转化为信号传输给手机。有些材料，在吸收潮气时会变色，例如：从蓝色变成粉色，涂料企业能否运用这种材料，制作出一种会变色的内墙涂料，甚至应用于飞机、汽车、桥梁等更多领域，应用在跟安全相关的建筑结构上，遇到危险时改变颜色。这都是未来涂料发展的一些方向。这一切都是建立在新兴技术快速发展基础之上的。如何把现在的科学转化成可以应用的技术，新技术怎么因为涂料而变得更加便利，是大家需要思考的问题。

参考文献

[1] Amao Y，Asai K，Miyashita T，Okura I. Novel Optical Oxygen Sensing Material：Platinum Porphyrin - fluoropolymer Film [J] . Polym Adv Technol，2000，11：705-709.

[2] M Florescu；A Katerkamp. Optimisation of A Polymer Membrane Used in Optical Oxygen Sensing [J] . Sens Actuator B，2004，97：39-44.

[3] Schoenfisch M H，Zhang H，Frost M C，Meyerhoff M E. Nitric Oxide-releasing Fluorescence-based Oxygen Sensing Polymeric Films [J] . Anal Chem，2002，74：5937-5941.

[4] Fang Y，Ning G H，Hu D D，et al. Synthesis and Solvent-sensitive Fluorescence Properties of A Novel Surface-functionalized Chitosan Film：Potential Materials for Reversible Information Storage [J] . Journal of Photochemistry and Photobiology A：Chemistry，2000，135 (2-3)：141-145.

[5] Ding L，Fang Y，Jiang L，et al. Twisted Intra-molecular Electron Transfer Phenomenon of Dansyl Immobilized on Chitosan Film and Its Sensing Property to the Composition of Ethanol-water Mixtures [J] . Thin Solid Films，2005，478 (1-2)：318-325.

[6] 方华丰，周宜开，袁津玮，任恕．壳聚糖作为敏感膜材料的研究 [J]．同济医科大学学报，2000，29 (3)：217-219

[7] 徐松云．氨基酸对映异构体的电化学发光识别 [D]．大连：大连理工大学，2002.

[8] Tsuneda S，Endo T，Saito K，et al. Fluorescence Study on the Conformational Change of An Amino Group-containing Polymer Chain Grafted onto A Polyethylene Microfiltration Membrane [J] . Macromolecules，1998，31 (2)：366-370.

[9] Jeff T Suri，David B Cordes，Frank E Cappuccio，Ritchie A. Wessling，and Bakthan Singaram [J] . Angew Chem，2003，115：6037-6039.

[10] 高莉宁，吕凤婷，胡静，房喻．薄膜荧光传感器研究进展 [D]．物理化学学报，2007，23 (2)：274-284.

[11] Zhou Q，Swager T M. Method for Enhancing the Sensitivity of Fluorescent Chemosensors：Energy Migration in Conjugated Polymers [J] . J Am Chem Soc，1995，117 (26)：7017-7018.

[12] Kim Y，Zhu Z，Swager T M. Hyperconjugative and Inductive Perturbations in Poly (*p*-phenylene vinylenes) [J] . J Am Chem Soc，2004，126 (2)：452-453.

[13] Kim Y，Whitten J E，Swager T M. High Ionization Potential Conjugated Polymers [J] . J Am Chem Soc，2005，127 (34)：12122-12130.

[14] Wang H，Lin T，Bai F，et al. Fluorescence Quenching Behaviour of Hyperbranched Polymer to the Nitro-compounds [C] //Nanoengineered Nanofibrous Materials. Kluwer Academic Publishers，2004：459-468.

[15] T Liu，J P Sullivan（周强，陈柳生，马护生译）．压力敏感涂料与温度敏感涂料 [M]．北京：国防工业出版社．2012.

[16] 曹献龙，邓洪达，兰伟，刘筱薇，曹鹏军，周安若．光学压敏涂料基质的研究进展 [J]．涂料工业，2012，42：73-77.

[17] P Hartmann，M Leiner，M E Lippptsch. Luminescence Quenching Behavior of An Oxygen Sensor based on A Ru(Ⅱ) Complex Dissolved in Polystyrene [J] . Anal Chem，1995，67 (1)：88-93.

[18] 於国伟，王志栋，屈小中，史燚，金毕青，刘治田，金熹高．高分子基质对光学-氧压敏感涂料压力灵敏度的影响 [J]．高分子学报，2013 (3)：350-355.

[19] Zare-Behtash H, Gongora-Orozco N, Kontis K. PSP Visualization Studies on A Convergent Nozzle with An Ejector System [J]. Journal of Visualization, 2009, 12 (2): 157-163.

[20] Wan J. Fast Response Luminescent Pressure Sensitive Coating and Derivatives of Tetra (pentafluorophenyl) Porpholactone [D]. Seattle, Washington: Department of Chemistry, University of Washington, 1993.

[21] Burns S. Fluorescent Pressure Sensitive Paints for Aerodynamic Rotating Machinery [D]. West Lafayette: School of Aeronautics and Astronautics, Purdue University, IN, 1995.

[22] McLachlan B G, Bell J H. Pressure-sensitive Paint in Aerodynamic Testing [J]. Experimental Thermal and Fluid Science, 1995, 10 (4): 470-485.

[23] Gouterman M, Carlson W B. Acrylic and Fluorocacrylic Polymers for Oxygen Sensing and Pressure-sensitive-paints Utilizing These Polymers [P]. US Patent 5965642. 1999.

[24] Schwab S D, Levy R L. Pressure Sensitive Paint Formulations and Methods [P]. US Patent 5359887, 1994-11-1.

[25] Fonov S, Mosharov V, Radchenko V, et al. Application of the PSP Investigation of the Oscillating Pressure Fields [C] //20th AIAA Advanced Measurement and Ground Testing Technology Conference, 1998: 2503.

[26] 于涛. 炭黑/硅橡胶电阻-变形性能的研究 [D]. 上海: 东华大学, 2011.

[27] 黄英, 陆伟, 赵小文, 廉超, 赵兴. 基于碳纤维复合材料的柔性复合式触觉传感器 [J]. 计量学报, 2012, 33: 221-226.

[28] 赵兴. 基于碳系复合物的柔性压力/温度敏感材料研究 [D]. 合肥: 合肥工业大学, 2011.

[29] 黄英, 张玉刚, 仇怀利等. 柔性触觉传感器用导电橡胶的纳米 SiO_2 改性技术 [J]. 仪器仪表学报, 2009 (05): 949-953.

[30] 黄英, 刘平, 黄钰等. 柔性触觉传感器用力敏导电橡胶力学灵敏度研究 [J]. 复旦学报 (自然科学版), 2009 (01): 46-52.

[31] 仉月仙, 李斌. 导电橡胶复合材料压力传感特性研究 [J]. 功能材料, 2016, 47 (11): 11105-11109.

[32] 王纪斌, 鲍宇彬, 李秋影等. 炭黑的表面修饰及其对炭黑/硅橡胶导热性能的影响 [J]. 复合材料学报, 2012 (05): 6-10.

[33] Hwang J, Jang J, Hong K, Kim K N, Han J H, Shin K, et al. Poly (3-hexylthiophene) Wrapped Carbon Nanotube/poly (dimethylsiloxane) Composites for Use in Finger-sensing Piezoresistive Pressure Sensors [J]. Carbon, 2011, 49 (1): 106-110.

[34] Li L H, Bai Y Y, Li L L, Wang S Q, Zhang T. A Superhydrophobic Smart Coating for Flexible and Wearable Sensing Electronics [J]. Adv Mater, 2017, 29 (43): 1702517.

[35] 汪卫华. 基于力敏导电橡胶的宽量程柔性触觉传感器的研究 [D]. 合肥: 合肥工业大学, 2016.

[36] Haugen Ø, Johansen T H. Temperature Dependent Photoluminescence down to 4. 2 K in EuTFC [J]. Journal of Luminescence, 2008, 128 (9): 1479-1483.

[37] Basu B B J, Vasantharajan N. Temperature Dependence of the Luminescence Lifetime of A Europium Complex Immobilized in Different Polymer Matrices [J]. Journal of Luminescence, 2008, 128 (10): 1701-1708.

[38] 王志栋, 金毕青, 李亚庆, 史焱, 刘治田, 陈柳, 尚金奎, 王鹏, 金熹高. 温度敏感涂料在转捩测量中的应用 [C]. 空气动力学会测控技术六届六次测控学术交流会论文集, 2015: 341-345.

[39] 刘斌. 涂层下金属腐蚀无损检测技术现状与进展 [J]. 上海涂料, 2012, 50 (5): 53-55.

[40] Sibi M P, Zong Z. Determination of Corrosion on Aluminum Alloy under Protective Coatings Using Fluorescent Probes [J]. Progress in Organic Coatings, 2003, 47 (1): 8-15.

[41] Bryant D E, Greenfield D. The Use of Fluorescent Probes for the Detection of under-film Corrosion [J]. Progress in Organic Coatings, 2006, 57 (4): 416-420.

[42] 刘建华, 张洪瑞, 李兰娟等. 铝合金早期腐蚀预测光敏物质的性能研究 [J]. 航空学报, 2007, 28 (3): 763-768.

[43] 刘建华, 李兰娟, 张洪瑞等. 基于荧光特性的铝合金腐蚀早期预测技术研究 [J]. 腐蚀科学与防护技术, 2007, 19 (2): 141-144.

[44] Augustyniak A, Tsavalas J, Ming W. Early Detection of Steel Corrosion Via "turn-on" Fluorescence in Smart Epoxy Coatings [J]. Acs Applied Materials & Interfaces, 2009, 1 (11): 2618-2623.

[45] Augustyniak A, Ming W Early Detection of Aluminum Corrosion Via "turn-on" Fluorescence in Smart Coatings [J].

Progress in Organic Coatings，2011，71（4）：406-412.

[46] Raps D，Hack T，Wehr J，et al. Electrochemical Study of Inhibitor-containing Organic-inorganic Hybrid Coatings on AA2024 [J]. Corrosion Science，2009，51（5）：1012-1021.

[47] Dhole G S，Gunasekaran G，Singh S K，et al. Smart Corrosion Sensing Phenanthroline Modified Alkyd Coatings [J]. Progress in Organic Coatings，2015，89：8-16.

[48] Dhole G S，Gunasekaran G，Ghorpade T，et al. Smart Acrylic Coatings for Corrosion Detection [J]. Progress in Organic Coatings，2017，110：140-149.

[49] Maia F，Tedim J，Bastos A C，et al. Nanocontainer-based Corrosion Sensing Coating [J]. Nanotechnology，2013，24（41）：415502.

[50] Maia F，Tedim J，Bastos A C，et al. Active Sensing Coating for Early Detection of Corrosion Processes [J]. RSC Advances，2014，4（34）：17780-17786.

[51] 田合雷，刘平，郭小辉，刘彩霞，黄英．基于导电橡胶的柔性压力/温度复合感知系统 [J]．传感器与微系统．2015，34（10）：100-103.

[52] Yuji J，Shida K. A New Multifunctional Tactile Sensing Technique by Selective Data Processing [J]. IEEE Transactions on Instrumentation and Measurement，2000，49（5）：1091-1094.

[53] Yuji J I，Shida K. A New Multi-functional Tactile Sensing Technique for Simultaneous Discrimination of Material Properties [C] //Instrumentation and Measurement Technology Conference，1998. IMTC/98. Conference Proceedings. IEEE. IEEE，1998，2：1029-1032.

[54] Kim S Y，Park S，Park H W，et al. Highly Sensitive and Multimodal All-Carbon Skin Sensors Capable of Simultaneously Detecting Tactile and Biological Stimuli [J]. Advanced Materials，2015，27（28）：4178-4185.

[55] 鞠熀先．电分析化学与生物传感技术 [M]．北京：科学出版社，2006：187-192.

[56] David Lloyd Williams，Alfred R Doig，Alexander Korosi. Electrochemical-enzymatic Analysis of Blood Glucose and Lactate [J]. Anal Chem，1970，42（1）：118-121.

[57] 胡军．我国电化学血糖传感器的产业化发展 [J]．传感器世界，2008，12：6-11.

[58] Slater J M，Watt E J. Examination of Ammonia-poly（pyrrole）Interactions by Piezoelectric and Conductivity Measurements [J]. Analyst，1991，116（11）：1125-1130.

[59] Segal E，Tchoudakov R，Narkis M，et al. Polystyrene/polyaniline Nanoblends for Sensing of Aliphatic Alcohols [J]. Sensors and Actuators B：Chemical，2005，104（1）：140-150.

[60] 黄俊龙，基于石墨烯的新型气体传感器研究 [D]．成都：电子科技大学，2015.

[61] 罗鸣，董飒英，程文华，李庆芬．pH 值与湿度的光纤传感器研究 [J]．分析科学学报，2007，23（1）：25-29.

[62] 金伟中．荧光光纤 pH、pO_2、pCO_2 传感器的制备及其在血气分析中的应用研究 [D]．上海：复旦大学，2012.